高职高专"十三五"规划教材

过程控制及自动化仪表

● 武平丽 主编

第三版

GUOCHENG KONGZHI
JI ZIDONGHUA YIBIAO

化学工业出版社

·北京·

内 容 提 要

《过程控制及自动化仪表》以过程自动化监控为基本内容，将参数检测变送、分布式控制系统（DCS）及执行器作为组成过程检测控制系统的相应环节，力求完整体现过程监控的整体内容。在参数检测方面，深入浅出地介绍了检测原理及方法；依据其代表性及发展趋势，介绍了目前生产中广泛应用的检测仪表；在控制仪表方面，根据生产实际情况，介绍了电动和气动执行器；在过程控制系统方面，着重介绍简单控制系统和几种常用复杂控制系统的设计；对于 DCS 系统，介绍了软硬件基本组成及常见系统的结构与发展；最后介绍了典型工业过程的控制。每章后配有思考题与习题。

本书可作为高职高专自动化专业教材，也可作为相关技术人员的参考用书。

图书在版编目（CIP）数据

过程控制及自动化仪表/武平丽主编. —3 版. —北京：化学工业出版社，2020.7（2025.2重印）
高职高专"十三五"规划教材
ISBN 978-7-122-36747-1

Ⅰ.①过…　Ⅱ.①武…　Ⅲ.①过程控制-高等职业教育-教材②自动化仪表-高等职业教育-教材　Ⅳ.①TP273②TH82

中国版本图书馆 CIP 数据核字（2020）第 078566 号

责任编辑：高　钰　　　　　　　　　　　　文字编辑：陈　喆
责任校对：王　静　　　　　　　　　　　　装帧设计：刘丽华

出版发行：化学工业出版社（北京市东城区青年湖南街 13 号　邮政编码 100011）
印　　装：三河市航远印刷有限公司
787mm×1092mm　1/16　印张 14　字数 345 千字　2025 年 2 月北京第 3 版第 7 次印刷

购书咨询：010-64518888　　　　　　　　售后服务：010-64518899
网　　址：http://www.cip.com.cn
凡购买本书，如有缺损质量问题，本社销售中心负责调换。

定　　价：45.00 元

前言

▶▶▶

　　过程控制及自动化仪表是自动化专业的一门必修课程。本书立足高职高专教育人才培养目标，依据"必需、够用"为度的职业教育理念，基于目前工业生产自控现状和发展，去掉了上一版中有关显示记录仪表与控制器方面的内容，增加了智能工厂相关内容的简单介绍。结合学生实践能力培养的需要，本书有针对性地介绍了自动控制系统的设计方法，当前生产中普遍采用的自动化仪表的原理、使用及维护，现代分布式控制系统（DCS）的软硬件组成、网络架构、工程组态等相关实用技术，以及典型过程的控制案例。

　　本书是一本"工学结合、校企合作"的教材，全书自始至终体现了"从生产实际出发，介绍当前过程控制中最实用的知识，并兼顾发展趋势"的特点。希望学生通过本书的学习，能够解决相应的生产实际问题。

　　本书内容已制作成用于多媒体教学的课件，并将免费提供给采用本书作为教材的院校使用。如有需要，请发电子邮件至 cipedu@163.com 获取，或登录 www.cipedu.com.cn 免费下载。

　　本书由黄河水利职业技术学院武平丽任主编，负责大纲的制定以及全书的组织，并编写了第三～五章。参加编写的还有黄河水利职业技术学院杨筝（第二章的第一～六节、附录），杭州和利时自动化有限公司高国光（第六章），北京和利时智能技术有限公司李升远（第一章、第七章），开封市金盛热力有限公司雷云永（第二章的第七节）。

　　由于检测、控制、管理等技术的快速发展及编者水平所限，书中难免存在不足之处，恳请读者批评指正。

编　者
2020 年 2 月

目录

▶▶▶

第一章 绪论 ……………………………………………………………………… 1

第一节 过程控制技术及仪表的发展 ……………………………………… 1

第二节 过程控制系统的组成及其分类 …………………………………… 2

一、过程控制系统的组成 ………………………………………………… 2

二、过程控制系统的分类 ………………………………………………… 3

第三节 过程控制系统的过渡过程和品质指标 …………………………… 3

一、系统的静态与动态 …………………………………………………… 3

二、控制系统的过渡过程 ………………………………………………… 4

三、描述系统过渡过程的品质指标 ……………………………………… 5

思考题与习题 ………………………………………………………………… 7

第二章 检测仪表与执行器 ………………………………………………… 8

第一节 过程参数检测概述 ………………………………………………… 8

一、测量误差 ……………………………………………………………… 9

二、仪表性能指标 ………………………………………………………… 9

三、变送器的基本特性和构成原理 ……………………………………… 11

四、现场总线仪表简介 …………………………………………………… 15

第二节 温度检测仪表 ……………………………………………………… 17

一、概述 …………………………………………………………………… 17

二、热电偶 ………………………………………………………………… 18

三、热电阻 ………………………………………………………………… 22

四、温度变送器 …………………………………………………………… 24

五、其它温度仪表简介 …………………………………………………… 25

六、测温仪表的选用与安装 ……………………………………………… 25

第三节 压力检测仪表 ……………………………………………………… 26

一、压力的表示方法 ……………………………………………………… 27

二、压力检测的主要方法 ………………………………………………… 27

三、常见压力检测仪表 …………………………………………………… 27

四、智能式差压变送器 …………………………………………………… 31

五、压力仪表的选用和安装 ……………………………………………… 33

第四节 流量检测仪表 ……………………………………………………… 36

一、概述 ·· 36

二、速度式流量计 ··· 37

三、容积式流量计 ··· 47

四、质量流量计 ··· 48

五、流量仪表的选用 ··· 49

第五节 物位检测仪表 ··· 49

一、物位仪表的分类 ··· 50

二、常用物位计 ··· 50

三、物位检测仪表的选用 ··· 54

第六节 分析仪表 ··· 54

一、分析仪表的分类 ··· 55

二、分析仪表的组成 ··· 55

三、常用成分和物性的检测方法 ··· 56

第七节 执行器 ··· 61

一、电动执行器 ··· 61

二、气动执行器 ··· 63

思考题与习题 ··· 75

第三章 过程控制系统概述 ··· 78

第一节 自动检测与自动控制系统 ··· 78

一、过程自动检测系统 ··· 78

二、过程自动控制系统 ··· 79

第二节 传递函数与方块图变换 ··· 80

一、传递函数 ··· 80

二、方块图 ··· 81

第三节 对象特性 ··· 83

一、与对象有关的两个基本概念 ··· 84

二、描述对象特性的三个参数 ··· 84

三、扰动通道特性对控制质量的影响 ··· 85

四、控制通道特性对控制质量的影响 ··· 85

第四节 过程控制工程设计中常用图例符号 ····································· 86

一、图形符号 ··· 86

二、字母代号 ··· 87

三、仪表位号 ··· 89

四、控制符号图表示方法示例 ··· 89

五、简单控制系统控制符号图识图初步 ····································· 90

思考题与习题 ··· 91

第四章 简单控制系统的分析与设计 ··· 92

第一节 系统被控变量与操纵变量的选择 ··· 92

一、系统被控变量的选取 ………………………………………………………… 93

二、操纵变量的选择 …………………………………………………………… 93

第二节 测量变送在系统分析设计中的考虑 ……………………………………… 93

一、纯滞后 ……………………………………………………………………… 94

二、测量滞后 …………………………………………………………………… 94

三、信号传输滞后 ……………………………………………………………… 95

四、测量信号的处理 …………………………………………………………… 96

第三节 执行器的选择 ……………………………………………………………… 96

第四节 控制规律的选取 …………………………………………………………… 96

一、基本控制规律 ……………………………………………………………… 97

二、控制规律的选用 …………………………………………………………… 102

第五节 控制器的参数整定 ………………………………………………………… 103

一、经验试凑法 ………………………………………………………………… 103

二、临界比例度法 ……………………………………………………………… 104

三、衰减曲线法 ………………………………………………………………… 105

四、三种整定方法的比较 ……………………………………………………… 106

第六节 简单控制系统的投运及故障分析 ……………………………………… 106

一、系统的投运步骤 …………………………………………………………… 106

二、系统的故障分析、判断与处理 …………………………………………… 108

思考题与习题 ………………………………………………………………………… 109

第五章 复杂控制系统 ……………………………………………………………… 111

第一节 串级控制系统 ……………………………………………………………… 111

一、串级控制系统的基本概念 ………………………………………………… 111

二、串级控制系统的特点及应用范围 ………………………………………… 113

三、串级控制系统的设计 ……………………………………………………… 116

四、串级控制系统的投运及参数整定 ………………………………………… 119

第二节 前馈控制系统 ……………………………………………………………… 121

一、前馈控制的基本概念和方块图 …………………………………………… 121

二、前馈控制的特点和局限性 ………………………………………………… 122

三、前馈控制系统的几种结构形式 …………………………………………… 123

四、前馈控制系统的选用原则和应用实例 …………………………………… 124

第三节 比值控制系统 ……………………………………………………………… 126

一、概述 ………………………………………………………………………… 126

二、常见的比值控制方案 ……………………………………………………… 126

第四节 均匀控制系统 ……………………………………………………………… 128

一、均匀控制原理 ……………………………………………………………… 129

二、均匀控制方案 ……………………………………………………………… 129

第五节 分程控制系统 ……………………………………………………………… 130

一、概述 ………………………………………………………………………… 130

二、分程控制的应用场合 ···································· 131

三、分程控制系统应用中应注意的几个问题 ···················· 133

第六节 选择性控制系统 ···································· 134

一、概述 ·· 134

二、选择性控制系统的类型 ······························ 135

三、选择性控制系统的设计 ······························ 136

第七节 其他控制系统简介 ·································· 137

一、预测控制 ·· 137

二、推理控制 ·· 137

三、解耦控制 ·· 137

四、鲁棒控制 ·· 138

五、自适应控制 ·· 138

六、智能控制 ·· 139

第八节 控制流程图识图 ···································· 139

一、常规控制流程图的识图 ······························ 139

二、计算机控制流程图识图初步 ·························· 142

思考题与习题 ·· 143

第六章 分布式控制系统（DCS） ························ 144

第一节 概述 ·· 144

一、DCS 系统的构成方式 ································ 144

二、DCS 的特点 ·· 145

三、DCS 的发展概况 ···································· 146

第二节 DCS 的硬件体系结构与功能 ························ 147

一、DCS 的数据通信系统 ································ 147

二、DCS 的过程控制装置 ································ 150

三、操作管理装置 ······································ 152

第三节 DCS 的软件体系与组态方法 ························ 155

一、DCS 的软件体系 ···································· 155

二、DCS 的组态方法 ···································· 156

第四节 和利时一体化过程解决方案 ························ 158

一、Level1/2 过程控制层 HOLLiAS MACS-K ·············· 159

二、Level3 过程先进应用层 ······························ 165

三、Level4 企业管理层 ·································· 169

四、HiaCloud 工业云平台 ································ 171

第五节 常见分布式控制系统简介 ·························· 173

一、Honeywell 公司的 Experion PKS 系统及其升级产品 ········ 173

二、ABB 公司的 Industrial^{IT} 系统及其扩展系统 ············ 175

三、西门子 SIMATIC PCS 7 及其升级产品 ·················· 177

思考题与习题 ·· 181

第七章 典型过程的控制 ⋯⋯⋯⋯⋯⋯⋯⋯⋯⋯⋯⋯⋯⋯⋯⋯⋯⋯⋯⋯⋯⋯⋯⋯⋯ 182

第一节 锅炉的过程控制 ⋯⋯⋯⋯⋯⋯⋯⋯⋯⋯⋯⋯⋯⋯⋯⋯⋯⋯⋯⋯⋯⋯⋯ 182

一、汽包水位控制 ⋯⋯⋯⋯⋯⋯⋯⋯⋯⋯⋯⋯⋯⋯⋯⋯⋯⋯⋯⋯⋯⋯⋯⋯ 183

二、过热蒸汽温度控制 ⋯⋯⋯⋯⋯⋯⋯⋯⋯⋯⋯⋯⋯⋯⋯⋯⋯⋯⋯⋯⋯⋯ 184

三、燃烧过程的控制 ⋯⋯⋯⋯⋯⋯⋯⋯⋯⋯⋯⋯⋯⋯⋯⋯⋯⋯⋯⋯⋯⋯ 185

第二节 化学反应器的过程控制 ⋯⋯⋯⋯⋯⋯⋯⋯⋯⋯⋯⋯⋯⋯⋯⋯⋯⋯ 187

一、化学反应器的分类方式与控制 ⋯⋯⋯⋯⋯⋯⋯⋯⋯⋯⋯⋯⋯⋯⋯ 187

二、化学反应器的典型控制方案 ⋯⋯⋯⋯⋯⋯⋯⋯⋯⋯⋯⋯⋯⋯⋯⋯ 189

第三节 精馏塔的过程控制 ⋯⋯⋯⋯⋯⋯⋯⋯⋯⋯⋯⋯⋯⋯⋯⋯⋯⋯⋯ 191

一、概述 ⋯⋯⋯⋯⋯⋯⋯⋯⋯⋯⋯⋯⋯⋯⋯⋯⋯⋯⋯⋯⋯⋯⋯⋯⋯⋯ 191

二、精馏塔控制的基本方案 ⋯⋯⋯⋯⋯⋯⋯⋯⋯⋯⋯⋯⋯⋯⋯⋯⋯⋯ 192

第四节 流体输送设备的过程控制 ⋯⋯⋯⋯⋯⋯⋯⋯⋯⋯⋯⋯⋯⋯⋯⋯ 194

一、泵的控制 ⋯⋯⋯⋯⋯⋯⋯⋯⋯⋯⋯⋯⋯⋯⋯⋯⋯⋯⋯⋯⋯⋯⋯⋯ 194

二、离心式压缩机的控制 ⋯⋯⋯⋯⋯⋯⋯⋯⋯⋯⋯⋯⋯⋯⋯⋯⋯⋯⋯ 196

第五节 传热设备的过程控制 ⋯⋯⋯⋯⋯⋯⋯⋯⋯⋯⋯⋯⋯⋯⋯⋯⋯⋯ 199

一、传热设备的静态数学模型 ⋯⋯⋯⋯⋯⋯⋯⋯⋯⋯⋯⋯⋯⋯⋯⋯⋯ 199

二、一般传热设备的控制 ⋯⋯⋯⋯⋯⋯⋯⋯⋯⋯⋯⋯⋯⋯⋯⋯⋯⋯⋯ 200

三、管式加热炉的控制 ⋯⋯⋯⋯⋯⋯⋯⋯⋯⋯⋯⋯⋯⋯⋯⋯⋯⋯⋯⋯ 202

思考题与习题 ⋯⋯⋯⋯⋯⋯⋯⋯⋯⋯⋯⋯⋯⋯⋯⋯⋯⋯⋯⋯⋯⋯⋯⋯⋯ 204

附录 ⋯⋯⋯⋯⋯⋯⋯⋯⋯⋯⋯⋯⋯⋯⋯⋯⋯⋯⋯⋯⋯⋯⋯⋯⋯⋯⋯⋯⋯⋯⋯⋯ 205

附录一 铂铑 10-铂热电偶分度表 ⋯⋯⋯⋯⋯⋯⋯⋯⋯⋯⋯⋯⋯⋯⋯⋯ 205

附录二 镍铬-铜镍热电偶分度表 ⋯⋯⋯⋯⋯⋯⋯⋯⋯⋯⋯⋯⋯⋯⋯⋯ 209

附录三 镍铬-镍硅热电偶分度表 ⋯⋯⋯⋯⋯⋯⋯⋯⋯⋯⋯⋯⋯⋯⋯⋯ 209

附录四 铂电阻分度表 ⋯⋯⋯⋯⋯⋯⋯⋯⋯⋯⋯⋯⋯⋯⋯⋯⋯⋯⋯⋯⋯ 213

附录五 铜电阻分度表 ⋯⋯⋯⋯⋯⋯⋯⋯⋯⋯⋯⋯⋯⋯⋯⋯⋯⋯⋯⋯⋯ 215

参考文献 ⋯⋯⋯⋯⋯⋯⋯⋯⋯⋯⋯⋯⋯⋯⋯⋯⋯⋯⋯⋯⋯⋯⋯⋯⋯⋯⋯⋯⋯ 216

第一章 ▶▶▶

绪论

本章主要介绍控制系统的组成与分类、过渡过程及品质指标，通过对过程控制系统基础知识的学习与研究，为之后过程控制系统的学习打下良好的基础。

第一节 过程控制技术及仪表的发展

过程控制（Process Control）通常是指石油、化工、电力、冶金、轻工、建材、核能等工业生产中连续的或按一定周期程序进行的生产过程自动控制，它是自动化（Automation）技术的重要组成部分。在现代化工业生产过程中，过程控制技术正在为实现各种最优的技术经济指标、提高经济效益和劳动生产率、改善劳动条件、保护生态环境等起着越来越大的作用。

伴随着过程控制技术的发展，实现过程控制的工具也同样在不断地更新换代，自动化水平不断提高。20 世纪 70 年代中期的 DDZ-Ⅲ型仪表，是继集成电路之后出现的，以集成运算放大器为主要放大元件，24V DC 为能源，采用国际标准信号制的 4～20mA DC 为统一标准信号的组合型仪表。它在体积基本不变的情形下，大大增加了仪表的功能，工作在现场的 DDZ-Ⅲ型仪表均为安全火花型防爆仪表，配上安全栅，构成安全火花防爆系统，相当安全。因此在化工、炼油等行业得到了广泛的应用，并曾一度占主导地位，至今，一些中小企业及大企业的部分装置仍在使用。进入 20 世纪 80 年代后，由于微处理器的发展，又出现了 DDZ-S 型智能式单元组合仪表，它以微处理器为核心，能源、信号都同于 DDZ-Ⅲ型，其可靠性、准确性及功能等都远远优于 DDZ-Ⅲ型仪表。

自 20 世纪 80 年代开始，由于各种高新技术的飞速发展，我国开始引进和生产以微型计算机为核心，控制功能分散、显示操作集中，集控制、管理于一体的分布式控制系统（DCS），从而将过程控制仪表及装置推向高级阶段。同时，可编程序控制器（PLC）的应用也从逻辑控制领域向过程控制领域拓展，以其优良的技术性能和良好的性价比在过程控制领域中占据了一席之地。此外，现场总线（Field Bus）这种用于现场仪表与控制系统和控制室之间的一种开放式、全分散、全数字化、智能、双向、多变量、多点、多站的通信系统，使现场设备能完成过程的基本控制功能外，还增加了非控制信息监视的可能性，越来越受到控制人员的欢迎。

过程控制系统及其实施工具——仪表的发展用"突飞猛进"和"日新月异"来形容毫不

过分，新型控制系统和新型控制工具还在不断推出，可以说，生产过程控制技术是极有挑战性的学科领域。

第二节 过程控制系统的组成及其分类

一、过程控制系统的组成

在生产过程中，对各个生产工艺参数都有一定的控制要求。有些工艺参数直接表征生产过程，对产品的产量和质量起着决定性的作用。如化学反应器的反应温度必须保持平稳，才能使效率达到最佳指标等。而有些参数虽不直接影响产品的产量和质量，然而保持它平稳却是使生产获得良好控制的先决条件。如用蒸汽加热反应器或再沸器，若蒸汽总管压力波动剧烈，要把反应温度或塔釜温度控制好是很困难的。还有些工艺参数是决定生产工厂的安全问题，如受压容器的压力等，不允许超过最大的控制指标，否则将会发生设备爆炸等严重事故。对以上各种类型的参数，在生产过程中都必须加以必要的控制。

图 1-1（a）所示是一个锅炉汽包，生产中要求其水位保持在规定的工艺范围内，为此设置了一个锅炉汽包水位自动控制系统，如图 1-1（b）所示。图中液位变送器的作用是检测水位高低，控制器将接收到的水位测量信号与预先规定的水位高度进行比较。如果两个信号不相等，表明实际水位与规定水位有偏差，此时控制器将根据偏差的大小向执行器输出一个控制信号。执行器即可根据控制信号来改变阀门的开度，从而使进入锅炉的水量发生变化，达到控制锅炉汽包水位的目的。

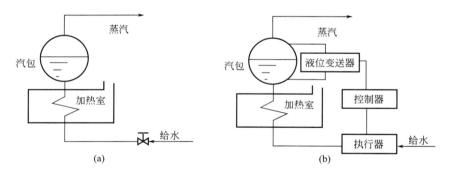

图 1-1 锅炉汽包水位控制示意图

图 1-2 所示为锅炉汽包水位自动控制系统框图。可以看出一个自动控制系统由被控对象（锅炉汽包）、检测元件（包括变送器）、控制器和执行器四部分组成。为了设计系统方便和得到预期的控制效果，根据生产工艺要求，通过选用合适的过程检测控制仪表组成过程控制系统，并通过对控制器参数的整定，使系统运行在最佳状态，实现对生产过程的控制。

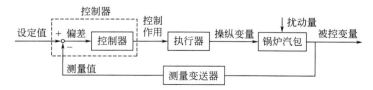

图 1-2 锅炉汽包水位自动控制系统框图

二、过程控制系统的分类

过程控制系统一般分为生产过程的自动检测（Automatic Detection）、自动控制（Auto-control）、自动报警联锁（Auto-alarm and Interlocking）、自动操纵（Automatic Operation）四大类。

（1）过程自动检测系统

利用各种检测仪表自动连续地对相应的工艺变量进行检测，并能自动地对数据进行处理、指示和记录的系统，称为过程自动检测系统。

（2）过程自动控制系统

用自动控制装置对生产过程中的某些重要变量进行自动控制，使受到外界干扰影响而偏离正常状态的工艺变量自动地回复到规定的数值范围的系统。

过程自动控制系统的分类方法很多，若按被控变量的名称分，有温度、压力、流量、液位、成分等控制系统；若按给定信号的特点分，有定值控制系统、随动控制系统、顺序控制系统；若按系统的结构特点分，有反馈控制系统、前馈控制系统、前馈-反馈复合控制系统；按控制器的控制规律来分类，有比例（P）控制系统、比例积分（PI）控制系统和比例积分微分（PID）控制系统等；按被控量的多少来分类，有单变量控制系统和多变量控制系统等。

（3）过程自动报警与联锁保护系统

对一些关键的生产变量，应设有自动信号报警与联锁保护系统。当变量接近临界数值时，系统会发出声、光报警，提醒操作人员注意。如果变量进一步接近临界值、工况接近危险状态时，联锁系统立即采取紧急措施，自动打开安全阀或切断某些通路，必要时紧急停车，以防事故的发生和扩大。

（4）过程自动操纵系统

按预先规定的步骤，自动地对生产设备进行周期性操作的系统。

本书主要讲述过程自动控制系统。

第三节　过程控制系统的过渡过程和品质指标

一、系统的静态与动态

自动控制系统的输入有两种，其一是设定值的变化或称设定作用，另一个是扰动的变化或称扰动作用。当输入恒定不变时，整个系统若能建立平衡，系统中各个环节将暂不动作，它们的输出都处于相对静止状态，这种状态称为静态或定态。如图 1-1 锅炉汽包水位自动控制系统中，当给水量与蒸汽量相等时，水位保持不变，此时称系统达到了平衡，亦即处于静态。注意这里所说的静态并不是指静止不动，而是指各参数的变化率为零。自动控制系统在静态时，生产中的物料和能量仍然有进有出，只是平稳进行没有改变就是了。此时输入与输出之间的关系称为系统的静态特性。

假若一个系统原来处于静态，由于输入发生了变化，系统的平衡受到破坏，被控变量（即输出）发生变化，自动控制装置就要发挥它的控制作用，以克服输入变化的影响，力图使系统恢复平衡。从输入变化开始，经过控制，直到再建立静态，在这段时间中整个系统的各个环节和变量都处于变化的过程之中，这种状态称为动态。此时输入与输出之间的关系称为系统的动态特性。

在控制系统中，了解动态特性比静态特性更为重要。因为干扰引起系统变动以后，需要知道系统的动态情况，并搞清系统究竟能否建立新的平衡和怎样去建立平衡。而且平衡和静态是暂时的、相对的、有条件的，不平衡和动态才是普遍的、绝对的、无条件的。干扰作用总是不断地产生，控制作用也就不断地去克服干扰的影响，所以自动控制系统总是一直处于运动状态之中。因此，控制系统的分析重点要放在动态特性上。

二、控制系统的过渡过程

在工业生产中，被控变量稳定是人们所希望的，但扰动却随时存在。当控制系统受到外界干扰信号或设定值信号变化时，即输入变化时，被控变量都会被迫离开原先的值开始变化，使系统原先的平衡状态被破坏。只有通过调整操纵变量，来平衡外界干扰或设定值干扰的作用，使被控变量回到其设定值上来，系统才会处于一个新的平衡状态。

控制系统的过渡过程就是在系统的输入发生变化后，系统在控制作用下从一个平衡状态过渡到另一个平衡状态的动态过程。

对于一个稳定的系统（所有正常工作的反馈系统都是稳定系统）要分析其稳定性、准确性和快速性，常以阶跃作用为输入时的被控变量的过渡过程为例。因为阶跃作用很典型，实际上也经常遇到，且这类输入变化对系统来讲是比较严重的情况。如果一个系统对这种输入有较好的响应，那么对其他形式的输入变化就更能适应。

图 1-3 所示为定值控制系统在阶跃干扰作用下的过渡过程的几种基本形式。

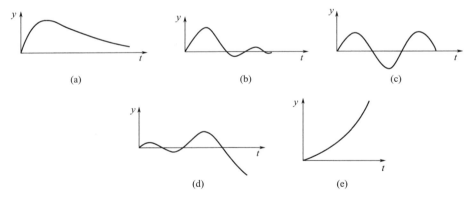

图 1-3　过渡过程的几种基本形式

图 1-3 中（a）为非周期衰减过程，被控变量在设定值的某一侧作缓慢变化，没有来回波动，最后稳定在某一数值上。（b）为衰减振荡过程，被控变量上下在设定值附近波动，但幅度逐渐减小，最后稳定在某一数值上。（c）为等幅振荡过程，被控变量在设定值附近来回波动，且波动幅度保持不变。（d）为发散振荡过程，被控变量来回波动，且波动幅度逐渐变大，即偏离设定值越来越远。（e）为单调发散过程，被控变量虽不振荡，但偏离原来的平衡点越来越远。

以上过渡过程的五种形式可以归纳为三类。

① 衰减过程：过渡过程形式（a）和（b）都是衰减的，称为稳定过程。被控变量经过一段时间后，逐渐趋向原来的或新的平衡状态，这是所希望的。对于非周期的衰减过程，由

于过渡过程变化较慢，被控变量在控制过程中长时间地偏离设定值，而不能很快恢复平衡状态，所以一般不采用，只是在生产上不允许被控变量有波动的情况下才可以采用。

② 等幅振荡过程：过渡过程形式（c）介于不稳定与稳定之间，一般也认为是不稳定过程，生产上不能采用。只是对于某些控制质量要求不高的场合，如果被控变量允许在工艺许可的范围内振荡，那么这种过渡过程的形式是可以采用的。

③ 发散过程：过渡过程形式（d）和（e）是发散的，为不稳定的过渡过程，其被控变量在控制过程中，不但不能达到平衡状态，而且逐渐远离设定值，它将导致被控变量超越工艺允许范围，严重时会引起事故，这是生产上所不允许的，应竭力避免。

三、描述系统过渡过程的品质指标

对于每一个控制系统来说，在设定值发生变化或系统受到扰动作用时，被控变量应该平稳、迅速和准确地趋近或回复到设定值。因此，在稳定性、快速性和准确性三个方面提出各种单项性能指标，并把它们组合起来；也可以提出各种综合性能指标。

1. 单项性能指标

① 衰减比 n（或衰减率 Ψ）：衰减比是衡量过渡过程稳定性的一个动态指标。它等于两个相邻的同向波峰值之比。在图 1-4 中，若第一个波与同方向第二个波的波峰分别为 B、B'，则衰减比 $n = B/B'$，或习惯表示为 $n:1$。可见 n 越小，B' 越接近 B，过渡过程越接近等幅振荡，系统不稳定；而 n 越大，过渡过程越接近单调过程，过渡过程时间太长。所以一般认为衰减比（$4:1$）～（$10:1$）为宜。

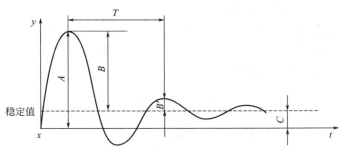

图 1-4　过渡过程控制指标示意图

也可用衰减率来衡量控制系统的稳定性。衰减率是指每经过一个周期后，波动幅度衰减的百分数，即衰减率 $\Psi = (B - B')/B$。衰减比与衰减率之间有简单的对应关系，例如衰减比 n 为 $4:1$ 就相当于衰减率为 $\Psi = 75\%$。为了保证控制系统有一定的稳定裕度，在过程控制中一般要求衰减比为（$4:1$）～（$10:1$），这相当于衰减率为 $75\% \sim 90\%$。这样，大约经过两个周期以后就趋于稳态，看不出振荡了。

② 最大动态偏差 A（或超调量 B）：也是衡量过渡过程稳定性的一个动态指标。最大偏差是指在过渡过程中，被控变量偏离设定值的最大数值。在衰减振荡过程中，最大偏差就是第一个波的峰值，在图 1-4 中以 A 表示，最大偏差表示系统瞬间偏离设定值的最大程度。若偏离越大，偏离的时间越长，对稳定正常生产越不利。一般来说，最大偏差以小为好，特别是对于一些有约束条件的系统，如化学反应器的化合物爆炸极限、催化剂烧结温度极限等，都会对最大偏差的允许值有所限制。同时考虑到干扰会不断出现，当第一个干扰还未清除时，第二个干扰可能又出现了，偏差有可能是叠加的，这就更需要限制最大偏差的允许

值。所以，在决定最大偏差允许值时，应根据工艺情况慎重选择。

有时也可以用超调量来表征被控变量偏离设定值的程度。在图 1-4 中超调量以 B 表示。从图中可以看出，超调量是第一峰值 A 与新稳定值 C 之差，即 $B=A-C$。如果系统的新稳态值等于设定值，那么最大偏差 A 也就与超调量 B 相等。超调量习惯上用百分数 σ 来表示：$\sigma=B/C\times100\%$。

③ 余差 C：余差是衡量控制系统准确性的静态指标，当过渡过程终了时，被控变量的新稳态值与设定值之差称为余差。余差就是过渡过程终了时存在的残余偏差，在图 1-4 中用 C 表示。设定值是生产的技术指标，所以，被控变量越接近设定值越好，亦即余差越小越好。但实际生产中，也并不是要求任何系统的余差都很小，如一般储槽的液位控制要求就不高，这种系统往往允许液位有较大的变化范围，余差就可以大一些。又如化学反应器的温度控制，一般要求比较高，应当尽量消除余差。所以，对余差大小的要求，必须结合具体系统作具体分析，不能一概而论。有余差的控制过程称为有差控制，相应的系统称为有差系统；没有余差的控制过程称为无差控制，相应的系统称为无差系统。

④ 过渡时间和振荡周期 T：过渡过程要绝对地达到新的稳态值，需要无限长的时间，而要进入稳态值附近 $\pm5\%$（或 $\pm2\%$）以内区域，并保持在该区域内，需要的时间是有限的。因此，把扰动开始到被控变量进入新的稳态值的 $\pm5\%$（或 $\pm2\%$）范围内的这段时间，称为过渡时间，它是衡量控制系统快速性的指标。过渡时间短，表示过渡过程进行得比较迅速，这时即使干扰频繁出现，系统也能适应，系统控制质量就高；反之，过渡时间太长，第一个干扰引起的过渡过程尚未结束，第二个干扰就已经出现，这样，几个干扰的影响叠加起来，就可能使系统满足不了生产的要求。

过渡过程同向两波峰（或波谷）之间的时间间隔称为振荡周期或工作周期，其倒数称为振荡频率。在衰减比相同的情况下，振荡频率越高，过渡时间越短，因此，振荡频率在一定程度上也可作为衡量控制快速性的指标。

2. 综合控制指标

以上列举的都是单项性能指标，人们还时常用误差积分指标衡量控制系统性能的优良程度，它是一类综合指标，常用的有以下几种表达形式。

（1）误差积分（IE）

$$\mathrm{IE}=\int_0^\infty e(t)\mathrm{d}t \tag{1-1}$$

（2）绝对误差积分（IAE）

$$\mathrm{IAE}=\int_0^\infty |e(t)|\mathrm{d}t \tag{1-2}$$

（3）平方误差积分（ISE）

$$\mathrm{ISE}=\int_0^\infty e^2(t)\mathrm{d}t \tag{1-3}$$

（4）时间与绝对误差乘积积分（ITAE）

$$\mathrm{ITAE}=\int_0^\infty t|e(t)|\mathrm{d}t \tag{1-4}$$

以上各式中，$e(t)=y(t)-y(\infty)$。

采用不同的积分公式意味着估计整个过渡过程优良程度的侧重点不同。例如，ISE 着重于抑制过渡过程中的大误差，而 ITAE 则着重惩罚过渡过程时间过长。

　　误差积分指标有一个缺点，即不能保证控制系统具有合格的衰减率，特别是一个等幅振荡过程，它的 IE 却等于零，显然是很不合理的。为此，通常是先规定衰减率，然后再考虑使某种误差积分为最小。

思考题与习题

　　1. 何谓自动控制？自动控制系统由哪几部分组成？

　　2. 过程控制系统分为哪几大类？简述过程自动控制系统的分类。

　　3. 什么是系统的静态与动态？为什么在控制系统中应主要了解动态特性？

　　4. 控制系统的过渡过程有哪几种基本形式？其中哪些形式属稳定过程？

　　5. 自动控制系统的单项控制指标有哪些？

　　6. 如图 1-5 所示是某温度控制系统的记录仪上画出的曲线图（即过渡过程曲线），试写出最大偏差、衰减比、余差、振荡周期。如果工艺上要求控制温度为（40±2）℃，那么该控制系统能否满足工艺要求？

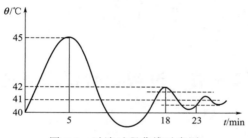

图 1-5　过渡过程曲线示意图

检测仪表与执行器

　　本章介绍测量误差、仪表性能指标等基础知识，重点介绍温度、压力、流量、物位及成分与物性参数的检测方法，以及各参数常用检测仪表的基本结构、工作原理、性能特点及其在实际生产中的应用。本章还介绍电动执行器的特点、原理与组成，气动执行器的组成、分类，以及控制阀的类型、特点、流量特性、安装与维护及阀门附件。

第一节　过程参数检测概述

　　在过程自动化中要通过检测元件（Detector）获取生产工艺变量（Variabile），最常见的变量是温度（Temperature）、压力（Pressure）、流量（Flow）、物位（Level）。检测元件又称为敏感元件（Sensor）、传感器（Transducer），它直接影响工艺变量，并转化成一个与之成对应关系的输出信号。这些输出信号包括位移、电压、电流、电阻、频率、气压等。如热电偶（Thermocouple）测温时，将被测温度转化成热电势信号；热电阻（Resistence Thermometer Sensor）测温时，将被测温度转化为电阻信号；节流装置测流量时，将被测流量的变化转化为压差信号。由于检测元件的输出信号种类繁多，且信号较弱不易觉察，一般都需要将其经过变送器（Transmitter）处理，转换成标准统一的电气信号（如 4～20mA 或 0～10mA 的直流电流信号，1～5V 直流电压信号，20～100kPa 气压信号）送往人机界面 HMI（Human Machine Interface），指示或记录工艺变量，或同时送往控制器对被控变量进行控制。有时将检测元件、变送器和显示装置通称检测仪表（Measurement Instrument），或将检测元件称为一次仪表，将变送器和显示装置称为二次仪表。

　　检测技术的发展是推动信息技术发展的基础，离开检测技术这一基本环节，就不能构成自动控制系统，再好的控制技术和信息网络技术也无法用于生产过程。检测技术在理论和方法上与物理、化学、生物学、材料科学、光学、电子学以及信息科学密切相关。目前生产规模不断扩大，技术日趋复杂，需要采集的过程信息越来越多。除了需要检测常见的过程变量外，还要检测物料或组分、物性、环境噪声、机械振动、火焰、颗粒尺寸及分布等。还有一些变量如转化率、催化剂活性等无法直接检测，但近年来出现了一种新型检测技术——软测量技术，专门用于解决一些难以检测的问题。

　　在检测技术发展的同时，各种传感器、变送器等也在不断发展，既有传统的模拟量

（Anolog Variable）检测，又有日渐流行的数字量（Digital Variable）检测。特别在检测仪表方面融入微型计算机技术，丰富了检测仪表的功能，提高了检测的准确性和操作的方便性。

对于检测仪表来说，检测、变送与显示可以是三个独立部分，也可以只用到其中两个部分。例如热电偶测温所得毫伏信号可以不通过变送器，直接送到人机界面显示。当然检测、变送与显示可以有机地组合在一起成为一体，例如单圈弹簧管压力表。

过程控制对检测仪表有以下三条基本的要求：

① 测量值要正确地反映被控变量的值，误差不超过规定的范围；

② 在环境条件下能长期工作，保证测量值的可靠性；

③ 测量值必须迅速反映被控变量的变化，即动态响应比较迅速。

第一条基本要求与仪表的精确度等级和量程有关，并与使用、安装仪表正确与否有关；第二条基本要求与仪表的类型、元件的材质以及防护措施等有关；第三条基本要求与检测元件的动态特性有关。

一、测量误差

在测量过程中，由于使用的测量工具本身不够精确、观测者的主观性和周围环境的影响等，使得测量的结果不可能绝对准确。由仪表读得的被测值与真实值之间，总是存在一定的差距，这种差距就称为测量误差（Measurement Error）。在实际测量中，误差的表示方法有很多种，其含义、用途各不相同。通常分为绝对误差和相对误差。

绝对误差（Absolute Error）在理论上是指仪表指示值 x 和被测量的真实值 x_t 之间的代数差，可表示为

$$\Delta = x - x_t \tag{2-1}$$

在工程中，要知道被测量的真实值是困难的。因此，所谓测量仪表在其标尺范围内各点读数的绝对误差，一般是用标准表（准确度较高）和被校表（准确度较低）同时对同一参数测量所得到的两个读数之差，把式（2-1）中的真实值 x_t 用标准表读数 x_0 来代替，则绝对误差表示成

$$\Delta = x - x_0 \tag{2-2}$$

检测仪表都有各自的测量标尺范围，即仪表的量程。同一台仪表量程发生变化，也会影响测量的准确性。因此工业上定义了一个相对误差（Relative Error）——仪表引用误差，它是绝对误差与测量标尺范围之比，即

$$\delta = \frac{\pm(x - x_0)}{标尺上限 - 标尺下限} \times 100\% \tag{2-3}$$

仪表的标尺上限值与下限值之差，一般称为仪表的量程（Span）。

各种测量过程都是在一定的环境条件下进行的，外界温度、湿度、电压的波动以及仪表的安装等都会造成附加的测量误差。因此考虑仪表测量误差时不仅要考虑其自身性能，还要注意使用条件，尽量减小附加误差。

二、仪表性能指标

评价一台仪表的性能的优劣通常用以下指标进行衡量。

1. 精确度 (Accuracy)

仪表的精确度简称精度，是用来表示测量结果可靠程度的指标。任何测量过程都存在着测量误差。在使用仪表测量生产过程中的工艺变量时，不仅需要知道仪表的指示值，而且还应该了解仪表的精度。

考虑到整个测量标尺范围内的最大绝对误差，则可得到仪表最大引用误差为

$$\delta_{max} = \frac{\pm(x-x_0)_{max}}{标尺上限-标尺下限} \times 100\% \tag{2-4}$$

仪表的最大引用误差又称允许误差，它是仪表基本误差的主要形式。仪表的精度等级是将仪表允许误差的"±"及"%"去掉后的数值，以一定的符号形式表示在仪表面板上，如1.5外加一个圆圈或三角形。精度等级1.5，说明该仪表的允许误差为±1.5%。

仪表的精度是按国家统一规定的允许误差划分成若干等级。目前，我国生产的仪表常用的精度等级有0.005、0.02、0.05、0.1、0.2、0.4、0.5、1.0、1.5、2.5、4.0等。为了进一步说明如何确定仪表的精度等级，下面举一个例子。

【例2-1】 某台测温仪表的测温范围为200～700℃，仪表的最大绝对误差为±4℃，试确定该仪表的允许误差和精度等级。

解 仪表的允许误差为：

$$\delta_{max} = \frac{\pm 4}{700-200} \times 100\% = \pm 0.8\% \tag{2-5}$$

如果将该仪表的允许误差去掉"±"号及"%"号，其值为0.8。由于我国规定的精度等级中没有0.8级仪表，同时，该仪表的允许误差超过了0.5级仪表允许的最大误差，所以，这台测温仪表的精度等级为1.0级。

【例2-2】 某被测参数的测量范围要求0～1000kPa，根据工艺要求，用来测量的绝对误差不能超过±8kPa，试问选择何种精度等级的压力测量仪表才能满足要求。

解 根据工艺要求，被选仪表的允许误差是

$$\delta_{max} = \frac{\pm 8}{1000-0} \times 100\% \tag{2-6}$$

如果将该仪表的允许误差去掉"±"号及"%"号，其值为0.8，介于0.5和1.0之间。如果选择1.0级的仪表，其允许最大相对误差百分误差为±1.0%，超过了工艺允许的数值，因此，只有选择0.5级仪表才能满足工艺要求。

仪表精度等级是衡量仪表质量优劣的重要指标之一，一般数值越小，仪表精度等级越高，仪表的准确度也越高。工业现场用的测量仪表，其精度大多数是在0.5级以下的。

2. 变差 (Variation)

变差是指在外界条件不变的情况下使用同一仪表对某一变量进行正反行程（即在仪表全部测量范围内逐渐从小到大和从大到小）测量时，对应于同一测量值所得的仪表读数之间的差异。造成变差的原因很多，例如传动机构的间隙、运动部件的摩擦、弹性元件的弹性滞后等。在仪表使用过程中，要求仪表的变差不能超出仪表的允许误差。

3. 线性度 (Linearity)

通常总是希望检测仪表的输入输出信号之间存在线性对应关系，并且将仪表的刻度制成线性刻度，但是实际测量过程中由于各种因素的影响，实际特性往往偏离线性，如图2-1所示。线性度就是衡量实际特性偏离线性程度的指标。

4. 灵敏度和分辨力（Sensitivity and Resolution）

灵敏度是仪表输出变化量 ΔY 与引起此变化量的输入变化量 ΔX 之比，即

$$灵敏度 = \frac{\Delta Y}{\Delta X} \tag{2-7}$$

对于模拟式仪表而言，ΔY 是仪表指针的角位移或线位移。灵敏度反映了仪表对被测量变化的灵敏程度。

分辨力又叫仪表灵敏限，是仪表输出能响应和分辨的最小变化量。分辨力是灵敏度的一种反映，一般说仪表的灵敏度越高，则分辨力越高。对于数字式仪表而言，分辨力就是数字显示仪表变化一个 LSB（二进制最低有效位）时输入的最小变化量。

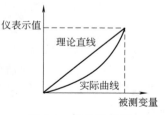

图 2-1　线性度示意

5. 动态误差（Dynamic Error）

以上考虑的性能指标都是静态的（Static），是指仪表在静止状态或者是在被测量变化非常缓慢时呈现的误差情况。但是仪表动作都有惯性延迟（时间常数）和测量传递滞后（纯滞后时间），当被测量突然变化后必须经过一段时间才能准确显示出来，这样造成的误差就是动态误差。在被测量变化较快时不能忽略动态误差的影响。

除了上面介绍的几种性能指标外，还有仪表的重复性、再现性、可靠性等指标。

三、变送器的基本特性和构成原理

传感器的作用是把被测变量转化为一个与之成对应关系的便于传送的信号输出，但由于传感器的输出信号种类很多（有电压、电流、电阻、频率、位移、力等），而且信号往往十分微弱，因此，除了部分单纯以显示为目的的检测系统外，多数情况下都要利用变送器把传感器的输出转换成遵循统一标准的模拟量或者数字量输出信号，送到显示装置以指针、数字、曲线等形式把被测变量显示出来，或者同时送到控制器对其实现控制。

1. 变送器基本的输入输出特性

对于一个检测系统来说，传感器和变送器可以是两个独立的环节，也可以是一个有机的整体。但是，变送器的输入输出特性通常是指包括敏感元件和变送环节的整体特性，其中一个原因是人们往往更关心检测系统的输出与被测物理量之间的对应关系，另一个原因是因为敏感元件的某些特性需要通过变送环节进行处理和补偿以提高测量精度，例如，线性处理、环境温度的补偿等。

变送器的理想输入输出特性如图 2-2 所示。x_{max} 和 x_{min} 分别为变送器测量范围的上限和下限，即被测参数的上限值和下限值，图中的 $x_{min}=0$。y_{max} 和 y_{min} 分别为变送器输出信号的上限值和下限值。对于模拟式变送器，y_{max} 和 y_{min} 即为统一标准信号的上限值和下限值；对于智能式变送器，y_{max} 和 y_{min} 即为输出的数字信号范围的上限值和下限值。

由图 2-2 可得出变送器的输出一般表达式为

$$y = \frac{x}{x_{max} - x_{min}}(y_{max} - y_{min}) + y_{min} \tag{2-8}$$

式中，x 为变送器的输入信号；y 为相对应于 x 时变送器的输出信号。

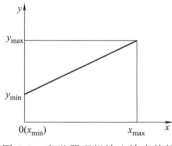

图 2-2　变送器理想输入输出特性

2. 模拟式变送器的基本构成原理

模拟式变送器完全由模拟元器件构成，它将输入的各种被测参数转换成统一标准信号，其性能也完全取决于所采用的硬件。从构成原理来看，模拟式变送器由测量部分、放大器和反馈部分三部分组成，如图 2-3 所示。在放大器的输入端还加有零点调整与零点迁移信号 z_0，z_0 由零点调整（简称调零）和零点迁移（简称零迁）环节产生。

测量部分中包含检测元件，它的作用是检测被测参数 x，并将其转换成放大器可以接收的信号 z_i，z_i 可以是电压、电流、电阻、频率、位移、作用力等信号，由变送器的类型决定；反馈部分把变送器的输出信号 y 转换成反馈信号 z_f；在放大器的输入端，z_i 与调零及零点迁移信号 z_0 的代数和同 z_f 进行比较，其差值 ε 由放大器进行放大，并转换成统一标准信号 y 输出。

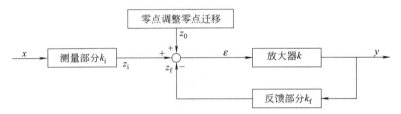

图 2-3　模拟式变送器的基本构成原理

由图 2-3 可以求得整个变送器的输入输出关系为

$$y = \frac{k_i k}{1 + k k_f} x + \frac{z_0 k}{1 + k k_f} \tag{2-9}$$

式中，k_i 为测量部分的转换系数；k 为放大器的放大系数；k_f 为反馈部分的反馈系数。当满足 $k k_f \gg 1$（称为深度负反馈）的条件时，由式（2-9）可得

$$y = \frac{k_i}{k_f} x + \frac{z_0}{k_f} \tag{2-10}$$

式（2-10）表明，在满足 $k k_f \gg 1$ 的条件时，变送器的输出与输入关系仅取决于测量部分的特性和反馈部分的特性，而与放大器的特性几乎无关。如果测量部分的转换系数 k_i 和反馈部分的反馈系数 k_f 是常数，则变送器的输出与输入具有图 2-2 所示的线性关系。

3. 智能式变送器的基本构成原理

智能式变送器以微处理器（CPU）为核心构成的硬件电路和由系统程序、功能模块构成的软件两大部分组成。

模拟式变送器的输出信号一般为统一标准的模拟信号，例如：DDZ-Ⅱ 输出 $0 \sim 10\text{mA}$ DC，DDZ-Ⅲ 输出 $4 \sim 20\text{mA}$ DC 等，在一条电缆上只能传输一个模拟信号。智能式变送器的输出信号则为数字信号，数字通信可以实现多个信号在同一通信电缆（总线）上传输，但它们必须遵循共同的通信规范和标准。介于二者之间，还存在一种称为 HART 协议的通信方式。所谓 HART 协议通信方式，是指一条电缆中同时传输 $4 \sim 20\text{mA}$ DC 电流信号和数字信号，这种类型的信号称为键控频移信号 FSK（Frequency Shift Keying）。HART 协议通信方式属于模拟信号传输向数字信号传输转变中的过渡性产品。

（1）智能式变送器的硬件构成

通常，一般形式的智能变送器的构成框图如图 2-4（a）所示，采用 HART 协议通信方式的智能式变送器的构成框图，如图 2-4（b）所示。

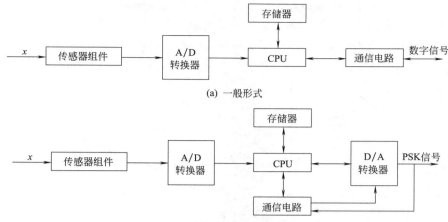

(a) 一般形式

(b) 采用HART协议的通信方式

图 2-4 智能变送器的构成框图

由图 2-4 可以看出，智能式变送器主要包括传感器组件、A/D 转换器、存储器和通信电路等部分；采用 HART 协议通信方法的智能式变送器还包括 D/A 转换器。

被测参数 x 经传感器组件，由 A/D 转换器转换成数字信号送入微处理器，进行数据处理。存储器中除存放系统程序和数据外，还存有传感器特性、变送器的输入输出特性以及变送器的识别数据，以便于变送器在信号转换时的各种补偿，以及零点调整和量程调整。

智能式变送器通过通信电路挂接在控制系统网络通信电缆上，与网络中其它各种智能化的现场控制设备或计算机进行通信，向它们传送测量结果信号或变送器本身的各种参数，网络中其它各种智能化的现场控制设备或计算机也对变送器进行远程调整和参数设定，这往往是一个双向的信号传输过程。

（2）智能式变送器的软件构成

智能式变送器的软件分为系统程序和功能模块两大部分。系统程序对变送器的硬件进行管理，并使变送器能完成最基本的功能，如模拟信号和数字信号的转换、数据通信、变送器自检等；功能模块提供了各种功能，供用户组态时调用以实现用户所要求的功能。不同的变送器，其具体用途和硬件结构不同，因而它们所包含的功能在内容和数量上是有差异的。

4. 变送器的若干共性问题

（1）量程调整和零点调整

① 量程调整：量程调整的目的是使变送器的输出信号上限值 $y_{\max}$ 与测量范围的上限值 $x_{\max}$ 相对应。图 2-5 为变送器量程调整前后的输入输出特性。由该图可见，量程调整相当于改变变送器的输入输出特性的斜率，也就是改变变送器输出信号 y 与输入信号 x 之间的比例系数。量程调整一般是通过改变反馈部分的特性实现的。

② 零点调整和零点迁移：零点调整和零点迁移的目的，都是使变送器的输出信号下限值 $y_{\min}$ 与测量信号的下限值 $x_{\min}$ 相对应。在 $x_{\min}=0$ 时，称为零点调

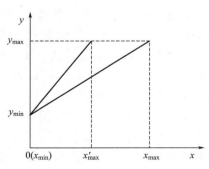

图 2-5 变送器量程调整前后的
理想输入输出特性

整；在 $x_{min} \neq 0$ 时，称为零点迁移。也就是说，零点调整是变送器的测量起点为零，而零点迁移是把测量的起始点由零迁移到某一数值（正值或负值）。当测量的起始点由零变为某一负值，称为负迁移。图 2-6 为变送器零点迁移前后的输入输出特性。

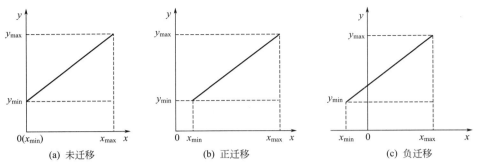

图 2-6 变送器零点迁移前后的输入输出特性

零点调整的调整量通常比较小，而零点迁移的调整量比较大，可达量程的一倍或数倍。各种变送器对其零点迁移的范围都有明确规定。对于模拟式变送器，零点调整和零点迁移的方法可通过改变加在放大器输入端上的调零信号 z_0 来实现，参见图 2-3。

【例 2-3】 某变送器的量程为 $0 \sim 1\text{MPa}$，输出信号为 $4 \sim 20\text{mA}$，欲把该变送器用于测量 $1 \sim 2.6\text{MPa}$ 的某信号，试问该变送器应作如何调整？

解 很明显，现有变送器不能用来测量 $1 \sim 2.6\text{MPa}$ 的信号，必须对变送器进行必要的调整。如图 2-7 所示，该变送器的调整过程大致分以下两个步骤：首先，利用零点调整和量程调整的功能把变送器的量程从 $0 \sim 1\text{MPa}$ 调整到 $0 \sim 1.6\text{MPa}$。通常情况下，这个过程需要对零点和量程进行多次反复调整，使得在输入 0MPa 时，变送器输出为 4mA，输入 1.6MPa 时，变送器输出为 20mA。然后利用零点迁移的功能，把变送器的量程从 $0 \sim 1.6\text{MPa}$ 迁移到 $1 \sim 2.6\text{MPa}$。

仪表的零点调整、量程调整和零点迁移扩大了仪表的使用范围，增加了仪表的通用性和灵活性。但是，在何种条件下可以进行迁移，有多大的迁移量，这需要结合具体的仪表的结构和性能而定。

（2）智能式变送器的参数设定和调整

智能式变送器的核心是微处理器，微处理器可以实现对检测信号的量程调整、零点调整、线性化处理、数据转换、仪表自检以及数据通信，同时还控制 A/D 和 D/A 转换器的运行，实现模拟信号和数字信号的转换。

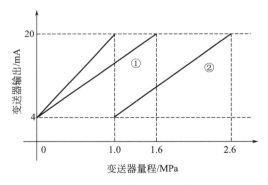

图 2-7 变送器调整、迁移示意
①步骤一；②步骤二

通常，智能式变送器还配置手持终端（外部数据设定器或组态器），用户可以通过挂接在现场总线通信电缆上的手持式组态器或者监控计算机系统，对变送器进行远程组态，调用或删除功能模块。如设定变送器的型号、量程调整、零点调整、输入信号选择、输出信号选择、工程单位选择和阻尼时间常数设定及自诊断等，也可以使用专用的编程工具对变送器进行本地调整。因此，智能式变送器一般都是通过组态来完成参数的设定和调整。

（3）变送器信号传输方式

通常，变送器安装在现场，其工作电源从控制室送来，而输出信号传送到控制室。电动模拟式变送器采用四线制或者两线制传输电源和输出信号。智能式变送器采用双向全数字量传输信号，即现场总线通信方式。目前广泛采用的一种过渡方式称为 HART 协议通信方式，即在一条通信电缆中同时传输 4～20mA 模拟信号和数字信号。

① 四线制和两线制传输：电动模拟式变送器的四线制和两线制传输连接方式如图 2-8 所示，其输出信号就是流经负载电阻 R_L 上的电流 I。

图 2-8（a）为四线制传输方式，这种方式中，电源和负载电阻 R_L 是分别与变送器相连的，即供电电源和输出信号分别用两根导线传输，这类变送器称为四线制变送器。

图 2-8（b）为两线制传输方式，这种方式中，电源、负载电阻 R_L 和变送器是串联的，即两根导线同时传送变送器所需的电源和输出电流信号，这类变送器称为两线制变送器。

两线制变送器和四线制变送器相比，采用两线制信号传输方式具有节省连接电缆、有利于安全防爆和抗干扰等优点，目前大多数变送器均为两线制变送器。

② HART 协议通信方式：HART（Highway Addressable Remote Transducer）通信协议是数字式仪表实现数字通信的一种协议，具有 HART 通信协议的变送器可以在一条电缆上同时传输 4～20mA DC 的模拟信号和数字信号。

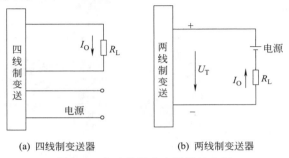

(a) 四线制变送器   (b) 两线制变送器

图 2-8 电动模拟式变送器的电源
和输出信号的连接方式

HART 信号传输是基于 Bell 202 通信标准，采用调频键控（FSK）的方法，在 4～20mA DC 基础上叠加幅度为 ±0.5mA 的正弦调制波作为数字信号，

1200Hz 频率代表逻辑"1"，2200Hz 频率代表逻辑"0"。这种类型的数字信号通常称为 FSK 信号，如图 2-9 所示。由于数字 FSK 信号相位连续，其平均值为零，故不会影响 4～20mA DC 的模拟信号。

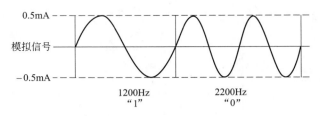

图 2-9 HART 数字通信信号

HART 通信的传输介质为双绞线。通常，单芯带屏蔽双绞线距离可达 3000m，多芯带屏蔽双绞线可达 1500m，短距离可使用非屏蔽电缆。HART 协议一般可以有点对点模式、多点模式和阵发模式三种不同的通信模式。

四、现场总线仪表简介

随着计算机、通信和微处理机技术的发展，变送器已经从模拟型、智能型发展到了现场总线型。现场总线型变送器具有全数字性，精确度高，抗干扰能力强，内嵌控制功能，实现高速通信，可多变量测量，系统综合成本低，真正的互操作性等特点。现场总线仪表的由来如图 2-10 所示，从传统智能仪表的 4～20mA 信号，到 HART 仪表的数字 FSK 信号发展到总线仪表的全数字信号。

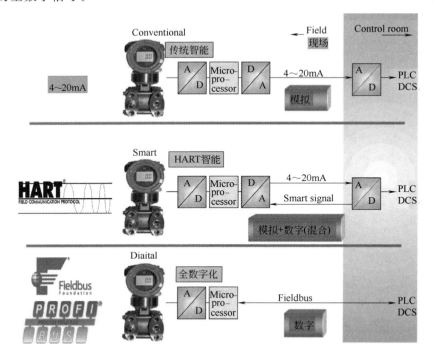

图 2-10　现场总线仪表的由来

传统智能仪表、HART 仪表与现场总线仪表的优势与不足如图 2-11（c）所示。

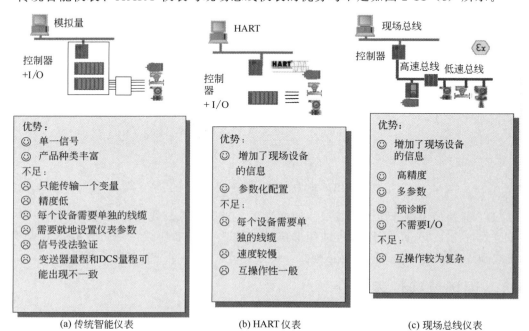

（a）传统智能仪表　　　　（b）HART 仪表　　　　（c）现场总线仪表

图 2-11　不同信号仪表的优势与不足

现场总线开发与测试平台主要形式如图 2-12 所示。

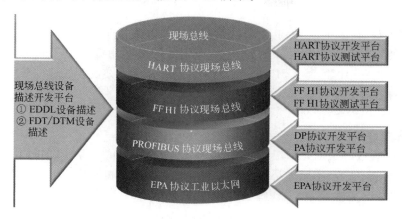

图 2-12 现场总线开发平台

PROFIBUS PA 的现场总线测量仪表需要配置总线分线器，总线分线器如图 2-13 所示。

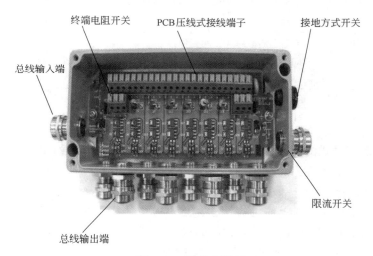

图 2-13 总线分线器

第二节 温度检测仪表

一、概述

温度是表征物体冷热程度的物理量。在工农业生产和科学研究中都要遇到温度的测量与控制问题。在工业生产中，温度是既普遍存在又十分重要的操作参数。

1. 温标

（1）经验温标

衡量温度高低的标准称为温度标尺，简称温标。早期出现有摄氏、华氏等温标，又称为经验温标。但它们不符合统一温度标准的要求。

两者之间的温标转换关系为

$$t = \frac{5}{9}(f - 32) \tag{2-11}$$

（2）国际温标

为了统一温标，国际计量会议于 1968 年制定了国际实用温标 IPTS—68，并自 1990 年 1 月 1 日起，正式采用国际温标 IPTS—90，同时规定国际开尔文温度 T（K）和国际摄氏温度 t（℃）间的数值关系为：

$$t = T - 273.15 \tag{2-12}$$

2. 温度测量原理

温度是不能直接测量的，一般只能根据物质的某些特性值与温度之间的函数关系，实现间接测量，温度测量的基本原理是与这些特性值的选择密切相关的。工业上常用的测温基本原理详见表 2-1。下面主要介绍热电偶和热电阻测温的原理。

表 2-1　温度检测仪表分类

型式	分类	特点	检测仪表种类
接触式	热膨胀	结构简单、使用方便、价格低、精度低	玻璃管温度计、双金属温度计
	热电阻	测量精度高、使用方便、可远传	铂电阻、铜电阻、热敏电阻
	热电动势	精度高、测量范围广、可远传	热电偶
非接触式	热辐射	不破坏被测物体的温度场,可远距离测量、测温范围广	辐射高温计、光学高温计、红外温度计

二、热电偶

热电偶是目前接触式测温中应用广泛的热电式传感器，具有结构简单、制造方便、测温范围广、热惯性小、准确度高、输出信号便于远传等优点。

1. 热电效应和热电偶

热电效应是热电偶测温的基本原理。根据热电效应，任何两种不同的导体或半导体组成的闭合回路（如图 2-14 所示），如果将它们的接点分别处于温度各为 t 及 t_0 的热源中，则在该回路内就会产生热电势。两个接点中，t 端称为工作端（假定该端置于被测的热源中），又称测量端或热端；t_0 端称为自由端，又称参考端或冷端。这两种不同导体或半导体的组合称为热电偶，每根单独的导体或半导体称为热电极，如图 2-14 所示。

由热电效应可知，闭合回路中所产生的热电势由接触电势和温差电势两部分组成，如图 2-15 所示。

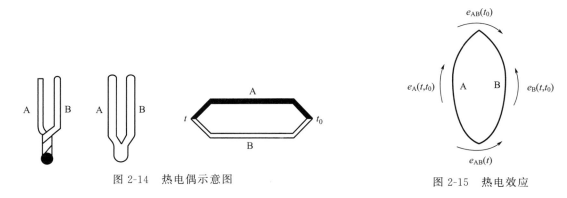

图 2-14　热电偶示意图　　　　　　　　　　　图 2-15　热电效应

$$E_{AB}(t,t_0)=e_{AB}(t)-e_{AB}(t_0)+e_B(t,t_0)-e_A(t,t_0) \tag{2-13}$$

式中，$e_{AB}(t)$ 和 $e_{AB}(t_0)$ 表示热电偶的接触电势。热电势的大小与温度 t 和电极材料有关，下标 A 表示正电极，B 表示负电极，如果下标次序改为 BA，则热电势 e 前面的符号也应相应改变，即 $e_{AB}(t)=-e_{BA}(t)$。$e_A(t,t_0)$ 和 $e_B(t,t_0)$ 分别表示两电极的温差电势，由于温差电势比接触电势小很多，常把它忽略不计，这样热电偶的电势可表示为

$$E_{AB}(t,t_0)=e_{AB}(t)-e_{AB}(t_0) \tag{2-14}$$

式（2-14）就是热电偶测温的基本公式。当冷端温度 t_0 一定时（对于确定的热电偶来说 $e_{AB}(t_0)$ 为常数），总热电势就与温度 t 成单值函数对应关系，和热电偶的长短、直径无关。这样，只要测量出热电偶的热电势的大小，就能判断被测温度的高低，这就是热电偶的温度测量原理。

需要注意的是，如果组成热电偶的两种电极材料相同，则无论热电偶冷、热两端的温度如何，闭合回路中的总热电势为零；如果热电偶冷、热两端的温度相同，则无论两电极的材料如何，闭合回路中的总热电势为零。当使用第三种材质的金属导线连接到测量仪表上时，只要第三导体与热电偶的两个接点温度相同，对原热电偶所产生的热电势就没有影响。热电偶产生的热电势除了与冷、热两端的温度有关之外，还与电极材料有关，也就是说由不同电极材料制成的热电偶在相同的温度下产生的热电势是不同的。

2. 热电偶和分度表

从理论上分析，似乎任何两种不同的导体都可以组成热电偶，用来测量温度。但实际情况并非如此，为了保证在工业现场应用可靠，并具有足够的精度，热电偶的电极测量在被测温度范围内应满足：热电性质稳定、物理化学性能稳定、热电势随温度的变化率要大、热电势与温度尽可能成线性对应关系、具有足够的机械强度、复制性和互换性要好等要求，目前，在国际上被公认的热电偶材料只有几种。目前常用的热电偶及主要性能参见表 2-2。

表 2-2　常用热电偶及主要性能

热电偶名称	代号	分度号	$E(100,0)$ /mV	主要性能	测温范围/℃ 长期使用	短期使用
铂铑 10-铂	WRP	S	0.645	热电性能稳定,抗氧化性能高,适用于氧化和中性气氛中测量;热电势小,成本高	20～1300	1600
铂铑 30-铂铑 6	WRR	B	0.033	稳定性好,测量温度高,在 0～100℃ 范围内可以不用补偿导线,适于氧化气氛中的测量;热电势小,成本高	300～1600	1800
镍铬-镍硅	WRN	K	4.095	热电势大,线形好,适于在氧化性和中性气氛中测量,且价格便宜,是工业上使用最多的一种	−50～1000	1200
镍铬-铜镍	WRK	E	6.317	热电势大,灵敏度高,价格便宜,中低温稳定性好,适于在氧化或弱还原性气氛中测量	−50～800	900
铜-铜镍	WRC	T	4.277	低温时灵敏度高,稳定性好,价格便宜。适用于氧化和还原气氛中测量	−40～300	350

各种热电偶热电势与温度的一一对应关系都可以从标准数据中查得，这种表称为热电偶的分度表。最常用的热电偶分度表见附录一～附录三，其他热电偶分度表可以在有关资料中查得。

【例 2-4】 用 K 型热电偶来测量温度，在冷端温度为 $t_0=25℃$ 时，测得热电势为

22.9mV，求被测介质的实际温度。

解 根据题意有 $E(t，25)＝22.900\mathrm{mV}$，其中 t 为被测温度。

由 K 型热电偶的分度表查出 $E(25，0)＝1.000\mathrm{mV}$，则

$$E(t,0)＝E(t,25)＋E(25,0)＝22.900＋1.000＝23.900\mathrm{mV} \tag{2-15}$$

再通过分度表查出测量温度 $t＝576.4℃$。

由于热电偶的热电势和温度呈一定的非线性关系，因此在计算上述例子时，不能简单地就利用测得的热电势 $E(t，t_0)$ 直接查分度表得出 t，然后加上冷端温度 t_0，这样会引入很大的计算误差。如果直接查分度表，可得出 22.900mV 对应的温度为 552.9℃，再加上冷端温度，结果将是 578℃，可见计算误差达到 1.5℃。

3. 热电偶的结构形式

热电偶广泛应用于各种条件下的温度测量，尤其适用于 500℃ 以上的较高温度的测量，普通型热电偶和铠装型热电偶是实际应用最广泛的两种结构。

（1）普通型热电偶

普通型热电偶主要由热电极、绝缘管、保护套管和接线盒等主要部分组成。贵重金属热电极的直径一般为 0.3～0.65mm，普通金属热电极的直径一般为 0.5～3.2mm；热电极的长度由安装条件和插入深度而定，一般为 350～2000mm。绝缘管用于防止两根电极短路，保护套管用于保护热电极不受化学腐蚀和机械损伤，材料的选择因工作条件而定，参见表2-3、表2-4。普通型热电偶主要有法兰式和螺纹式两种安装方式，如图2-16所示。

表 2-3 常用绝缘管材料

材料	工作温度/℃	材料	工作温度/℃
橡皮、绝缘漆	80	瓷管	1400
珐琅	150	Al_2O_3 管	1700
石英管	120		

表 2-4 常用保护套管材料

材料	工作温度/℃	材料	工作温度/℃
无缝钢管	600	瓷管	1400
不锈钢管	1000	Al_2O_3 管陶瓷	1700

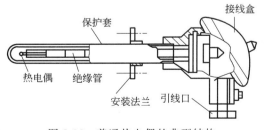

图 2-16 普通热电偶的典型结构

（2）铠装型热电偶

铠装型热电偶主要由热电极、绝缘材料和金属套管组合加工而成，如图 2-17 所示。金属套管一般为铜、不锈钢，金属套管和热电极之间填充绝缘材料粉末，常用的绝缘材料有氧化镁、氧化铝等。铠装型热电偶可以做得很细，一般为 2～8mm，在使用中可以随测量需要任意弯曲。铠装型热电偶具有动态响应快、机械强度高、抗震性好、可弯曲等优点，可安装在结构复杂的装置上，应用十分广泛。

此外，还有一些适用于特殊测温场合的热电偶，例如反应速度极快、热惯性极小的表面型热电偶，适用于固体表面温度的测量；采用防爆结构的防爆型热电偶，适用于易燃易爆现

场的温度测量等。

4. 补偿导线

由热电偶测温原理可知，只有当热电偶的冷端温度保持不变时，热电势才是被测温度的单值函数关系。在实际应用时，因热电偶冷端暴露于空间，且热电极长度有限，其冷端温度不仅受到环境温度的影响，而且还受到被测温度变化的影响，因而冷端温度难以保持恒定。这就希望将热电偶做得很长，使参比端远离工作端且进入恒温环境，但这样做要消耗大量贵重电极材料，很不经济。为此，工程上通常采用一种补偿导线，把热电偶的冷端延伸到远离被测对象且温度比较稳定的地方，以解决参比端温度恒定的问题。

补偿导线通常用比两根热电极材料便宜得多的两种金属材料做成，它在 $0\sim100℃$ 范围内的热电性质与要补偿的热电偶的热电性质几乎完全一样，所以使用补偿导线犹如将热电偶延长，把热电偶的参比端延伸到离热源较远、温度恒定又较低的地方。补偿导线的连接如图 2-18 所示。

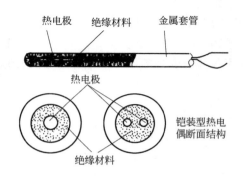

图 2-17　铠装型热电偶的典型结构

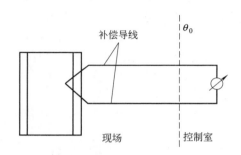

图 2-18　补偿导线的连接

图 2-18 中原来的热电偶参比端温度很不稳定，使用补偿导线后，参比端可移到温度恒定的 t_0 处。常用补偿导线见表 2-5。

表 2-5　常用热电偶的补偿导线

补偿导线型号	配用热电偶		补偿导线材料		补偿导线绝缘层颜色	
	名称	分度号	正极	负极	正极	负极
SC	铂铑 10-铂	S	铜	铜镍	红	绿
KC	镍铬-镍硅	K	铜	铜镍	红	蓝
EX	镍铬-铜镍	E	铜铬	铜镍	红	棕
TX	铜-铜镍	T	铜	铜镍	红	白

5. 热电偶参比端（冷端）温度补偿

使用补偿导线只解决了参比端温度比较恒定的问题，但是在配热电偶的显示仪表上面的温度标尺分度或温度变送器的输出信号都是根据分度表来确定的。分度表是在参比端温度为 $0℃$ 的条件下得到的。由于工业上使用的热电偶其参比端温度通常并不是 $0℃$，因此测量得到的热电势如不经修正就输出显示，则会带来测量误差。测量得到的热电势必须通过修正，即参比端温度补偿，才能使被测温度与热电势的关系符合分度表中热电偶静态特性关系，以使被测温度能真实地反映到仪表上来。

目前，热电偶参比端（冷端）温度主要有以下几种处理方法。

（1）冷端恒温法

如图 2-19 所示，这是最直接的冷端温度处理方法。把热电偶的冷端放入恒温装置中，保持温度为 0℃，所以称为"冰浴法"，这种方法多用于实验室中。

（2）计算修正法

当用补偿导线把热电偶的冷端延伸到 t_0 处，只要 t_0 值已知，并测得热电偶回路中的热电势，就可以通过查表计算的方法来计算出被测温度 t，这种方法适用于实验室或者临时测温。

（3）电桥补偿法

电桥补偿法是目前实际应用中最常用的一种处理方法，它利用不平衡电桥产生的热电势来补偿热电偶因冷端温度的变化而引起的热电势的变化。如图 2-20 所示，电桥由 R_1、R_2、R_3（均为锰铜电阻）R_{Cu}（热敏铜电阻）组成。在设计的冷端温度为 t_0（例如 $t_0 = 0℃$）时，满足 $R_1 = R_2$，$R_3 = R_{Cu}$，这时电桥平衡，无电压输出，即 $U_{ab}(t_0) = 0$，回路中的输出电势就是热电偶产生的热电势；当冷端温度由 t_0 变化成 t_0' 时，不妨设 $t_0 > t_0'$，热电势减小，但电桥中 R_{Cu} 随温度的上升而增大，于是电桥两端会产生一个不平衡电压 $U_{ab}(t_0)$，于是回路中输出的热电势为 $E_{AB}(t, t_0) + U_{ab}(t_0)$。经过设计，可使电桥的不平衡电压等于因冷端温度变化引起的热电势变化，于是实现了冷端温度的自动补偿。实际的补偿电桥一般是按 $t_0 = 20℃$ 设计的，即 $t_0 = 20℃$ 时，补偿电桥平衡无电压输出。

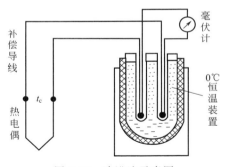

图 2-19 冰浴法示意图

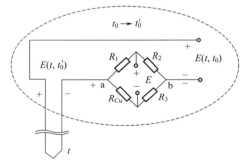

图 2-20 电桥补偿法

三、热电阻

当测量低于 150℃ 的温度时，由于热电偶的热电势很小，会引起比较大的误差，常采用热电阻进行测量。热电阻温度计最大的特点是性能稳定、测量精度高、测温范围宽，同时还不需要冷端温度补偿。一般可在 $-200 \sim 500℃$ 的范围使用。

1. 测温原理

与热电偶测温原理不同的是，热电阻是基于电阻的热效应进行温度测量的，即电阻体的阻值随温度的变化而变化的特性。因此，只要测出感温热电阻的阻值变化，就可以测量出被测温度。目前，主要有金属热电阻和半导体热敏电阻两类。

金属热电阻的电阻值和温度一般可以用以下的近似关系式表示，即

$$R_t = R_{t0}[1 + \alpha(t - t_0)] \tag{2-16}$$

式中，R_t 为温度 t 时对应的热电阻；R_{t0} 为 t_0（通常 $t_0 = 0℃$）时对应的电阻值；α 为

温度系数。

半导体热敏电阻的阻值和温度的关系为

$$R_t = A\mathrm{e}^{B/t} \tag{2-17}$$

式中，R_t 为热敏电阻在 t 时的阻值；A、B 为取决于半导体材料和结构的常数。

相比较而言，热敏电阻的温度系数更大，常温下的阻值更高（通常在数千欧以上），但互换性差，非线性严重，测温范围只有 $-50\sim300℃$，大量用于家电和汽车的温度检测和控制。金属热电阻一般适用于 $-200\sim500℃$ 范围内的温度测量，其特点是测量准确、稳定性好、性能可靠，在过程控制领域中的应用极其广泛。

2. 工业上常用的金属热电阻

从电阻随温度的变化来看，大部分金属导体都有这种性质，但并不是都能用作测温热电阻，作为热电阻的金属材料一般要求：尽可能大而且稳定的温度系数、电阻率要大（在同样灵敏度下减小传感器的尺寸）、在使用的温度范围内具有稳定的化学和物理性能、材料的复制性好、电阻值随温度变化要有单值函数关系（最好呈线性关系）。

目前，应用最广泛的热电阻材料是铂和铜，参见表 2-6。中国最常见的铂热电阻有 $R_0=10\Omega$、$R_0=100\Omega$ 和 $R_0=1000\Omega$ 等几种，它们的分度号分别为 Pt10、Pt100 和 Pt1000；铜热电阻有 $R_0=50\Omega$ 和 $R_0=100\Omega$ 两种，它们的分度号分别为 Cu50 和 Cu100。其中 Pt100 和 Cu50 的应用更为广泛。

表 2-6 工业上常见的热电阻

名称	材料	分度号	0℃时阻值 /Ω	测温范围 /℃	主要特点
铂电阻	铂	Pt10	10	$-200\sim850$	精度高,适用于中性和氧化性介质,稳定性好,具有一定的非线性,温度越高,电阻的变化率越小,价格较贵
		Pt100	100	$-200\sim850$	
铜电阻	铜	Cu50	50	$-50\sim150$	在测温范围内电阻和温度呈线性关系,温度系数大,适用于无腐蚀介质,超过150℃易被氧化,价格便宜
		Cu100	100	$-50\sim150$	

3. 热电阻的信号连接方式

热电阻是把温度变化转换为电阻变化的一次元件，通常需要把电阻信号通过引线传递到计算机控制装置或者其它二次仪表上。工业用热电阻安装在生产现场，与控制室之间存在一定的距离，因此热电阻的引线对测量结果会有较大的影响。

目前，热电阻的引线方式主要有以下三种，如图 2-21 所示。

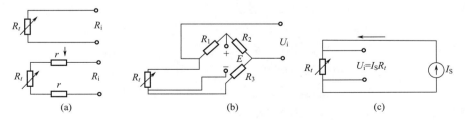

图 2-21 热电阻的引线方式

（1）二线制

在热电阻的两端各连接一根导线来引出电阻信号的方式称为二线制，如图 2-21（a）所示。这种引线方式最简单，但由于连接导线必然存在引线电阻 r，r 的大小与导线的材料和长度等因素有关。很显然，图中的 $R_i \approx R_t + 2r$。因此，这种引线方式只适用于测量精度要求较低的场合。

（2）三线制

在热电阻的根部的一端连接一根导线，另一端连接两根引线的方式称为三线制，如图 2-21（b）所示。这种方式通常与电桥配套使用。与热电阻 R_t 连接的三根导线，粗细、长短相同，阻值相等。当电桥设计满足一定条件时，连接导线的线电阻可以完全消去，导线电阻的变化对热电阻毫无影响。必须注意，只有在全等臂电桥（4 个桥臂电阻相等），而且是在平衡状态下才是如此，否则不可能完全消除导线电阻的影响，但分析可见，采用三线制连接方法会使它的影响大大减小，因此，三线制是工业过程中最常用的引线方式。

（3）四线制

在热电阻的根部两端各连接两根导线的方式称为四线制，如图 2-21（c）所示。其中两根引线为热电阻提供恒定电流 I_S，把 R_t 转化为电压信号 U_i，再通过另两根引线把 U_i 引至二次仪表。可见这种引线方式可以完全消除引线电阻的影响，主要用于高精度的温度检测。

四、温度变送器

热电偶、热电阻是用于温度信号检测的一次元件，它需要和显示单元、控制单元配合，来实现对温度或温差的显示、控制。目前，大多数计算机控制装置可以直接输入热电阻和热电偶信号，即把电阻信号或者毫伏信号经过补偿导线直接接入到计算机控制设备上，实现被测温度的显示和控制。但是，采用这种传统温度测量方法带来的问题是：系统的 I/O 板需要特殊定购；特殊的配线导致安装和检修困难；无法通过智能数字信号对仪表进行远程的监视和调整；精度差，输出信号弱，抗干扰能力差；在实际工作现场中，也不乏利用信号转换仪表先将传感器输出的电阻或毫伏信号转换为标准信号输出，再把标准信号接入到其它显示单元、控制单元，这种信号转换仪表即为温度变送器。

温度变送器的种类很多，常用的有 DDZ-Ⅲ 型温度变送器、一体化温度变送器和智能式温度变送器等。

DDZ-Ⅲ 型温度变送器是工业过程中使用广泛的一类模拟式温度变送器。它与各种类型的热电阻、热电偶配套使用，将温度或温差信号转换成 4～20mA、1～5V DC 的统一标准信号输出。DDZ-Ⅲ 型温度变送器主要有热电偶变送器、热电阻变送器和直流毫伏变送器三种类型，在过程控制领域中，使用最多的是热电偶温度变送器和热电阻温度变送器。

所谓一体化温度变送器，是指将变送器模块安装在测温元件接线盒或专用接线盒内的一种温度变送器。其测温元件（热电偶或热电阻传感器）和变送器模块形成一个整体，也可以直接安装在被测工艺管道上，输出为统一的标准信号。由于一体化温度变送器直接安装在现场，在一般情况下变送器模块内部集成电路的制成工作温度为 −20～80℃，超过这一范围，电子器件的性能会发生变化，变送器将不能正常工作，因此在使用中应特别注意变送器模块所处的环境温度。这种变送器具有体积小、质量轻、现场安装方便等优点，因而在工业生产中得到广泛应用。

智能式温度变送器有采用 HART 协议通信方式，也有采用现场总线通信方式，前者技术比较成熟，产品的种类也比较多；后者的产品近两年才问世，国内尚处于研究开发阶段。

五、其它温度仪表简介

1. 双金属温度计

双金属温度计是基于物体受热的时候体积膨胀的性质制成的，用两片线胀系数不同的金属片叠焊在一起制成感温元件，成为双金属片。双金属片受热后由于两金属片的膨胀长度不同而产生弯曲，自由端带动指针指示出相应的温度数值。双金属温度计通常是作为一种就地指示仪表，安装时需要外加金属保护套管。

2. 辐射式温度计

辐射式温度计是利用物体的辐射随温度变化而变化的原理制成的，它是一种非接触式温度检测仪表。在应用辐射式温度计检测温度时，只需要把温度计对准被测对象，而不必与被测对象直接接触。因此，不会破坏被测对象的温度场。

六、测温仪表的选用与安装

为了经济、有效地进行温度测量，正确选用和安装测温仪表是十分重要的。为此特作一些原则性的介绍。

在解决现场测温问题时，准确选用仪表是很重要的，一般选用是首先要分析被测对象的特点及状态，然后根据现有仪表的特点及技术指标确定选用的类型。

（1）分析被测对象

① 被测对象的温度变化范围及变化的快慢；

② 被测对象是静止的还是运动的；

③ 被测对象是液态还是固态，温度计的检测部分是否与它相接触，能否靠近，如果远离以后辐射的能量是否足以检测；

④ 被测区域的温度分布是否相对稳定，要测量的是局部温度，还是某一区域的平均温度或温度分布；

⑤ 被测对象及其周围是否有腐蚀性气氛，是否存在水蒸气、一氧化碳、二氧化碳、臭氧及烟雾等介质，是否存在外来能源对辐射的干扰，如其他高温辐射源、日光、灯光、炉壁反射光及局部风冷、水冷等；

⑥ 测量的场所有无冲击、振动及电磁场。

（2）合理选用仪表

① 仪表的可用测温范围及常用测温范围；

② 仪表的精度、稳定度、变差及灵敏度等；

③ 仪表的防腐蚀性、防爆性及连续使用的期限；

④ 仪表输出信号能否自动记录和远传；

⑤ 测温元件的体积大小及互换性；

⑥ 仪表的响应时间；

⑦ 仪表的防震、防冲击、抗干扰性能是否良好；

⑧ 电源电压、频率变化及环境温度变化对仪表示值的影响程度；

⑨ 仪表使用是否方便、安装维护是否容易。

（3）测温元件的安装

在准确选择测温元件及仪表之后，还必须注意正确安装测温元件。否则，测量精度仍得不到保证。热电阻和热电偶的安装要求如下：

① 在测量管道中介质的温度时，应保证测温元件与流体充分接触，以减少测量误差。因此要求安装时测温元件应迎着被测介质流向插入（斜插）；至少须与被测介质流向正交，切勿与被测介质形成顺流，如图 2-22 所示。

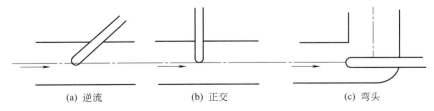

(a) 逆流   (b) 正交   (c) 弯头

图 2-22　温度检测元件的安装示意

② 测温元件的感温点应处于管道中流速最大处。一般来说，热电偶、热电阻、铜电阻保护套管的末端应分别越过流束中心线 5～10mm、50～70mm、25～30mm。

③ 应避免测温元件外露部分的热损失而引起的测量误差。为此，一是保证有足够的插入深度（斜插或在弯头处安装）；二是在测温元件外露部分进行保温。

④ 若工艺管道过小，安装测温元件处可接装扩大管。

⑤ 用热电偶测量炉温时，应避免测温元件与火焰直接接触，也不宜距离太近或装在炉门旁边。接线盒不应碰到炉壁，以免热电偶冷端温度过高。

⑥ 使用热电偶、热电阻测温时，应防止干扰信号的引入。应使接线盒的出线孔向下方，以防止水汽、灰尘等进入而影响测量精度。

⑦ 测温元件安装在负压管道或设备中时，必须保证安装孔的密封，以免外界空气被吸入后而降低测量精度。

⑧ 凡安装承受压力的测温元件时，都必须保证密封。当工作介质压力超过 1×10^5 Pa 时，还必须另外加装保护套管。此时，为减少测温的滞后，可在套管之间加装传热良好的填充物。如温度低于 150℃ 时可充入变压器油，当温度高于 150℃ 时可充填铜屑或石英砂，以保证传热良好。

第三节　压力检测仪表

所谓压力是指均匀而垂直地作用于单位面积上的力，用符号 p 表示。在工业生产过程中，压力往往是重要的操作参数之一。特别是在化工、炼油等生产过程中，经常会遇到压力测量，其中包括比大气压力高很多的高压、超高压和比大气压力低很多的真空度的测量。如高压聚乙烯，要在 150MPa 或更高压力下进行聚合；氢气和氮气合成氨气时，要在 15MPa 或 32MPa 的压力下进行反应；而炼油厂减压蒸馏，则要在比大气压低很多的真空下进行。如果压力不符合要求，不仅会影响生产效率，降低产品质量，有时还会造成严重的生产事故。在化学反应中，压力既影响物料平衡关系，也影响化学反应速度。所以，压力的测量和控制，对保证生产过程正常进行，达到高产、优质、低消耗和保证安全是十分重要的。

一、压力的表示方法

根据国际单位制规定，压力的单位为帕斯卡（简称帕，用符号 Pa 表示，$1Pa = 1N/m^2$），它也是中国的法定计量单位。在工程上，其它一些压力单位也还普遍使用，如工程大气压、巴、毫米汞柱、毫米水柱等。

压力的表示方法有三种：绝对压力 p_a、表压力 p、负压或真空度 p_h，其关系如图 2-23 所示。

绝对压力是物体所受的实际压力。

表压力是指一般压力仪表所测得的压力，它是高于大气压的绝对压力与大气压力之差，即

$$p = p_a - p_0 \qquad (2\text{-}18)$$

真空度是指大气压与低于大气压的绝对压力之差，有时也称负压，即

$$p_h = p_0 - p_a \qquad (2\text{-}19)$$

因为各种工艺设备和测量仪表通常是处于大气之中，本身就承受着大气压力。所以，工程上经常用表压或真空度来表示压力的大小。以后所提压力，除特别说明外，均指表压或真空度。

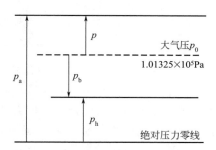

图 2-23　绝对压力、表压力、
真空度的关系

二、压力检测的主要方法

目前工业上常用的压力检测方法和压力检测仪表有很多，根据压敏元件和转换原理的不同，一般分为以下四类：

① 液柱式压力检测：它是根据流体静力学原理，把被测压力转换成液柱高度，一般采用充有水或水银等液体的玻璃 U 形管或单管进行测量。

② 弹性式压力检测：它是根据弹性元件受力变形的原理，把被测压力转换成位移进行测量的。常用的弹性元件有弹簧管、膜片和波纹管等。

③ 电气式压力检测：它是利用敏感元件将被测压力直接转换成各种电量进行测量的仪表，如电阻、电荷量等。

④ 活塞式压力检测：它是根据液压机液体传送压力的原理，将被测压力转换成活塞面积上所加平衡砝码的质量来进行测量。活塞式压力计的测量精度较高，允许误差可以小到 0.05%～0.02%，它普遍被用作标准仪器对压力检测仪表进行校验。

三、常见压力检测仪表

1. 弹性式压力计

弹性式压力计是利用各种形式的弹性元件作为压力敏感元件，把压力转换成弹性元件位移的一种压力检测仪表。这种仪表具有结构简单、使用可靠、读数清晰、牢固可靠、价格低廉、测量范围广以及有足够的精度等优点。弹性式压力计可以用来测量几百帕到数千兆帕范围内的压力，因此在工业上是应用较广泛的测压仪表。

（1）弹性元件

弹性元件是一种简易可靠的测压敏感元件，在弹性限度内受压后会产生变形，变形的大

小与被测压力成正比关系，如图 2-24 所示，目前工业上常用的测压用弹性元件主要是膜片、波纹管和弹簧管等。

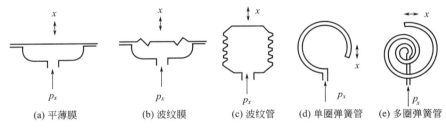

(a) 平薄膜   (b) 波纹膜   (c) 波纹管   (d) 单圈弹簧管   (e) 多圈弹簧管

图 2-24　弹性元件示意

① 膜片：膜片是一种沿外缘固定的片状圆形薄板或薄膜，按剖面形状分为平薄膜片和波纹膜片。波纹膜片是一种压有环状同心波纹的圆形薄膜，其波纹数量、形状、尺寸和分布情况与压力的测量范围及线性度有关。有时也可以把两张金属膜片沿周口对焊起来，成一薄壁盒子，内充液体（如硅油），称为膜盒。

当膜片两边压力不等时，膜片就会发生形变，产生位移，当膜片位移很小时，它们之间具有良好的线性，这就是利用膜片进行压力检测的基本原理。膜片受压力作用产生的位移，可直接带动传动机构指示。但是，由于膜片的位移较小，灵敏度低，指示精度不高，一般为 2.5 级。在更多的情况下，都是把膜片和其它转换环节合起来使用，通过膜片和转换环节把压力转换成电信号，例如：膜盒式差压变送器、电容式压力变送器等。

② 波纹管：波纹管是一种具有同轴环状波纹，能沿轴向伸缩的测压弹性元件。当它受到轴向力作用时，能产生较大的伸长或收缩位移。通常在其顶端安装传动机构，带动指针直接读数。波纹管的特点是灵敏度较高（特别是在低压区），适合检测低压信号（≤1MPa），但波纹管时滞较大，测量精度一般只能达到 1.5 级。

③ 弹簧管：弹簧管是弯成圆弧形的空心管子（中心角 θ 通常为 270°），其横截面呈非圆形（扁圆或椭圆形）。弹簧管一端是开口的，另一端是封闭的，如图 2-25 所示。开口端作为固定端，被测压力从开口端接入到弹簧管内腔；封闭端作为自由端，可以自由移动。

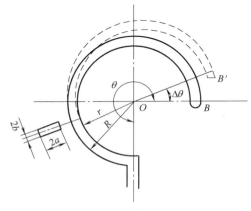

图 2-25　单圈弹簧管结构示意

当被测压力从弹簧管的固定端输入时，由于弹簧管的非圆横截面，使它有变成圆形并伴有伸直的趋势，使自由端产生位移并改变中心角 $\Delta\theta$。由于输入压力 p 与弹簧管自由端的位移成正比，所以只要测得自由端的位移量就能够反映压力 p 的大小，这就是弹簧管的测压原理。工业中用得最多的是弹簧管压力表。

弹簧管有单圈和多圈之分。单圈弹簧管的中心角变化量较小，而多圈弹簧管的中心角变化较大，二者的测压原理是相同的。弹簧管常用的材料有锡青铜、磷青铜、合金钢、不锈钢等，适用于不同的压力测量范围和测量介质。

（2）弹簧管压力表

弹簧管压力表的测量范围极广，品种规格繁多。按其所使用的测压元件不同，可有单圈弹簧管压力表和多圈弹簧管压力表。按其用途不同，除普通弹簧管压力表、防震压力表外，还有耐腐蚀的氨用压力表、禁油的氧气压力表等。它们的外形与结构基本上相同，只是所用的材料有所不同。

单圈弹簧管压力表由单圈弹簧管和一组传动放大机构（简称机芯，包括拉杆、扇形齿轮、中心齿轮）以及表壳组成。其结构原理如图 2-26 所示。

被测压力由接头 9 通入，迫使弹簧管 1 的自由端 B 向右上方扩张。自由端 B 的弹性变形位移通过拉杆 2 使扇形齿轮 3 作逆时针偏转，带动中心齿轮 4 作顺时针偏转，使其与中心齿轮同轴的指针 5 也作顺时针偏转，从而在面板 6 的刻度标尺上显示出被测压力 p 的数值。由于自由端的位移与被测压力呈线性关系，所以弹簧管压力表的刻度标尺为均匀分度。

2. 压力传感器

压力传感器是指能够检测压力并提供远传信号的装置，能够满足自动化系统检测显示、记录和控制的要求。当压力传感器输出的电信号进一步转换成标准统一信号时，又将它称为压力变送器。以下简单介绍常见的几种压力变送器。

（1）应变式压力传感器

应变片是由金属导体或半导体材料制成的电阻体，基于应变效应工作。在电阻体受到外力作用时，其电阻值发生变化，相对变化量为

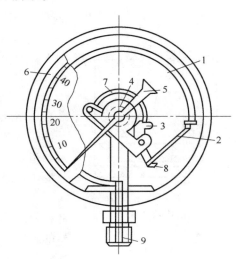

图 2-26　弹簧管压力表

1—弹簧管；2—拉杆；3—扇形齿轮；

4—中心齿轮；5—指针；6—面板；

7—游丝；8—调节螺钉；9—接头

$$\frac{\Delta R}{R} = k\varepsilon \tag{2-20}$$

式中，ε 是材料的轴向长度的相对变化量，称为应变；k 是材料的电阻应变系数。

金属电阻应变片的结构形式有丝式和箔式，半导体应变片的结构形式有体式和扩散式。图 2-27 为金属电阻应变片的两种结构形式。

半导体材料应变片的灵敏度比金属应变片的灵敏度大，但受温度影响较大。

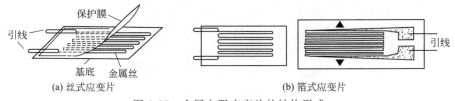

(a) 丝式应变片　　　　　　　　　　(b) 箔式应变片

图 2-27　金属电阻应变片的结构形式

应变片一般要和弹性元件结合在一起使用，将应变片粘贴在弹性元件上，在弹性元件受压变形的同时应变片也发生应变，其电阻值发生变化，通过电桥输出测量信号。应变片式压力传感器测量精度较高，测量范围可达几百兆帕。

（2）压电式压力传感器

当某些材料受到某一方向的压力作用而发生变形时，内部就产生极化现象，同时在它的

两个表面上就产生符号相反的电荷；当压力去掉后，重新恢复不带电状态，这种现象称为压电效应。具有压电效应的材料称为压电材料。压电材料的种类较多，有石英晶体、人工制造的压电陶瓷，还有高分子压电薄膜等。

图 2-28 是一种压电式压力传感器的结构。压电元件被夹在两块弹性膜片之间，压电元件一个侧面与膜片接触并接地，另一个侧面通过金属箔和引线将电量引出。压力作用于膜片时，压电元件受力而产生电荷，电荷量经放大可转换成电压或电流输出。

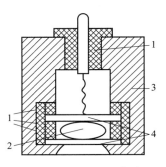

图 2-28　压电式压力传感器
结构示意图
1—绝缘体；2—压电元件；
3—壳体；4—膜片

压电式压力传感器结构简单、体积小、线性度好、量程范围大。但是由于晶体上产生的电荷量很小，因此对电荷放大处理的要求较高。

（3）压阻式压力传感器

压阻式压力传感器是根据压阻效应原理制造的，其压力敏感元件就是在半导体材料的基片上利用集成电路工艺制成的扩散电阻，当它受到外力作用时，扩散电阻的阻值由于电阻率的变化而改变，扩散电阻一般也要依附于弹性元件才能正常工作。

用作压阻式传感器的基片材料主要为硅片和锗片，由于单晶硅材料纯、功耗小、滞后和蠕变极小、机械稳定性好，而且传感器的制造工艺和硅集成电路工艺有很好的兼容性，以扩散硅压阻传感器作为检测元件的压力检测仪表得到了广泛的应用。

图 2-29 所示为压阻式压力传感器的机构示意。它的核心部分是一块圆形的单晶膜片，膜片上用离子注入和激光修正方法布置有 4 个阻值相等的扩散电阻，形成了惠斯顿电桥。单晶硅膜片用一个圆形硅杯固定，并将两个气腔隔开，一端接被测压力，另一端接参考压力（如接入低压或者直通大气）。

当外界压力作用于膜片上产生压差时，膜片会产生形变，使扩散电阻的阻值发生变化，电桥就会产生一个与膜片承受的压差成正比的不平衡信号输出。

压阻式压力传感器的特点是：

① 易于微型化，国内可生产出 $\phi 1.8 \sim$ 2mm 的压阻式压力传感器；

② 灵敏度高，它的灵敏系数比金属应变的灵敏系数高 $50 \sim 100$ 倍；

③ 测量范围很宽，可以进行低至 100Pa 的微压（用于血压测量）、高至 60MPa 的高压测量；

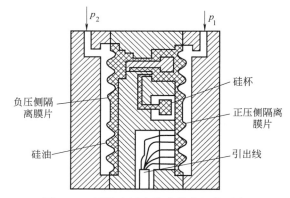

图 2-29　压阻式压力传感器的机构示意

（图中标注：负压侧隔离膜片、硅油、硅杯、正压侧隔离膜片、引出线、p_2、p_1）

④ 精度高、工作可靠，其精度甚至可达到千分之一，而高精度的产品可以达到万分之二。千分之一左右精度的压阻式压力传感器已被广泛地应用于石油、化工、电站等工业领域。

（4）电容式压力传感器

电容式压力传感器的测量原理是将弹性元件的位移转换为电容量的变化。将测压膜片作为电容器的可动极板，它与固定极板组成可变电容器。当被测压力变化时，由于测压膜片的弹性变形产生位移改变了两块极板之间的距离，造成电容量发生变化。图 2-30 是一种电容式传感器的示意。测压元件是一个全焊接的电容器盒，以玻璃绝缘层内侧凹球面金属镀膜作为固定电极，以中间弹性膜片作为可动电极。整个膜盒用隔离膜片密封，在其内部充满硅油。隔离膜片感受两侧的压力，通过硅油将压力传到中间弹性膜片上，使它产生位移，引起两侧电容器电容量的变化。电容量的变化再经过恰当的转换电路输出 4~20mA 标准信号，就构成目前最常用的电容式差压变送器。

电容式压力传感器结构紧凑、灵敏度高、过载能力大、测量精度可达 0.2 级、可以测量压力和差压。

（5）智能式传感器

20 世纪 80 年代中期以来，随着微处理技术的迅猛发展并与传感器的密切结合，使传感器不仅具有传统的检测概念，而且具有存储、判断和信息处理的功能。由微处理器和传感器相结合构成了智能式传感器，智能式传感器就是一种以微处理器为核心单元的，具有检测、判断和信息处理等功能的传感器。借助于半导体技术将传感器部分与信号放大调理和转换后电路、接口电路和微处理器等制作在同一块芯片上，即形成大规模接触电路的智能传感器。智能传感

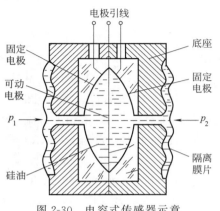

图 2-30 电容式传感器示意

器具有多功能、一体化、集成度高、体积小、适宜大批量输出、使用方便；精度高；稳定、可靠性好；检测与处理方便；功能广；性能价格比高，适应现代的计算机控制水平的发展，易于被用户接受等优点，它是传感器发展的必然趋势。

四、智能式差压变送器

差压变送器是用来测量两组介质压力之差的仪表，差压变送器区别于一般压力变送器的是它有 2 个压力接口，分别为正压室和负压室，一般情况下，正压室的压力应大于负压室的压力才能测量。

目前，实际应用的智能式差压变送器种类较多，结构各有差异，但从总体结构上看是相似的。下面简单介绍有代表性的 1151 智能式差压变送器和 ST3000 差压变送器的工作原理和特点，这些变送器都是采用 HART 通信方式进行信息传输的。

1. 1151 智能式差压变送器

1151 智能式差压变送器是在模拟的电容式差压变送器基础上，结合 HART 通信技术开发的一种智能式变送器，具有数字微调、数字阻尼、通信报警、工程单位转换和有关变送器信息的存储等功能，同时又可传输 4~20mA DC 电流信号，特别适用于工业企业对模拟式1151 差压变送器的数字化改造，其原理框图如图 2-31 所示。

① 传感器部分：1151 智能式差压变送器检测元件采用电容式压力传感器，传感器部分的工作原理与模拟式电容差压变送器相同，此处不再赘述。传感器部分的作用是将输入差压转换成 A/D 转换器所要求的 0~2.5V 电压信号。

② AD7715：AD7715 是一个带有模拟前置放大器的 A/D 转换芯片，它可以直接接收传感器的直流低电平输入信号，并输出串行数字信号至 CPU。该芯片还具有自校准和系统校准功能，可以消除零点误差、满量程误差及温度漂移的影响，因此特别适用于智能式变

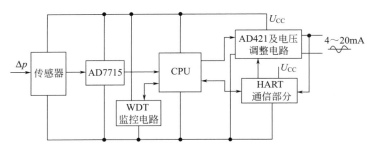

图 2-31　1151 智能式差压变送器原理框图

送器。

③ CPU、AD421 及电压调整电路：CPU 是所有智能化仪表的核心，主要完成对输入信号的线性化、温度补偿、数字通信、自诊断等处理。通过 AD421 及电压调整电路输出一个与被测差压对应的 4～20mA 直流电流信号和数字信号，作为变送器的输出。

④ HART 通信部分：HART 通信部分是实现 HART 协议物理层的硬件电路，它主要由 HT2012、带通滤波器和输出波形整形电路等组成。

⑤ WDT 监控电路：WDT（Watch Dog Timer）俗称"看门狗定时器"，当系统正常工作时，CPU 周期性地向 WDT 发送脉冲信号，此时 WDT 的输出信号对 CPU 的工作没有影响。而系统受到外界干扰导致 CPU 不能正常工作时，WDT 在指定时间内未接收到脉冲，则 WDT 输出使 CPU 不可屏蔽地中断，将正在处理的数据进行保护；同时经过一段等待时间之后，输出复位信号对 CPU 进行复位，使 CPU 重新进入正常工作。

⑥ 1151 智能式差压变送器的软件：1151 智能式差压变送器的软件分为两部分：测控程序和通信程序。

测控程序包括 A/D 采样程序、非线性补偿程序、量程转换程序、线性或开方输出程序、阻尼程序以及 D/A 输出程序等。采样采取定时中断采样，以保证数据采集、处理的实时性。

2. ST3000 差压变送器

图 2-32 是 ST3000 差压变送器的原理框图，它的检测元件采用扩散硅压阻传感器。但与模拟式扩散硅差压变送器所不同的是，ST3000 差压变送器所采用的是复合型传感器，该传感器在单个芯片上形成差压测量用、温度测量用和静压测量用三种感测元件。

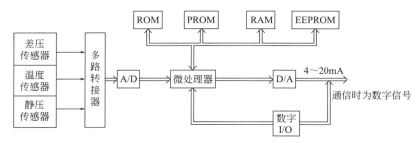

图 2-32　ST3000 差压变送器的原理框图

被测差压作用于正、负压侧隔离膜片，通过填充液传递到复合传感器，使传感器的扩散电阻阻值发生变化，导致惠斯顿电桥的输出电压发生变化，这一变化经 A/D 转换送入微处理器。

与此同时，复合传感器上的两种辅助传感器（温度传感器和静压传感器）检测出环境温度和静压参数，也经 A/D 转换送入微处理器。微处理器根据各种补偿数据（如差压、温度、静压特性参数和输入输出特性等），对这三种数字信号进行运算处理，然后得到与被测差压相对应的 4~20mA 直流电流信号和数字信号，作为变送器的输出。

ST3000 差压变送器采用复合传感器和综合误差自动补偿技术，有效克服了扩散硅压阻传感器对温度和静压变化敏感以及存在非线性的缺点，提高了变送器的测量精度，同时拓宽了量程范围。

五、压力仪表的选用和安装

1. 压力检测仪表的选用

压力检测仪表的选用是一项重要的工作，如果选用不当，不仅不能正确、及时地反映被测对象的压力的变化，还可能引起事故。选用时应根据生产工艺对压力检测的要求、被测介质的特性、现场使用的环境条件，本着节约的原则合理地考虑仪表的量程、精度、类型等。

（1）就地指示压力表的选用

压力在 −40~0~+40kPa 的一般介质，宜选用膜盒压力表。表壳可为圆形或矩形，精确度等级为 2.5 级，连接件规格为 M20×1.5 或 φ8mm 软接头。

压力在 40kPa 以上的一般介质，可选用弹簧管压力表。精确度等级为 1.5 或 2.5 级，连接件规格为 M20×1.5，刻度表壳直径为 φ100mm 或 φ150mm。就地指示一般选用径向不带边，就地盘装一般选用轴向带边。

压力在 −0.1~2.4MPa 的一般介质，应选用压力真空表。精确度等级为 1.5 或 2.5 级，连接件规格为 M20×1.5，刻度表壳直径为 φ100mm 或 φ150mm。

对于黏度较高的原油测量，应选用隔膜式压力表、膜片式压力表或采取灌隔离液措施的一般压力表。精确度等级为 1.5 或 2.5 级，连接件规格为 M20×1.5，刻度表壳直径为 φ100mm 或 φ150mm。

另外，对于一些特殊情况作如下处理：

① 对炔、烯、氨及含氨介质的测量，应选用乙炔压力表和氨用压力表。

② 对氧气的测量，应采用氧气压力表。

③ 对硫化氢及含硫介质的测量应采用抗硫压力表。

④ 对于剧烈振动介质的测量，应采用耐振压力表。

⑤ 对腐蚀性介质（如硝酸、醋酸、部分有机酸或其它无机酸和碱类）的测量，宜选用耐酸压力表或膜盒式压力表（防腐型）。

⑥ 对强腐蚀性且高黏稠、易结晶、含有固体颗粒状物质的测量，宜选用膜片式压力表（防腐型），或采用吹气、吹液法测量。

⑦ 对温度高于或等于 300℃油品的压力测量，必须设隔离器（或弯管），必要时可选用耐酸压力表。

⑧ 小型压力表可用于就地指示仪表气源和信号的压力，表壳直径为 φ40mm 或 φ60mm，连接件规格为 M10×1 或 M10×1.5。

（2）压力报警仪表的选用

① 一般场合的压力、真空的报警或联锁宜分别选用带电接点的压力表、真空表及压力真空表或压力开关，表壳直径为 φ150mm，精确度等级为 1.5 级，连接件规格为 M20×1.5。在爆炸危险场合，应选用防爆型。

② 氨及含氨介质的压力、真空的报警或联锁应分别选用氨用电接点压力表、真空表及压力真空表。

③ 氧气介质的压力、真空的报警或联锁分别选用氧用电接点压力表、真空表及压力真空表。

④ 腐蚀性介质的压力、真空的报警或联锁分别选用耐酸电接点压力表、真空表及压力真空表。

压力开关应根据火灾、爆炸危险场所的划分和使用要求来选择。压力开关在全量程范围内设定值应是可调的。

就地安装的无指示压力调节器、变送器、压力开关、减压阀宜配置直接测量工艺介质的压力表。

（3）远传压力仪表的选用

要求采用统一的标准信号时，应选用压力变送器。变送器的精确度应不低于 0.5 级。

① 对于爆炸和火灾危险场所，应选用气动压力变送器和防爆型电动压力变送器。

② 对于微压力的测量，可采用微差压变送器。

③ 对于黏稠（如黏度较高的原油）、含有固体颗粒或腐蚀性介质压力的测量，可选用法兰膜片式压力变送器（温度不高于 200℃）。如采用灌隔离液、吹气或打冲洗液等措施，也可采用一般的压力变送器。

（4）仪表量程的选择

仪表的量程是指该仪表按规定的精确度对被测量进行测量的范围，它根据操作中需要测量的参数的大小来确定。为了保证敏感元件能在其安全的范围内可靠工作，也考虑到被测对象可能发生的异常超压情况，对仪表的量程选择必须留有足够的余地。

在被测压力较稳定的情况下，最大工作压力不应超过仪表满量程的 3/4；在被测压力波动较大或测振动压力时，最大工作压力不应超过仪表满量程的 2/3；在测量高压压力时，最大工作压力不应超过仪表满量程的 3/5。为了保证测量准确度，最小工作压力不应低于满量程的 1/3。当被测压力变化范围大，最大和最小工作压力可能不能同时满足上述要求时，选择仪表量程应首先要满足最大工作压力条件。

根据被测压力，计算得到仪表上、下限后，还不能以此直接作为仪表的量程，目前中国出厂的压力（包括差压）检测仪表有统一的量程系列，它们是 1kPa、1.6kPa、2.5kPa、4.0kPa、6.0kPa 以及它们的 10^n 倍数（n 为整数）。因此，在选用仪表量程时，应采用相应规程或者标准中的数值。

（5）仪表精度的选择

压力检测仪表的精度主要根据生产允许的最大误差来确定，即要求实际被测压力允许的最大绝对误差应小于仪表的基本误差。另外，在选择时应坚持节约的原则，只要测量精度能满足生产的要求，就不必追求过高精度的仪表。

（6）仪表类型的选择

根据工艺要求正确选用仪表类型是保证仪表正常工作及安全生产的主要前提。压力检测仪表类型的选择主要应考虑以下几个方面。

① 仪表的材料：压力检测的特点是压力敏感元件往往要与被测介质直接接触，因此在选择仪表材料的时候要综合考虑仪表的工作条件。例如，对腐蚀性较强的介质应使用像不锈钢之类的弹性元件或敏感元件；氨用压力表则要求仪表的材料不允许采用铜或铜介质，因为

氨气对铜的腐蚀性极强；又如氧用压力表在结构和材质上可以与普通压力表相同，但要禁油，因为油进入氧气系统极易引起爆炸。

② 仪表的输出信号：对于只需要观察压力变化的情况，应选用如弹簧管压力表甚至液柱式压力计那样的直接指示型的仪表；如需将压力信号远传到控制室或其它电动仪表，则可选用电气式压力检测仪表或其它具有电信号输出的仪表；如果控制系统要求能进行数字量通信，则可选用智能式压力检测仪表。

③ 仪表的使用环境：对爆炸性较强的环境，应选择防爆型压力仪表；对于温度特别高或特别低的环境，应选择温度系数小的敏感元件及其它变换元件。

2. 压力表、变送器的安装

（1）一般压力测量仪表的安装

无论选用何种压力仪表和采用何种安装方式，在安装过程中都应注意以下几点。

① 压力仪表必须经检验合格后才能安装。

② 压力仪表的连接处，应根据被测压力的高低和被测介质性质，选择适当的材料作为密封垫圈，以防泄漏。

③ 压力仪表尽可能安装在室温，相对湿度小于80％，振动小，灰尘少，没有腐蚀性物质的地方，对于电气式压力仪表应尽可能避免受到电磁干扰。

④ 压力仪表应垂直安装。一般情况下，安装高度应与人的视线齐平，对于高压压力仪表，其安装高度应高于一般人的头部。

⑤ 测量液体或蒸汽介质压力时，应避免液柱产生的误差，压力仪表应安装在与取压口同一水平的位置上，否则必须对压力仪表的示值进行修正。

⑥ 导压管的粗细应合适，一般为6～10mm，长度尽可能短，否则会引起压力测量的迟缓。

⑦ 压力仪表与取压口之间应安装切断阀，以便维修。

（2）差压变送器的安装

差压变送器也属于压力测量仪表，因此差压变送器的安装要遵循一般压力测量仪表的安装原则。然而，差压变送器与取压口之间必须通过引压管连接，才能把被测压力正确地传递到变送器的正负压室，如果取压口选择不正确，或者引压管有堵塞、渗漏现象，或者差压变送器的安装和操作不正确，都会引起较大的测量误差。

① 取压口的选择：取压口的选择与被测介质的特性有很大关系，不同的介质，取压口的位置应符合如下规定，如图 2-33 所示。

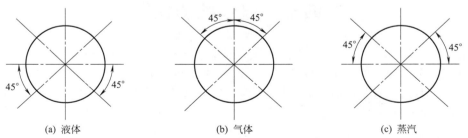

(a) 液体　　　　　　(b) 气体　　　　　　(c) 蒸汽

图 2-33 测量不同介质时取压口方位规定示意

被测介质为液体时，取压口应位于管道下半部与管道水平线成 0°～45°，如图 2-33（a）所示。取压口位于管道下半部的目的是保证引压管内没有气泡，这样由两根引压管内液柱所附加在差压变送器正、负压室的压力相互抵消；取压口不宜从底部引出，是为了防止液体介质中可能夹带的固体杂质会沉积在引压管中引起堵塞。

被测介质为气体时，取压口应位于管道上半部与管道垂直中心线成 0°～45°，如图 2-33（b）所示，其目的是保证引压管中不积聚和滞留液体。

被测介质为蒸汽时，取压口应位于管道上半部与管道水平线成 0°～45°，如图 2-33（c）所示。常见的接法是从管道水平位置接出，并分别安装凝液罐，这样两根引压管内部都充满冷凝液，而且液体高度相同。

② 引压管的安装：引压管应按最短距离敷设，引压管内径的选择与引压管长度有关，一般可以参照表 2-7 执行。引压管的管路应保持垂直，或者与水平线之间不小于 1∶10 的倾斜度，必要时要加装气体、凝液、微粒收集器等设备，并定期排放收集物。

表 2-7　引压管内径与引压管长度

引压管内径/mm　　　引压管长度/m 被测介质	<1.6	1.6～4.5	4.5～9
水、水蒸气、干气体	7～9	10	13
湿气体	13	13	13
低中黏度油品	13	19	25
脏液体	25	25	33

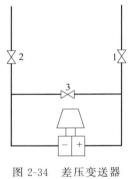

图 2-34　差压变送器
的安装示意

③ 差压变送器的安装：由引压导管接至差压计或变送器前，必须安装切断阀 1、2 和平衡阀 3，构成三阀组，如图 2-34 所示。

差压变送器是用来测量差压的，但如果正、负引压管上的两个切断阀不能同时打开或者关闭时，就会造成差压变送器单向受很大的静压力，有时会使仪表产生附加误差，严重时会使仪表损坏。为了防止差压计单向受很大的静压力，必须正确使用平衡阀。在启用差压变送器时，应先打开平衡阀 3，使正、负压室接通，受压相同，然后再打开切断阀 1、2，最后关闭平衡阀 3，变送器即可投入运行。差压变送器需要停用时，应先打开平衡阀，然后关闭切断阀 1、2。当切断阀 1、2 关闭，平衡阀 3 打开时，即可以对仪表进行零点校验。

第四节　流量检测仪表

在工业生产过程中，为了有效地进行生产操作和控制，经常需要生产过程中各种介质（液体、气体、蒸汽等）的流量，以便为生产操作和控制提供依据。同时，为了进行经济核算，经常需要知道在一段时间（如一班、一天等）内流过的介质总量。所以，流量测量是控制生产过程达到优质高产和安全生产以及经济核算所必需的一个重要参数。

一、概述

一般所讲的流量大小是指单位时间内流过管道某一截面的流体数量的大小，即瞬时流量。而在某一段时间内流过管道的流体流量的总和，即瞬时流量在某一段时间内的累计值，称为总量或累计流量。

瞬时流量和累计流量可以用质量表示，也可以用体积表示。单位时间内流过的流体以质量表示的称为质量流量，常用符号 M 表示。以体积表示的称为体积流量，常用符号 Q 表示。若流体的密度是 ρ，则体积流量和质量流量之间的关系是：

$$M = Q\rho \quad \text{或} \quad Q = \frac{M}{\rho} \tag{2-21}$$

若以 t 表示时间，则流量和总量之间的关系是：

$$Q_总 = \int_0^t Q\mathrm{d}t \qquad M_总 = \int_0^t M\mathrm{d}t \tag{2-22}$$

测量流体瞬时流量的仪表一般叫流量计；测量流体累计流量的仪表常称计量表。然而两者并不是截然划分的，在流量计上配以累计机构，也可读出累计流量。

常用的流量单位有吨每小时（t/h）、千克每小时（kg/h）、千克每秒（kg/s）、立方米每小时（m³/h）、升每小时（L/h）、升每分（L/min）等。

测量流量的方法很多，其测量原理和所用的仪表结构形式各不相同。目前有很多流量测量的分类方法，我们仅举一种大致的分类法，简介如下：

（1）速度式流量仪表

这是一种以测量流体在管道内的流速作为测量依据来计算流量的仪表，如差压流量计、转子流量计、电磁流量计、涡街流量计、涡轮流量计、堰式流量计等。

（2）容积式流量计

这是一种以测量单位时间内所排出的流体的固定容积的数目作为测量依据来计算流量的仪表，例如椭圆齿轮流量计、活塞式流量计等。

（3）质量式流量计

这是一种以测量流过的质量为依据的流量计，例如惯性力式质量流量计、补偿式质量流量计等。目前，质量流量的检测方法主要有三大类：

① 直读式：检测元件的输出可直接反映出质量流量。

② 间接式：同时检测出体积流量和流体的密度，或同时用两个不同的检测元件检测出两个与体积流量和密度有关的信号，通过运算得到质量流量。

③ 补偿式：同时测量出流体的体积流量、温度和压力信号，根据密度与温度、压力之间的关系，求出工作状态下的密度，进而与体积流量组合，换算成质量流量。

本节仅介绍几种工程中常用的流量计。

二、速度式流量计

1. 差压流量计

差压式流量计也称为节流式流量计，它是基于流体流动的节流原理，利用流体流经节流装置时产生的压力差而实现流量测量的。它是目前工业生产中测量流量最成熟、最常用的方法之一。通常是由能将被测量流量转换成压差信号的节流装置（如孔板、喷嘴、文丘里管等，如图 2-35 所示）和将此压差转换成对应的流量值显示出来的差压计组成。在单元组合仪表中，由节流装置产生的差压信号，经常通过差压变送器转换成相应的信号（电或气的），以供显示、记录或调节用。

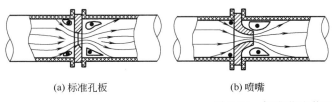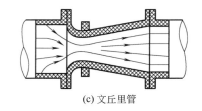

(a) 标准孔板   (b) 喷嘴   (c) 文丘里管

图 2-35　标准节流装置

（1）节流现象与节流的最基本方程式

① 节流现象。

流体在有节流装置的管道中流动时，在节流装置前后的管壁处，流体的静压力产生差压的现象称为节流现象。

所谓节流装置就是在管道中放置一个局部收缩元件，应用最广泛的是孔板，其次是喷嘴、文丘里管。下面以标准孔板为例介绍节流式流量测量的原理及方法。

图 2-36 为标准孔板的压力、流速分布示意图。具有一定能量的流体，才能够在管道中形成流动状态。流动流体的能量有两种形式，即静压能和动能。流体由于有压力而具有静压能，又由于流体有流动速度而具有动能。这两种形式的能量在一定条件下可以相互转化。但是，根据能量守恒定律，流体所具有的静压能和动能，再加上克服流动阻力的能量损失，在没有外来能量的情况下，其总和是不变的。图 2-36 表示在孔板前后流体的流速与压力的分布情况。流体在管道截面 1 处，以一定的流速 v_1 流动，此时静压力为 p_1。在接近节流装置时，由于遇到节流装置的阻挡，使靠近管壁处的流体受到节流装置的阻挡最大，因而一部分动能转化为静压能，出现了节流装置入口端面靠近管壁处的流体静压力升高，并且比管道中心处的压力要大，即在节流装置入口端面处产生一径向压差。这一径向压差使流体产生径向附加速度，从而使靠近管壁处的流体质点的流向就与管道中心轴线相倾斜，形成了流束的收缩运动。由于惯性作用，流束的最小截面并不在孔板的孔处，而是经过孔板后继续收缩，到截面 2 处达到最小，这时流速最大，达到 v_2，随后流束又逐渐扩大，到截面 3 后完全复原，流速便降低到原来的数值即 $v_3 = v_1$。

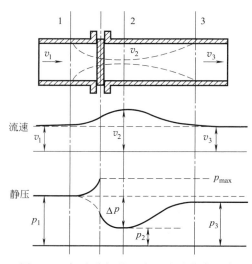

图 2-36　标准孔板的压力、流速分布示意

由于节流装置造成流束的局部收缩，使流速发生变化，即动能发生变化。与此同时，表征流体静压能的静压力也要变化。在截面 1 处，流体具有静压力 p_1，到达截面 2 处，流速增加到最大值，静压力就减小到最小值 p_2，而后又随着流束的恢复而逐渐恢复。由于在孔板端面处，流通截面突然缩小与扩大，使流体形成局部涡流，要消耗一部分能量，同时流体经过孔板端面处，要克服摩擦力，所以流体的静压力不能恢复到原来的数值 p_1，而产生压力损失 $\Delta p = p_1' - p_3'$。

节流装置前流体压力较高，称为正压，常以"＋"标志；节流装置后流体压力较低，称为负压，常以"－"标志。节流装置前后压差的大小与流量有关。管道中流动的流体流量越大，在节流装置前后产生的压差也越大，我们只要测出孔板前后侧压差的大小，即可表示流量的大小，这就是节流装置测量流量的基本原理。

值得注意的是：要准确测量出截面 1 与截面 2 处的压力 p_1、p_2 是有困难的，这是因为产生最低静压力 p_2 的截面 2 的位置是随着流速的不同而变化的，事先根本无法确定。实际上是在孔板前后的管壁上选择两个固定的取压点，来测量流体在节流装置前后的压力变化的。因而所测得的压差与流量之间的关系，与测压点及测压方式的选择是紧密相关的。

② 流量基本方程式。

流量基本方程式是阐明流量与压差之间的定量关系的基本流量公式。它是根据流体力学中的伯努利方程式和连续性方程式推导而得的，即：

$$Q = \alpha \varepsilon F_0 \sqrt{\frac{2}{\rho_1} \Delta p} \qquad (2\text{-}23)$$

$$M = \alpha \varepsilon F_0 \sqrt{2 \rho_1 \Delta p} \qquad (2\text{-}24)$$

式中　α——流量系数，它与节流装置的结构形式、取压方式、孔口截面积与管道截面积之比 m、雷诺数 Re、孔口边缘锐度、管壁粗糙度等因素有关；

　　　ε——膨胀校正系数，它与孔板前后压力的相对变化量、介质的等熵系数、孔口截面积与管道截面积之比等因素有关，运用时可查阅有关手册而得，但对不可压缩的液体来说，常取 $\varepsilon = 1$；

　　　F_0——节流装置的开孔截面积；

　　　Δp——节流装置前后实际测得的压力差；

　　　ρ_1——节流装置前流体的密度。

在计算时，如果把 F_0 用 $\frac{\pi}{4} d_t^2$ 表示，d_t 为工作温度下孔板孔口直径，单位为 mm，而 Δp 以 MPa 为单位，ρ_1 以 kg/m³ 为单位，Q 和 M 分别以 m³/h 和 kg/h 为单位，则上述基本流量方程式可换算为实用计算公式，即：

$$Q = 0.03998 \alpha \varepsilon d_t^2 \sqrt{\frac{\Delta p}{\rho_1}} \quad (\text{m}^3/\text{h}) \qquad (2\text{-}25)$$

$$M = 0.03998 \alpha \varepsilon d_t^2 \sqrt{\Delta p \rho_1} \quad (\text{kg/h}) \qquad (2\text{-}26)$$

由流量基本方程式可看出，要知道流量与压差的确切关系，关键在于 α 的取值。α 是一个受很多因素影响的综合性系数，对于标准节流装置，其值可从有关手册查出；对于非标准节流装置，其值要由实验方法确定。所以，在进行节流装置的设计计算时，是针对特定的条件，选择一个 α 值来计算的。计算的结构只能应用在一定条件下，一旦条件改变（例如节流装置形式、尺寸、取压方式等的改变），就不能随意套用，必须另行计算。例如，按小负荷情况计算的孔板，用来测量大负荷时流体的流量，就会引起较大的误差，必须加以必要的修正。

由流量基本公式还可以看出，流量与压力差 Δp 的平方根成正比。所以，用这种流量计测量流量时，如果不加开方器，流量标尺刻度是不均匀的。起始部分的刻度很密，后来逐渐变疏。因此，在用差压法测量流量时，被测流量值不应接近于仪表的下限值，否则误差将会很大。

（2）标准节流装置

差压式流量计，由于使用历史长久，已经积累了丰富的实践经验和完整的实验资料。因此，国内外已把最常用的节流装置：孔板、喷嘴、文丘里管等标准化，并称为"标准节流装置"。

标准化的具体内容包括节流装置的结构、工艺要求、取压方式和使用条件等。例如图 2-37 所示的标准孔板，其中 d/D 应在 $0.2\sim0.75$ 之间，d 不小于 $12.5\mathrm{mm}$，直径厚度 h 应在 $0.005D\sim0.02D$ 之间，孔板的总厚度 H 应在 $h\sim0.75D$ 之间，圆锥面的斜角应在 $30°\sim40°$ 之间。标准喷嘴和标准文丘里管的结构参数的规定也可以查阅相关的设计手册。

由基本的流量方程可知，节流件前后的差压 Δp 是节流式流量计计算流量的关键数据，Δp 的数值不仅与流体流量有关，还取决于不同的取压方式。对于标准孔板，中国规定标准的取压方式有角接取压、法兰取压和 $D\text{-}D/2$ 取压。

在各种标准的节流装置中以标准孔板的应用最广泛，它具有结构简单、安装使用方便的特点，适用于大流量的测量。孔板的缺点是流体流经节流件后压力损失较大，当工艺管路不允许有较大的压力损失时，一般不宜选用孔板流量计。标准喷嘴和标准文丘里管的压力损失小，但结构比较复杂，不易加工。

（3）节流式流量计的安装和使用

节流式流量计是基于节流装置的一类流量检测仪表，它由节流装置、引压管、差压变送器（差压计）组成，如图 2-38 所示。

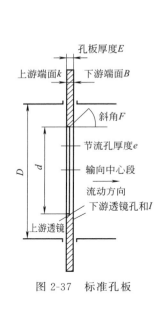

图 2-37　标准孔板

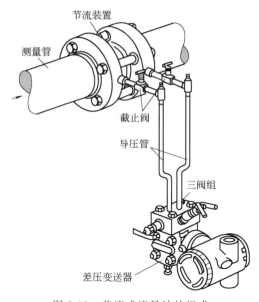

图 2-38　节流式流量计的组成

虽然节流式流量计的应用非常广泛，但是如果使用不当往往会出现很大的测量误差，有时甚至高达 $10\%\sim20\%$。下面列举一些造成测量误差的原因，以便在安装使用过程中得到充分的注意，并予以解决。

① 节流式流量计仅适用于测量管道直径不小于 $50\mathrm{mm}$、雷诺数在 $10^4\sim10^5$ 以上的流体，而且流体应当清洁，充满管道，不发生相变。

② 为了保证流体在节流装置前后为稳定的流动状态，在节流装置上、下游必须配置一定长度的直管道（直管段长度与管道上安装的弯头等阻流件的结构和数量有关，可以查阅相关手册）。

③ 由流量的基本方程可知，流量与节流装置前后的压差的开方成正比，因此被测流量

不应接近于仪表的下限值，否则差压变送器输出的小信号经开方会产生很大的测量误差。

④ 接至差压变送器上的差压信号应该与节流装置前后的差压相一致，这就需要安装差压信号的引压管路，参见压力仪表的安装。

⑤ 当被测流体的工作状态发生变化时，例如被测流体的温度、压力、雷诺数等参数发生变化，会产生测量上的误差，因此在实际使用时必须按照新的工艺条件重新设计计算，或者把所测的结果作必要的修正。

⑥ 节流装置经过长时间的使用，会因物理或者化学腐蚀，造成几何形状和尺寸的变化，从而引起测量误差，因此需要及时检查和维护，必要时更换新的节流设备。

2. 转子流量计

在工业生产中，对于小流量的测量和管径小于 50mm 的管道流量测量，常采用转子流量计，测量流量可小到每小时几升。

（1）工作原理

转子流量计与前面的差压式流量计的工作原理是不同的。差压式流量计，是在节流面积（如孔板面积）不变的条件下，以差压变化来反映流量的大小。而转子流量计，却是以压降不变，利用节流面积的变化来测量流量的大小，即转子流量计采用的是恒压降、变节流面积的流量测量法。

图 2-39 是指示式转子流量计的原理示意。

它基本上由两部分组成，一个是由下往上逐渐扩大的锥形管；另一个是放在锥形管内可自由运动的转子（常用不锈钢材质）。工作时，被测流体（气体或液体）由锥形管下部进入，沿着锥形管向上运动，流过转子与锥形管之间的环隙，再从锥形管上部流出。当流体流过锥形管时，位于锥形管中的转子受到一个向上的力，使转子浮起。当这个力正好等于浸没在流体里的转子重力（即等于转子重量减去流体对转子的浮力）时，则作用于转子的上下两个力达到平衡，此时转子就停浮在一定的高度上。假如被测流体的流量突然由小变大时，作用在转子上的力就加大。因为转子在流体中的重力是不变的，即作用在转子上的向下的力是不变的，所以转子就上升。由于转子在锥形管中位置升高，造成转子与锥形管间环隙增大，即流通面积增大。随着环隙的增大，流过此环隙的流体流速变慢，因此，流体作用在转子上的力

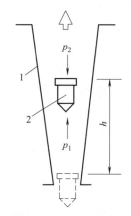

图 2-39 转子流量计原理
1—锥形管；2—转子

也就变小。当流体作用在转子上的力再次等于转子在流体中的重力时，转子又稳定在一个新的高度上。这样，转子在锥形管中的平衡位置的高低与被测介质的流量大小相对应。如果在锥形管上沿其高度刻上对应的刻度值，那么根据转子平衡位置的高低就可以直接读出流量的大小。

上面所介绍的转子流量计只适用于就地指示。对配有电远传装置的转子流量计，可以把反映流量大小的转子高度 h 转换为电信号，传送到其它仪表进行显示、记录或控制。在工业实际应用时，由于现场环境恶劣，常采用金属管转子流量计，进行就地指示和信号远传。

转子流量计是一种非标准化仪表，在大多数情况下，宜个别地按照实际被测介质进行刻度。但仪表厂为了便于成批生产，是在工业基准状态（20℃、0.10133MPa 绝压）下用水或空气进行刻度给出曲线的，即转子流量计的流量标尺上的刻度值，对用于测量液体来讲是代

表 20℃时水的流量值，对用于测量气体讲是代表 20℃、0.10133MPa 压力下空气的流量值。所以，在实际使用时，如果被测介质的重度和工作状态不同，必须对流量指示值按照实际被测介质的密度、温度、压力等参数的具体情况进行修正。

（2）转子流量计的特点

转子流量计主要有以下几方面的特点：

① 转子流量计主要适用于检测中小管径、较低雷诺数的中小流量；

② 流量计结构简单，使用方便，工作可靠，仪表前直管道的要求不高；

③ 流量计的基本误差约为仪表量程的 ±2%，量程比可达 10：1；

④ 流量计的测量精度易受被测介质密度、黏度、温度、纯净度、安装质量等的影响。

（3）转子流量计的安装

转子流量计由一个上大下小的锥管和置于锥管中可以上下移动的转子组成。从结构特点上看，它要求安装在垂直管道上，垂直度要求较严，否则势必影响测量精度。第二个要求是流体必须从下向上流动。若流体从上向下流动，转子流量计便会失去功能。

3. 电磁流量计

电磁流量计是根据法拉第电磁感应定律制成，用来测量导电液体体积流量的仪表。目前已广泛应用于工业生产中各种导电液体的流量测量，如自来水；各种酸、碱、盐等腐蚀性介质；各种易燃、易爆液体；污水处理以及化工、食品、医药等工业中的各种浆液流量测量。但是要注意电磁流量计不能用于检测气体、蒸汽和非导电液体的流量。

（1）电磁流量计原理

在磁感应强度为 B 的均匀磁场中，垂直于磁场方向放一个内径为 D 的不导磁管道，当导电液体在管道中以平均流速 v 流动时，导电流体就切割磁力线。B、D、v 三者互相垂直，在两电极之间产生的感应电动势为：$E=BDv$，如图 2-40 所示。液体的体积流量为：$q_v=\pi D^2 v/4$，$v=4q_v/\pi D^2$，$E=(4kB/\pi D)q_v=Kq_v$，式中，K 为仪表常数，$K=4kB/\pi D$。

在管道直径确定、磁感应强度不变的条件下，体积流量与电磁感应电势有一一对应的线性关系，而与流体密度、黏度、温度、压力和电导率无关。

（2）电磁流量计结构

电磁流量计由流量传感器和转换器两大部分构成。

电磁流量传感器由外壳、磁路系统、测量管、衬里和电极五部分构成，如图 2-41 所示。

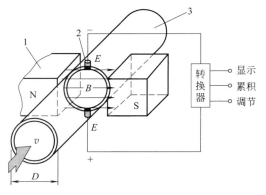

图 2-40 电磁流量计的原理示意

1—磁极；2—检测电极；3—测量管

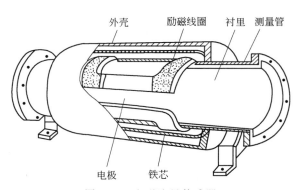

图 2-41 电磁流量传感器

传感器的外壳由铁磁材料制成，其功能是保护励磁线圈，隔离外磁场的干扰。磁路系统可产生均匀的直流或交流磁场，直流磁场可用永久磁铁来实现，结构简单；工业现场电磁流量计，一般都采用交变磁场。测量导管采用不导磁、低电导率、低热导率并具有一定机械强度的材料制成，一般可选用不锈钢、玻璃钢、铝及其它高强度的材料。被测流体从测量管中流过，测量管两端设有法兰，用来和连接管道相连接。在测量导管内壁一般衬有一层耐磨、耐腐蚀、耐高温的绝缘材料的衬里，衬里的主要功能是增加测量导管的耐磨性与腐蚀性，防止感应电势被金属测量导管壁短路。电极（如图 2-42 所示）用不锈钢非导磁材料制成，安装时要求与衬里齐平，用来正确引出感应电势信号。

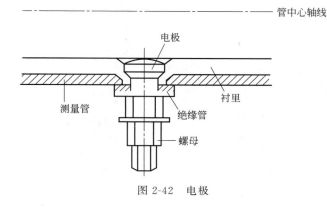

图 2-42 电极

转换器的功能是放大感应电势、抑制主要的干扰信号，它将传感器送来的感应电势信号进行放大，并转换成标准电信号输出。如果使转换器远离恶劣的现场环境，将传感器和转换器分开安装，这样安装的为分体式电磁流量计；传感器和转换器安装在一起的为一体式电磁流量计，可就地显示、信号远传、无励磁电缆和信号电缆布线，接线简单、价格便宜。现场环境条件较好时可选用一体式电磁流量计。

（3）电磁流量计的选用

电磁流量计特别适宜于化工生产使用。它能测各种酸、碱、盐等有腐蚀性介质的流量，也可测脉冲流量；它可测污水及大口径的水流量，也可测含有颗粒、悬浮物等物体的流量。它的密封性好，没有阻挡部件，是一种节能型流量计。它的转换简单方便，使用范围广，并能在易爆易燃的环境中广泛使用，是近年来发展较快的一种流量计。

电磁流量计的测量口径范围很大，可以从 1mm 到 3m 左右，测量精度一般优于 0.5 级。但是电磁流量计要求被测流体必须是导电的，且被测流体的电导率不能小于水的电导率。另外，由于衬里材料的限制，电磁流量计的使用温度一般为 0～200℃；因电极是嵌装在测量管道上的，这也使最高工作压力受到一定限制，使用范围限制在压力低于 1.6MPa。

通常，大口径仪表较多应用于给排水工程；中小口径常用于固液双相流等难测流体或高要求场所，如测量造纸工业纸浆液和黑液、有色冶金业的矿浆、选煤厂的煤浆、化学工业的强腐蚀液以及钢铁工业高炉风口冷却水控制和检漏，长距离管道煤的水力输送的流量测量和控制；小口径、微小口径常用于医药工业、食品工业、生物工程等有卫生要求的场所。

（4）电磁流量计的安装

电磁流量计在安装的时候需要注意以下几个问题：

① 它可以水平安装，也可以垂直安装，但要求被测液体充满管道。

② 电磁流量计的安装现场要远离外部磁场，特别要避免安装在强电磁场的场所，以减小外部干扰。

③ 电磁流量计的供货应根据工艺管道材质配置接地环，材质为耐腐蚀不锈钢，接地环为长约 30mm 的圆管，图 2-43 为接地环外形。

传感器对外界干扰比较敏感，应将其外壳、被测介质和工艺管道三者连成等电位，并要求独立接地，接地电阻小于 10Ω，图 2-44 为电磁流量计的等电位接地连接。

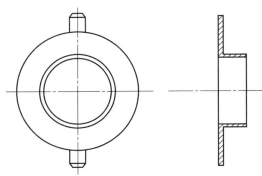

图 2-43 电磁流量计的接地环外形

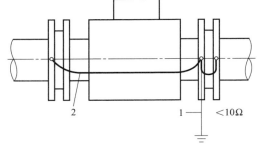
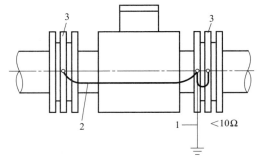

(a) 金属管道内无绝缘涂层接地方式　　　　　　　(b) 金属管道内涂绝缘无层或非金属管道接地方式

1—测量接地；2—接地线16mm²铜线　　　　1—测量接地；2—接地线16mm²铜线；3—接地环

图 2-44 电磁流量计的等电位接地连接

对于绝缘材质管道或管道内涂绝缘层的管道，仅用接地线将法兰连接起来的办法是不可能实现等电位接地的，应采用特殊措施，在传感器两端法兰口处各装一只接地环，把接地环圆管颈插入法兰口内，使接地环与管内液体有良好的电气接触，再用接地线将法兰与接地环连接起来。接地线应选用 16mm² 多股铜芯线。

④ 安装时，要注意流量计的正负方向或箭头方向应与介质流向一致。对于分体式电磁流量计的分离型转换器应安装在传感器附近或仪表室，传感器和转换器之间要用随仪表所附的专用电缆，如图 2-45 所示。而且为了避免干扰信号，信号电缆必须穿在接地保护管内，不能把信号电缆和电源线安装在同一钢管内。

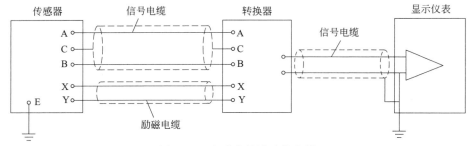

图 2-45 电磁流量计连接电缆

⑤ 小于 $DN100mm$（4″）的电磁流量计，在搬运时受力部位切不可在信号变送器的任

何地方，应在流量计的本体。

⑥ 对于污染严重的流体的测量，电磁流量计应安装在旁路上。

⑦ $DN>200mm$（8″）的大型电磁流量计要使用转接管，以保证对接法兰的轴向偏移，方便安装。

⑧ 最小直管段的要求为上游侧 $5DN$，下游侧 $2DN$。

⑨ 电磁流量计的环境温度要求为产品温度<60℃时，环境温度<60℃；产品温度>60℃时，环境温度<40℃。

4. 涡轮流量计

涡轮流量计是叶轮式流量计的主要品种，它先将流速转换为涡轮的转速，再将转速转换成与流量成正比的电信号。这种流量计既可用于瞬时流量的检测，也可用于流体总量的测量。

（1）涡轮流量计的结构

涡轮流量计由图 2-46 所示几个部分组成，其主要组成部分描述如下。

① 仪表壳体：采用不导磁不锈钢或硬铝合金制造，内装有导流器、涡轮和轴承，壳体外安装有磁电转换器，用来承受被测流体的压力、固定安装检测部件和连接管道。

② 导流器：通常选用不导磁不锈钢或硬铝材料制作，对流体起导向整流以及支撑叶轮的作用，避免流体因自旋而改变对涡轮叶片的作用角度，影响测量精度。

③ 涡轮（叶轮）：由高导磁不锈钢材料制成，是流量计的检测元件，由前后导流器上的轴承支承。涡轮芯上装有螺旋形叶片，涡轮质量很小。叶轮有直板叶片、螺旋叶片

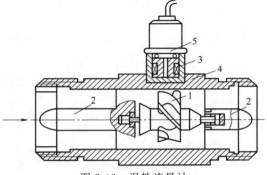

图 2-46　涡轮流量计
1—涡轮；2—导流器；3—磁电感应转换器；
4—外壳；5—前置放大器

和丁字形叶片等几种。叶轮的动平衡直接影响仪表性能和使用寿命。

④ 磁电转换器：由永久磁钢和感应线圈组成，用来产生一个频率与涡轮转速成正比的电信号。

（2）涡轮流量计的工作原理

当被测流体通过涡轮流量传感器时，流体通过前导流器沿轴线方向冲击涡轮叶片。流体冲击力的切向分力对涡轮产生转动力矩，使涡轮克服机械摩擦阻力矩和流动阻力矩而转动。实践表明，在一定流量范围内及一定黏度、密度的流体条件下，涡轮转速与经过涡轮的流量成正比。所以，可以通过测量涡轮的转速来测量流量，涡轮的转速通过装在外壳上的检测线圈来检测。

磁电转换器原理：当涡轮转动时，高导磁的涡轮叶片依次扫过磁电转换器永久磁钢的磁场，从而周期性地改变磁回路的磁阻和感应线圈的磁通量。叶片在永久磁钢正下方时磁阻最小。线圈中的磁通量周期性变化，使线圈中产生同频率的感应电势，送入放大转换电路，经放大整形处理后，变成电脉冲信号。此电脉冲信号的频率与涡轮的转速成正比。

$$f=\xi q_v \qquad q_v=\frac{f}{\xi} \qquad V=\frac{N}{\xi}$$

式中 N——一段时间内传感器输出的脉冲总数；

V——被测流体的体积总量，m^3。

ξ 为仪表系数（单位体积流量下输出的电脉冲数，$1/m^3$）。

ξ 与仪表的结构、被测介质的流动状态、黏度等因素有关，一定条件下 ξ 为常数。仪表出厂时，所给仪表系数 ξ 是在标准状态下用水、空气标定时的平均值。

当实际流量小于始动流量值时，涡轮不动，无信号输出。流量增加达到紊流状态后仪表系数 ξ 就基本保持不变。涡轮流量计的特性曲线如图 2-47 所示。

（3）涡轮流量计的特点

① 涡轮惯性小，反应速度快，灵敏性好。测量精度较高，可达 0.2 级，可作为标准计量仪表。量程比宽，一般为（10∶1）～（40∶1），适用于流量大幅度变化的场合。

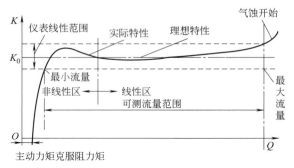

图 2-47　涡轮流量计的特性曲线

② 输出脉冲信号与流量成正比，仪表刻度线性。脉冲信号传输抗干扰，容易进行累积测量，便于远传和计算机数据处理。

③ 耐高压、压力损失小、结构紧凑、安装维修方便。

④ 轴承易磨损、对流体清洁度要求较高，只能用于成品油、洁净水、液化气、天然气等洁净介质。

（4）涡轮流量计的安装

由于涡轮流量计的涡轮容易磨损，被测介质中不应带机械杂质，因此，流量计前一般均应安装过滤器，以便滤除固体颗粒和机械杂质，否则会影响测量精度和损坏机件。安装时，必须保证前后有一定的直管段，以使流向比较稳定。一般入口直管段的长度取管道内径的 10 倍以上，出口取 5 倍以上，其安装示意如图 2-48 所示。

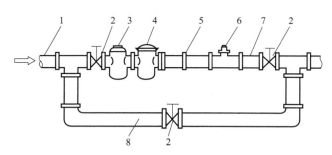

图 2-48　涡轮流量计安装示意

1—入口；2—阀门；3—过滤器；4—消气器；

5—前直管段；6—流量计；7—后直管段；8—旁路

5. 超声波式流量检测

超声波式流量计是根据声波在静止流体中的传播速度不同这一原理工作的。

设声波在静止的流体中的传播速度为 c，流体的流速为 v，声波发送器和接收器之间的距离为 l，如图 2-49 所示，若在管道上安装两对方向相反的超声波换能器，则声波从超声波

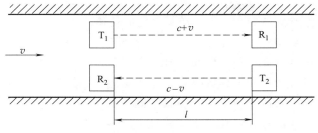

图 2-49　超声波测速原理

发射器 T_1、T_2 到接收器 R_1、R_2 所需的时间分别为

$$t_1 = \frac{l}{c+v} \qquad t_2 = \frac{l}{c-v} \tag{2-27}$$

二者的时间差为

$$\Delta t = t_1 - t_2 = \frac{2lv}{c^2 - v^2} \approx \frac{2lv}{c^2} \tag{2-28}$$

可见，当声速 c 和传播距离 l 已知时，只要测出声波的传播时间差 Δt，就可以求出流体的流速 v，进而可求得流量。

超声波流量计的换能器一般都斜置在管壁外侧，不用破坏管道，不会对管道内流体的流动产生影响，特别适合于大口径管道的液体流量检测。

三、容积式流量计

容积式流量计是一种具有悠久历史的流量仪表，主要有椭圆齿轮式、腰轮式、螺杆式、刮板式、活塞式等，在流量计中是精度最高的仪表之一，广泛应用于测量石油类流体（如原油、汽油、柴油、液化石油气等）、饮料类流体（如酒类、实用油等）、气体（如空气、低压天然气及煤气等）以及水的流量。

容积式流量计是利用机械测量元件把流体连续不断的分割成单个已知体积，并进行重复不断的充满和排放该体积部分的流体和累加计量出流体总量的流量仪表。容积式流量计有许多品种，常用的有椭圆齿轮流量计、腰轮流量计、刮板流量计及膜式家用煤气表等。

以椭圆齿轮流量计为例，如图 2-50 所示，就是两个相互啮合的齿轮，一个是主动轮，一个是从动轮。当流体流入时，主动轮由于受到压力的作用，带动从动轮工作。转子每旋转一周，就排出四个由椭圆齿轮与外壳围成的半月形空腔这个体积的流量。在半月形空腔容积一定的情况下，只要测出椭圆齿轮流量计的转速就可以计算出被测流体的流量。

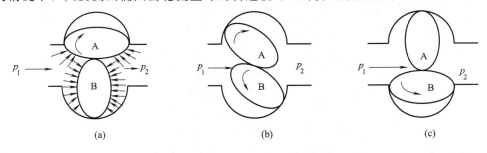

图 2-50　椭圆齿轮流量计的机构原理

$$q_v = 4Vn \tag{2-29}$$

式中，V 为半月形空腔的容积；n 为椭圆齿轮的转速。

容积式流量计的主要特点是计量精度高，一般可达 0.2～0.5 级，有时甚至能达到 0.1 级，安装直管段对计量精度影响不大，量程比一般为 10：1，一般只适用于 10～150mm 的中小空间。容积式流量计对被测流体的黏度变化不敏感，特别适合于测量高黏度的流体，甚至糊状物的流量，但要求被测介质干净，不含有固体颗粒，一般情况下，流量计前要装过滤器。其缺点是一般容积式流量计比较笨重，并且由于零件变形的影响，容积式流量计一般不宜在高温或低温下使用。

四、质量流量计

1. 科里奥利质量流量计

图 2-51 是表示科氏力作用的演示实验，将充水的软管（水不流动）两端悬挂，使其中段下垂成 U 形，静止时，U 形的两管处于同一平面，并垂直于地面，左右摆时，两管同时弯曲，仍然保持在同一曲面，如图 2-51（a）所示。

若将软管与水源相接，使水从一端流入，从另一端流出，如图 2-51（b）、（c）中箭头所示。当 U 形管受外力作用左右摆动时，它将发生扭曲，但扭曲的方向总是出水侧的摆动要早于入水侧。随着流量的增加，这种现象变得更加明显，这说明出水侧摆动相位超前于入水侧更多。这就是科氏质量流量检测的原理，它是利用两管的摆动相位差来反映流经该 U 形管的质量流量。

利用科氏力构成的质量流量计有直管、弯管、单管、双管等多种形式。但目前应用最多的是双弯管型，如图 2-52 所示。两根金属 U 形管与被测管路由连通器相接，流体按箭头方向分由两路弯管通过。在 A、B、C 三处各有一组压电换能器，在换能器 A 处外加交流电压产生交变力，使两个 U 形管彼此一开一合地振动，B 处和 C 处分别检测两管的振动幅度。B 位于进口侧，C 位于出口侧。根据出口侧相位超前于进口侧的规律，C 输出的交变电信号超前于 B 某个相位差，此相位差的大小与质量流量成正比。若将这两个交流信号相位差经过电路进一步转换成直流 4～20mA 的标准信号，就成为质量流量变送器。

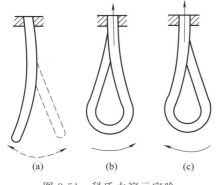

图 2-51 科氏力演示实验

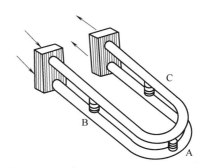

图 2-52 双弯管科里奥利质量流量计

科氏力质量流量计特点是直接测量质量流量，不受流体物性（密度、黏度等）的影响，测量精度高；测量值不受管道内流场影响，无上、下游直管段长度的要求；可测量各种非牛顿流体以及黏滞的和含微粒的浆液。但是它的阻力损失较大，零点不稳定以及管路振动会影响测量精度。

2. 间接式质量流量计

间接式质量流量检测是在管道上串联多个（常见的是两个）检测元件（或仪表），建立各自的输出信号与流体的体积流量、密度等之间的关系，通过联立求解方程间接推导出流体的质量流量。目前，基于这种方法的检测元件的组合方式主要有如下几种。

① 体积流量计与密度计的组合：利用容积式流量计或者速度式体积流量计检测流体的体积流量，再配以密度计检测流体密度，将体积流量与密度相乘即为质量流量。

② 差压式流量计与密度计组合：差压式流量计的差压信号正比于 ρq_v^2，配上密度计，将二者相乘后再开方即可得到质量流量计。

③ 差压式流量计与体积流量计组合：由于差压式流量计的输出信号与 ρq_v^2 成正比，体积流量计的输出信号与 q_v 成正比，因此将两个信号相除也可以得到质量流量。

3. 补偿式质量流量检测

间接式质量流量检测需要流体的密度信号，但在实际使用时，连续测量温度、压力比连续测量密度要更容易、成本更低，而且温度、压力可以和流体的密度建立数学关系，通过温度、压力信号可换算出流体的密度。因而，这种质量理论检测方法的工业应用也十分常见。

对于不可压缩液体来说，流体的密度主要与温度有关，在温度变化不大的情况下，其数学模型为

$$\rho = \rho_0 [1 + \beta(t - t_0)] \tag{2-30}$$

式中，ρ_0 为温度 t_0 时流体的密度；β 为被测流体在温度 t_0 附近的体胀系数。

对于可压缩气体来说，在一定的压力范围内，可以认为符合理想气体的状态方程，气体的密度公式为

$$\rho = \rho_0 \frac{p T_0}{p_0 T} \tag{2-31}$$

式中，ρ_0 为热力学温度 T_0、绝对压力 p_0 时气体的密度（通常以标准状态为基准）；p、T 分别为工作状态的绝对压力和热力学温度。

五、流量仪表的选用

各种测量对象对测量的要求不同，有时要求在较宽的流量范围内保持测量的精确度，有时要求在某一特定的范围内满足一定的准确度即可。一般过程控制中对流量的可靠性和重复性要求较高，而在流量结算、商贸储运中对测量的准确性要求较高。应该针对具体的测量目的有所侧重地选择仪表。

流量仪表一般由检测元件、转换器及显示仪组成。而转换器及显示仪受环境条件影响较大，要注意测量环境温度、湿度、大气压、安全性、电气干扰等对测量结果的影响。

第五节　物位检测仪表

物位是指存放在容器或工业设备中物质的高度或位置。如液体介质液面的高低称为液位；液体-液体或液体-固体的分界面称为界位；固体粉末或颗粒状物质的堆积高度称为料位。液位、界位及料位的测量统称为物位测量。

一、物位仪表的分类

工业生产中测量物位仪表的种类很多，按其工作原理主要有下列几种类型。

① 直读式物位仪表：直读式物位仪表主要有玻璃管液位计、玻璃板液位计等。这类仪表最简单也最常见，但只能就地指示，用于直接观察液位的高低，而且耐压有限。

② 静压式物位仪表：它又可分为压力式物位仪表和差压式物位仪表，利用液柱或物料堆积对某定点产生压力的原理进行工作，其中差压式液位计是一种常用的液位检测仪表。

③ 浮力式物位仪表：这类物位仪表是利用浮子高度随液位变化而改变（恒浮力），或液体对浸沉于液体中的浮子（或沉筒）的浮力随液位高度而变化（变浮力）的原理工作的，主要有浮筒式液位计、浮子式液位计等。

④ 电气式物位仪表：根据物理学的原理，物位的变化可以转换为一些电量的变化，如电阻、电容、电磁场等的变化，电气式物位仪表就是通过测出这些电量的变化来测知物位。这种方法既可适用于液位的测量，也可适用于料位的测量，如电容式物位计、电容式液位开关等。

⑤ 辐射式物位仪表：这种物位仪表是依据放射线透射物料时，透射强度随物料厚度而减弱的原理工作的，目前应用较多的是 γ 射线。

此外，还有利用超声波在不同相界面之间的反射原理来检测物位的声学式物位仪表，利用物位对光波的反射原理工作的光学式物位仪表等。以下主要介绍几种工业上常用的物位检测仪表。

二、常用物位计

1. 差压式液位计

（1）差压式液位变送器的工作原理

如图 2-53 所示，设被测介质的密度为 ρ，容器顶部为气相介质，气相压力为 p_A，根据静力学原理可求得

$$p_2 = p_A, \qquad p_1 = p_A + \rho g h \tag{2-32}$$

因此，差压变送器正负压室的压力差为

$$\Delta p = p_1 - p_2 = \rho g h \tag{2-33}$$

可见，差压变送器测得的差压与液位高度成正比。当被测介质的密度已知时，就可以把液位测量问题转化为差压测量问题了。对于 DDZ-Ⅲ型差压变送器来说，当 $h = 0$ 时，差压信号 $\Delta p = 0$，变送器输出为 4mA；当 $h = h_{\max}$ 时，差压信号 Δp 最大，变送器输出为 20mA。

但是，当出现下面两种情况的时候，在 $h = 0$ 时差压信号 Δp 将不为 0。

如图 2-54 所示，当差压变送器的取压口低于容器底部的时候，差压变送器上测得的差压为

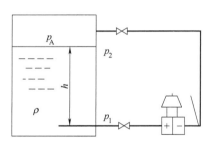

图 5-53 差压式液位计原理图

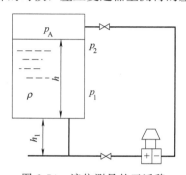

图 2-54 液位测量的正迁移

$$\Delta p = p_1 - p_2 = \rho gh + \rho gh_1 \tag{2-34}$$

将式（2-33）与式（2-34）相比较，可以发现此时的差压信号多了 ρgh_1 项。在无迁移的情况下，当 $h=0$ 时，差压变送器输出将大于 4mA。为了使液位的满量程和测量起始值仍然能与差压变送器的输出上限和下限相对应，即当 $h=0$ 时变送器输出为 4mA，就必须克服固定差压 ρgh_1 的影响，采用零点迁移就可以达到以上目的。由于 $\rho gh_1 > 0$，故称之正迁移。

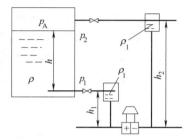

如果被测介质具有腐蚀性，差压变送器的正、负压室与取压口之间往往需要分别安装隔离罐，防止腐蚀性介质直接与变送器相接触，如图 2-55 所示。如果隔离液的密度为 ρ_1，（$\rho_1 > \rho$），则

$$\Delta p = p_1 - p_2 = \rho gh + \rho g(h_1 - h_2) \tag{2-35}$$

此时的差压信号多了 $\rho g(h_1 - h_2)$ 一项。由于

图 2-55 液位测量的负迁移

$\rho g(h_1 - h_2) < 0$，因此需要进行负迁移。变送器的零点迁移和零点调整在本质上是相同的，目的都是使变送器的输出起始值与被测量的起始值相对应，只是零点迁移的调整更大而已。

（2）差压式液位变送器的安装

差压液位变送器是目前使用非常广泛的一种液位测量仪表。用普通差压变送器可以测量容器内的液位，也可用专用的液位差压变送器测量容器液位，如也叫压力变送器，用来测量敞口容器的液位；双法兰差压变送器，用来测量密闭容器的液位。

① 单法兰差压变送器的安装。

敞口容器预留上、下两个孔，是为测液位准备的。上孔可以不接任何加工件，也可以配一个法兰盘，中心开个小孔，通大气。下孔接差压变送器的正压室。差压变送器的负压室放空。

安装要注意的问题是下孔（一般是预留法兰）要配一个法兰，法兰接管装一个截止阀，阀后配管直接接差压变送器的正压室即可，如图 2-56 所示。

② 双法兰差压变送器的安装。

若测密闭容器液位，只要把上孔与负压室相连，见图 2-57。这种安装也很简单，按照设计要求，配上两对法兰（包括垫片和螺栓），配上满足压力与介质测量要求的两个截止阀及配管，上孔接负压室，下孔接正压室即可。

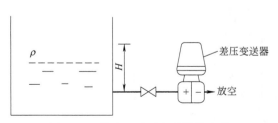

图 2-56 单法兰差压变送器的安装

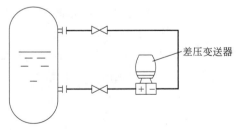

图 2-57 双法兰差压变送器的安装

利用压力（差压）原理测量液位，实质上是压力或差压的测量。因此，差压式液位计的安装规则基本上与压力表、差压计的要求相同。

2. 磁翻转式液位计

其结构原理如图 2-58 所示。用非导磁的不锈钢制成的浮子室内装有带磁铁的浮子，浮子室与容器相连，紧贴浮子室壁装有带磁铁的红白两面分明的翻板或翻球的标尺。当浮子随管内液体升降时，利用磁性吸引，使翻板或翻球翻转，有液体的位置红色向外，无液体的位置白色向外，红白分界之处就是液位的高度。

磁翻转式液位计指示直观、结构简单、测量范围大、不受容器高度的限制，可以取代玻璃管液位计，用来测量有压容器或敞口容器内的液位。指示机构不与液体介质直接接触，特别适用于高温、高压、高黏度、有毒、有害、强腐蚀性介质，且安全防爆。除就地指示外，还可以配备报警开关和信号远传装置，实现远距离的液位报警和监控。

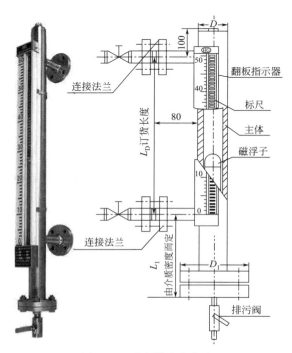

图 5-58　磁翻转式液位计

3. 电容式物位计

电容式物位计是基于圆筒电容器工作的。图 2-59（a）所示的是由两个同轴圆柱极板组成的电容器，设极板长度为 L，内、外电极的直径分别为 d 和 D，当两极板之间填充介电常数为 ε_1 的介质时，两极板间的电容量为

$$C = \frac{2\pi\varepsilon_1 L}{\ln(D/d)} \qquad (2\text{-}36)$$

当极板之间一部分介质被介电常数为 ε_2 的另一种介质填充时，如图 2-59（b）所示，两种介质不同的介电常数将引起电容量发生变化。设被填充的物位高度为 H，可推导出电容变化

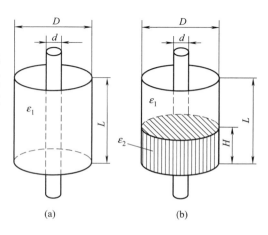

图 2-59　电容式物位计的测量原理

量 ΔC 为

$$\Delta C = \frac{2\pi(\varepsilon_2 - \varepsilon_1)H}{\ln(D/d)} = KH \tag{2-37}$$

当电容器的几何尺寸和介电常数 ε_1、ε_2 保持不变时,电容变化量 ΔC 就与物位高度 H 成正比。因此,只要测量出电容的变化量就可以测得物位的高度,这就是电容式物位计的基本测量原理。

电容式物位计可以用于液位的测量,也可以用于料位的测量,但要求介质的介电常数保持稳定。在实际使用过程中,当现场温度、被测液体的浓度、固体介质的湿度或成分等发生变化时,介质的介电常数也会发生变化,应及时对仪表进行调整才能达到预想的测量精度。

4. 超声波物位计

超声波是一种机械波,人耳所能听闻的声波频率在 $20 \sim 20000\text{Hz}$ 之间,频率超过 20000Hz 的叫超声波,频率低于 20Hz 的叫次声波。超声波的频率可以高达 10^{11}Hz,而次声波的频率可以低至 10^{-8}Hz。

超声波可以在气体、液体和固体介质中传播,并且当超声波以一定速度在这些介质中传播时,会因被吸收而发生衰减。介质吸收超声波能量的程度与波的频率和介质有关,气体吸收最强,在气体中衰减最大;液体次之,而固体吸收最少,衰减最小。

当超声波穿越两种不同介质构成的分界面时会产生反射和折射,且当这两种介质的声阻差别较大时几乎为全反射。利用这些特性可以测量物位,如回波反射式超声波物位计通过测量从发射超声波至接收到被物位界面反射的回波的时间间隔来确定物位的高低。

图 2-60 是超声波测量物位的原理图。在容器底部放置一个超声波探头,探头上装有超声波发射器和接收器。当发射器向液面发射短促的超声波时,在液面处产生反射,反射的回波被接收器接收。若超声波探头至液面的高度为 H,超声波在液体里传播的速度为 v,从发射超声波至接收到回波间隔时间为 t,则有如下关系

图 2-60 超声波测量
物位的原理图

$$H = \frac{1}{2}vt \tag{2-38}$$

式中,只要 v 已知,测出 t,就可得到物位高度 H。

图 2-61 为超声波物位计结构原理框图,超声波物位计由超声波发射、接收器(探头)及显示仪表组成。物位计以微处理机 8031 单片机为核心,进行超声波的发射、接收控制和数据处理,具有声速温度补偿功能及自动增益控制功能。

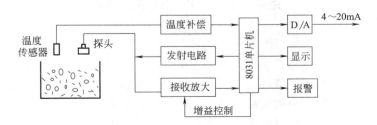

图 2-61 超声波物位计原理框图

超声波物位计为非接触式测量，超声波传感器安装于料仓、液罐上方，不直接接触物料，适用于液体、颗粒状、粉状物以及黏稠、有毒介质的物位测量，能够实现防爆。超声波物位计广泛应用于电力、冶金、化工、建筑、粮食、给排水等行业，既可测量液体物料，也可测量固体物料。应当注意的是，有些介质对超声波吸收能力很强，无法采用超声波检测方法。

5. 核辐射式物位计

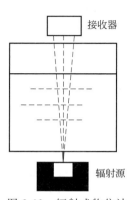

图 2-62 辐射式物位计的测量原理

核辐射式物位计是利用放射源产生的核辐射线（通常为 γ 射线）穿过一定厚度的被测介质时，射线的投射强度将随介质厚度的增加而呈指数规律衰减的原理来测量物位的。射线强度的变化规律如下式所示，即

$$I = I_0 e^{-\mu H} \tag{2-39}$$

式中，I_0 为进入物料之前的射线强度；μ 为物料的吸收系数；H 为物料的厚度；I 为穿过介质后的射线强度。

图 2-62 是辐射式物位计的测量原理示意，在辐射源射出的射线强度 I_0 和介质的吸收系数 μ 已知的情况下，只要通过射线接收器检测出透过介质以后的射线强度 I，就可以检测出物位的厚度 H。

核辐射式物位计属于非接触式物位测量仪表，适用于高温、高压、强腐蚀、剧毒等条件苛刻的场合。核射线还能够直接穿透钢板等介质，可用于高温熔融金属的液位测量，使用时几乎不受温度、压力、电磁场的影响。但由于射线对人体有害，因此对射线的剂量应严加控制，且须切实加强安全防护措施。

三、物位检测仪表的选用

各种物位检测仪表都有其特点和适用范围，有些可以检测液位，有些可以检测料位。选择物位计时必须考虑测量范围、测量精度、被测介质的物理化学性质、环境操作条件、容器结构形状等因素。在液位检测中最常用的就是差压式或浮筒式测量方法，但必须在容器上开孔安装导压管或在介质中插入浮筒，因此在介质为高黏度或者易燃易爆场合不能使用这些方法。在料位检测中可以采用电容式、超声波式、射线式等测量方法。各种物位测量方法的特点都是检测元件与被测介质的某一个特性参数有关，如差压式与浮筒式和介质的密度有关，电容式物位计与介质的介电常数有关，超声波物位计与超声波在介质中传播速度有关，核辐射物位计与介质对射线的吸收系数有关。这些特性参数有时会随着温度、组分等变化而发生变化，直接关系到测量精度，因此必须注意对它们进行补偿或修正。

第六节 分 析 仪 表

在工业生产过程中，成分是最直接的控制指标。对于化学反应过程，要求产量多，收率高；对于分离过程，要求得到更多的纯度合格的产品。为此，一方面要对温度、压力、液位、流量等变量进行观察、控制，使工艺条件平稳；另一方面又要取样分析、检验成分。例如在氨的合成中，合成气中一氧化碳（CO）和二氧化碳（CO_2）含量高时，合成塔催化剂要中毒；氢氮比不适当，转化率要低，像这些成分都需要进行分析。又如在石油蒸馏中，塔顶及侧线产品的质量不仅取决于沸点温度，也与密度等许多物性参数有关。大气环境检测分析，需要对有关气体成分进行测量。因此，成分、物性的测量和控制是非常重要的。

一、分析仪表的分类

成分分析仪表是对各种物质的成分、含量以及某些物质的性质进行自动检测的仪表，通常以如下两种方式对成分仪表进行分类。

① 按工作原理：分为热学式、磁学式、电化学式、光学式、色谱式和放射式等。

② 按使用场合：分为实验室分析仪表和生产过程在线自动分析仪等。

表 2-8 列出了常用自动成分分析仪表的基本原理和主要用途。

表 2-8 常用自动成分分析仪表的基本原理及用途

分析仪器名称	测量原理	主要用途
热导式气体分析仪	气体热导率不同	可测 H_2、CO、CO_2、NH_3、SO_2
磁氧分析仪	气体磁化率不同	可测 O_2
氧化锆氧分析仪	高温下氧离子导电性能	可测 O_2
电导式分析仪	溶液导电随浓度变化性质	酸碱盐浓度，水中含盐量，CO_2 等
工业酸度计	电极电势随 pH 值变化性质	酸、碱、盐水溶液 pH 值
红外线气体分析仪	气体对红外线吸收差异	分析气体中 CO、CO_2、CH_4、C_2H_2
工业气相色谱仪	各种气体分配系数不同	混合气体中各组分
工业光电比色计	有色物质对可见光的吸收	有色物质的浓度、Cu^{2+} 浓度

二、分析仪表的组成

分析仪表一般由六部分组成，如图 2-63 所示。

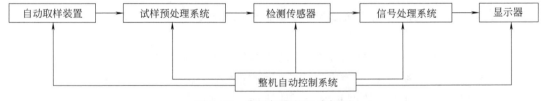

图 2-63 分析仪表的组成框图

① 自动取样装置：将被测介质（样品）快速地取出，并引入分析仪表的入口处。

② 试样预处理系统：对分析样品进行过滤、稳压、冷却、干燥、定容、稀释、分离等预处理操作，使待测样品符合检测条件，以保证分析仪器准确、可靠、长期地工作。

③ 检测器：根据物理或化学原理将被测组分转换成对应的电信号输出。

④ 信号处理系统：对检测器给出的微弱电信号进行放大、转换、线性补偿等信息处理工作。

⑤ 显示器：采用模拟、数字或屏幕显示器对信号进行显示和记录，输出成分分析结果。

⑥ 整机自动控制系统：对整个成分分析仪表的各部分的工作进行协调，并具有调零、校验、报警、故障显示或故障自动处理等功能。

以上六个部分对大型分析仪器而言，并非所有的过程分析仪表都包括这六个部分。如有的将检测部分直接送入试样中，不需要自动取样和试样的预处理系统；有的则需要相当复杂的自动取样和试样预处理系统。

三、常用成分和物性的检测方法

介绍几种常用成分和物性的检测方法，从中了解影响成分和物性检测元件静态特性的误差因素及如何排除这些误差。

1. 热导式气体成分检测

热导式气体成分检测是根据混合气体中待测组分的热导率与其它组分的热导率有明显的差异这一事实，当被测气体的待测组分含量变化时，将引起热导率的变化，通过热导池转换成电热丝电阻值的变化，从而间接得知待测组分的含量。利用这一原理制成的仪表称为热导式气体分析仪，它是应用较广的物理式气体成分分析仪器。

表征物质导热能力大小的物理量是热导率 λ，λ 越大，说明该物质传热速度越大。不同的物质，其热导率是不一样的，常见气体相对于空气的热导率参见图 2-64。

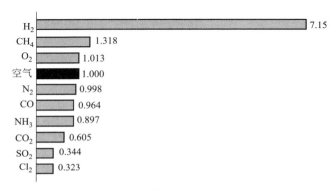

图 2-64　各种气体相对于空气的热导率

对于由多种热导气体组成的混合气体，若彼此间无相互作用，其热导率可近似为

$$\lambda = \lambda_1 c_1 + \lambda_2 c_2 + \cdots + \lambda_i c_i + \cdots + \lambda_n c_n \tag{2-40}$$

式中，λ 为混合气体的热导率；λ_i、c_i 分别为第 i 种组分的热导率和浓度。

设待测组分的热导率为 λ_1，浓度为 c_1，其它气体组分的热导率近似相等，为 λ_2。利用式（2-40）可以推出待测组分浓度和混合气体热导率之间的关系为

$$c_1 = \frac{\lambda - \lambda_2}{\lambda_1 - \lambda_2} \tag{2-41}$$

从上面的分析可以看出，热导式气体分析仪的使用必须满足两个要求：一是待测气体的热导率与其它组分的热导率要有显著的区别，差别越大，灵敏度越高；二是混合气体中其它组分的热导率应相同或者十分相似。这样混合气体的热导率随待测组分含量变化而变化，由此只要测出混合气体的热导率便可得知待测组分的含量。然而，直接测量热导率很困难，故要设法将热导率的差异转化为电阻的变化。为此，将混合气体送入热导室，在热导室内用恒定电流加热铂丝，而铂丝的平衡温度将取决于混合气体的热导率，即待测组分的含量。例如，待测组分是氢气，则当氢气的百分含量增加后，铂丝周围的气体热导率升高，铂丝的平衡温度将降低，电阻值则减小。电阻值可利用不平衡电桥来测得，如图 2-65 所示。

这是一个双臂-差比电桥，以补偿电源电压及环境温度变化对铂丝平衡温度的影响，并

提高测量灵敏度。与待测气体成分成比例的桥路输出电压可转换成相应的标准直流电流信号。热导式气体成分检测装置可用于氢气（H_2）、二氧化碳（CO_2）、二氧化硫（SO_2）、氨（NH_3）等气体在一定条件下的浓度测量。

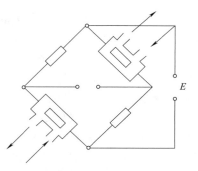

图 2-65 双臂-差比不平衡电桥

2. 磁导式气体成分检测

磁导式含氧量检测是通过测定混合气体的磁化率来推知氧气浓度，从表 2-9 可以看出，氧的体积磁化率最高并且是正值，故它在磁场中会受到吸引力。

表 2-9 气体的体积磁化率

气体名称	O_2	NO	空气	NO_2	C_2H_4	C_2H_2	CH_4	H_2	N_2	CO_2	水蒸气
体积磁化率 $k/10^{-9}$(C. G. S. M)	+146	+50	+30.8	+9	+3	+1	+1	−0.164	−0.58	−0.84	−0.58

图 2-66 是热磁式含氧量的工作原理示意，混合气体通过环室，在无氧气组分时，水平通道中将无气体流动，铂丝 r_1 和 r_2 的温度及阻值相等，桥路输出为零；当混合气体中含有氧气组分时，由于恒定的不均匀磁场的作用，则有气流通过水平通道，这股气流称为磁风，磁风将铂加热丝冷却，使它的电阻值降低，氧含量越高，气流速度越大，磁风也越大，铂丝的温度就越低，阻值也就越低，完成成分-电阻的转换，电阻的变化使不平衡电桥输出相应的电压，经转换后获得标准直流电流信号。

3. 红外式气体成分检测

红外式气体成分检测是根据气体对红外线的吸收特性来检测混合气体中某一组分的含量。凡是不对称双原子或者多原子气体分子，都会吸收某些波长范围内的红外线，随着气体浓度的增加，被吸收的红外线能量增多。例如 CO 对波长在 $4.65\mu m$ 附近的红外线具有极强的吸收能力，而 CO_2 气体的红外线特性吸收波长则在 $4.26\mu m$ 和 $2.78\mu m$ 附近。

红外线气体分析仪成分检测的基本原理如图 2-67 所示。红外线光源发生红外光，经反

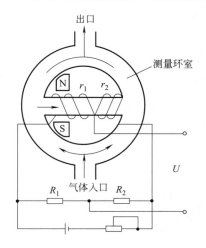

图 2-66 热磁式含氧量的工作原理示意

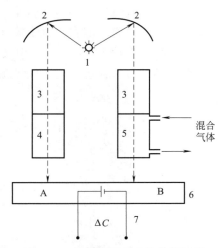

图 2-67 红外线气体成分检测原理

1—红外线光源；2—反射镜；3—滤波室或滤光镜；
4—参比室；5—工作室；6—红外探测器；7—薄膜电容

射镜，两路红外光分别经过参比室和工作室。参比室中充满不吸收红外线的氮气，而待测气体经由工作室通过。

如果待测气体中不含待测组分，红外线穿过参比室和工作室时均未被吸收，进入红外线探测器 A、B 两个检测气室的能量相等，两个气室气体密度相同，中间隔膜也不会弯曲，因此平行板电容量不发生变化。

相反，如果待测气体中含有待测组分，红外线穿过工作室相应波长的红外线被吸收，进入红外线探测器 B 检测气室的能量降低（被吸收的能量大小与待测气体的浓度有关），B 气室气体压力降低，薄膜电容中的动片向右偏移，致使薄膜电容的容量产生变化，此变化量与混合气体中被测组分的浓度有关，因此电容的变化量就定义了被测气体的浓度。

红外线探测器要求不同气体要对不同波长的红外线产生不同的吸收作用，如果 CO 和 CO_2 都会对 $4 \sim 5 \mu m$ 波长范围内的红外线有非常相近的吸收光谱，那么这两种气体的相互干扰就非常明显。为了消除背景气体的影响，可以在检测和参比两条光路上各加装一个滤波气室，滤波气室中充满背景气体，当红外线进入参比室和工作室之前，背景气体特征波长的红外线被完全吸收，使作用于两个检测气室的红外线能量之差只与被测组分的浓度有关。

红外线成分检测仪较多地用于 CO、CO_2、CH_4、NH_3、SO_2、NO 等气体的检测，由于受到红外探测器检测气室、滤波气室等的限制，通常一台仪表只能测量一种组分的一定浓度。

4. 溶解氧的检测

所谓溶解氧就是表征溶液中氧的浓度的参数，溶解氧测定的方法有很多，如化学反应法、电化学法、质谱分析法等。其中，基于溶氧电极发生电化学反应是目前工业上最常用的溶解氧检测方法。

溶氧电极可分为原电池型和极谱型两类。

原电池型电极一般由 Ag、Au、Pt 等贵重金属构成阴极，Pb 构成阳极，二者组成一对氧敏感的碱性原电池。当有微量氧含量通过时，两个电极上将发生如下电化学反应，即

阴极（Ag）：$$O_2 + 2H_2O + 4e^- \rightarrow 4OH^-$$

阳极（Pb）：$$2Pb \rightarrow 2Pb^{2+} + 4e^-$$

氧在阴极上还原成 OH^-，并从外部取得电子；Pb 阳极氧化成 Pb^{2+}，同时向外部输出电子。当接通外部电路以后即可形成电流，电流的大小与氧的浓度之间具有良好的线性关系。因此，只要测得原电池中的电流就可以测得其中的溶解氧。原电池型传感器不需要外加极化电压，测量极限约为 1×10^{-6}，但会使溶液中含有铅离子。

极谱型电极是由一种透气溶氧膜覆盖的电流型电极，如图 2-68 所示。通常，阳极材料

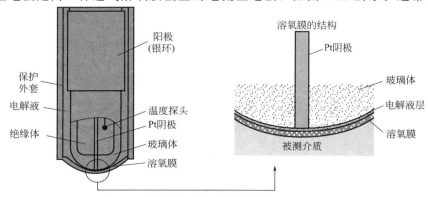

图 2-68　极谱型溶氧电极的结构原理

为银，阴极材料为金或铂，氯化钾溶液作为电解液和两个电极一起组成电解池。

极谱电极插入到被测介质时，溶解氧通过溶氧膜到达阴极。介质中的氧分压越高，渗入的溶解氧越多。当两电极间加入一定的极化电压时，两电极上发生氧化还原反应，即

阴极（Pt）：　　　　　　$O_2 + 2H_2O + 4e^- \longrightarrow 4OH^-$

阳极（Ag）：　　　　　　$4Ag + 4Cl^- \longrightarrow 4AgCl + 4e^-$

和原电池相类似，极谱型电极的氧化还原反应形成了还原电流，还原电流的大小与氧含量成正比关系。但是，极谱型电极的还原电流绝对值很小，通常为纳安级电流，因此就极谱型电极需要专门的信号放大装置对还原电流进行放大输出。

由于温度对氧在溶氧膜中的渗透性影响很大，因此电极中还封装有温度探头，并以此来对这种影响进行补偿。另外，在测量管道中流动介质溶解氧的时候，电极的安装也会对测量精度产生较大的影响。如图 2-69（a）、（b）所示，如果电极正对着流体或者流体顺向安装，会对探头附近积累气泡而影响精度。正确的安装方法可采用图 2-69（c）所示，探头以不易积累气泡的某个角度对着流体安装。

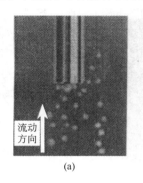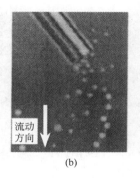

图 2-69　溶解氧电极的安装

极谱电极的结构简单，使用方便，测量极限可达 1×10^{-9}，测量精度约为 1.0，目前已在水质分析、污水处理、酿造、制药、生物工程等领域有广泛的应用。

5. 色谱分析

上述的各种成分分析，每种只能分析一种组分，而色谱分析是基于各种组分吸附和脱附情况的差异，可得出一系列色谱峰，分别反映混合气体中各组分的含量，它是一种高效、快速的分析方法。其分析过程可以分为三步：首先，被分析样品在流动相带动下通过色谱柱，进行多组分混合物的逐一分离；然后由热导或氢火焰检测器逐一测定通过的

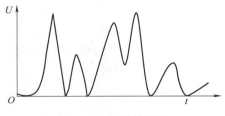

图 2-70　色谱峰谱图

各组分物质含量，并将其转换成电信号送到显示记录装置，得到反映各组分含量的色谱峰谱图，如图 2-70 所示，最后对峰谱图或检测器输出的电信号进行人工或自动的数据处理。

在采用色谱分析时，一种形式是在现场采样后将样品送到实验室进行色谱分析，时间间隔较长；另一种形式是采用在线仪表，现场直接采样分析，输出分析结果，时间间隔短，对生产监控有利。

6. pH 值的检测

pH 被定义为溶液中氢离子浓度的负对数，即 $pH = -\lg [H^+]$。由于直接测量氢离子的浓度是有困难的，故通常采用由氢离子浓度引起电极电位变化的方法来实现 pH 值的测量，电极电位与氢离子浓度的对数呈线性关系。这样，被测介质的 pH 值的测量问题就转化成了电池电动势的测量问题。

pH 电极包括一支测量电极（玻璃电极）和一支参比电极（甘汞电极），二者组成原电

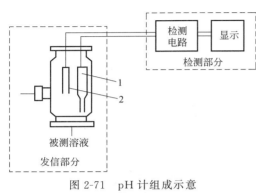

图 2-71　pH 计组成示意
1—工作电极；2—参比电极

池。参比电极的电动势是稳定的和准确的，与被测介质中的氢离子活度无关；玻璃电极是 pH 值测量电极，它可产生正比于被测介质的 pH 值的毫伏电势。可见，原电池电动势的大小仅取决于介质的 pH 值。因此，通过对电池电动势的测量，便可以计算氢离子浓度，也就实现了 pH 值的检测，如图 2-71 所示。通常参比电极与测量电极封装在一起就形成了复合电极，近年来，由于复合电极具有结构简单、维护量小、使用寿命长的特点，在各种工业领域中的应用十分广泛。pH 检测应用极广，染料、制药、肥皂、食品等行业都需要它，在废水处理过程中 pH 检测起着很重要的作用。

7. 浊度的检测

液体的浊度是液体中许多反应、变化过程进行程度的指示，也是很多行业的中间和最终产品质量检测的主要指标。人们对液体浊度的测量已有很长的历史，从最初的目测比浊、目测透视深度发展到用光电方法进行检测。

目前，用光电方法检测浊度基本上分为透射法和散射法两种。透射法是用一束光通过一定厚度的待测液体，并测量因待测液中的悬浮颗粒对入射光的吸收和散射所引起的透射光强度的衰减量来确定被测液体的浊度；散射法则是利用测量穿过待测液的入射光束被待测液中的悬浮颗粒散射所产生的散射光的强度来实现的。其中，工业上常用的浊度计多基于散射原理制成。

如图 2-72 所示，光源发出的光，经聚光镜聚光以后，以一定的角度射向被测液体，入射光被分成三部分：液体

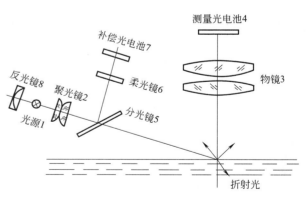

图 2-72　浊度计工作原理

表面的反射光、进入液体内部的折射光和因颗粒产生的散射光。经过设计，只有因颗粒产生的向上的散射光才能进入物镜，其它光线将被侧壁吸收。向上的反射光经物镜的聚光后，照射到光电池上，再经光电池转换成电压输出。

随着被测液体中颗粒的增加，散射光增强，光电池输出增加。当被测液体中不含固体颗粒时，光电池输出为零。因此，只要测量出光电池的输出电压就可以测出液体中的浊度。为了提高测量精度，浊度计还设有亮度补偿和恒温装置。

第七节 执 行 器

执行器（Actuator）是构成自动控制系统不可缺少的重要部分。例如一个最简单的控制系统就是由被控对象、检测仪表、控制器及执行器组成的。执行器在系统中的作用是接收控制器的输出信号，直接控制能量或物料等，调节介质的输送量，达到控制温度、压力、流量、液位等工艺参数的目的。由于执行器代替了人的操作，人们形象地称之为实现生产过程自动化的"手脚"。

但是，由于执行器的原理比较简单，人们往往轻视这一环节。其实，执行器安装在生产现场，长年和生产介质直接接触，常常工作在高温、高压、深冷、强腐蚀、易堵、易漏等恶劣条件下，要保证它的安全运行往往是一件既重要但又不是容易的事。事实上，它常常是控制系统中最薄弱的一个环节。由于执行器的选择不当或维护不善，常使整个控制系统不能可靠工作，或严重影响控制品质。而且执行器的工作与生产工艺密切相关，它直接影响生产过程中的物料平衡与能量平衡。

从结构来说，执行器一般由执行机构和调节机构两部分组成。其中，执行机构是执行器的推动部分，它按照控制器所给信号的大小，产生推力或位移；调节机构是执行器的调节部分，最常见的是控制阀，它接受执行机构的操纵，改变阀芯与阀座间的流通面积，调节工艺介质流量。

根据执行机构使用的能源种类，执行器可分为气动、电动、液动三种。其中气动执行器具有结构简单、工作可靠、价格便宜、维护方便、防火防爆等优点，因而在工业控制中获得最普遍的应用。电动执行器的优点是能源取用方便、信号传输速度快和传输距离远，缺点是结构复杂、推力小、价格贵，适用于防爆要求不太高及缺乏气源的场所。液动执行器的特点是推力最大，但目前工业控制中使用不多。因此下面将只讨论气动和电动两种执行器，特别是对气动执行器作较详细的讨论。

在工业生产自动化过程中由于适应不同需要，往往采用电-气复合控制系统，这时可以通过各种转换器或阀门定位器等进行转换，因此，对阀门定位器与电-气转换器作一简单讨论。

一、电动执行器

电动执行器是电动控制系统中的一个重要组成部分。它把来自控制仪表的 $0\sim10mA$ 或 $4\sim20mA$ 的直流统一电信号，转换成与输入信号相对应的转角或位移，以推动各种类型的控制阀，从而连续调节生产工艺过程中的流量，或简单地开启和关闭阀门以控制流体的通断，达到自动控制生产过程的目的。

1. 电动执行器的特点

与气动执行器相比较，电动执行器有下列特点：

① 由于工频电源取用方便，不需增添专门装置，特别是执行器应用数量不太多的单位，更为适宜；

② 动作灵敏、精度较高、信号传输速度快、传输距离可以很长，便于集中控制；

③ 在电源中断时，电动执行器能保持原位不动，不影响主设备的安全；

④ 与电动控制仪表配合方便，安装接线简单；

⑤ 体积较大、成本较贵、结构复杂、维修麻烦，并只能应用于防爆要求不太高的场合。

2. 电动执行器的组成

电动执行器是由电动执行机构和调节机构两部分组成。其中电动执行机构将控制仪表来的控制电信号转换成力或力矩，进而输出一定的转角或位移；而调节机构则是直接改变被调节介质流量的装置。

电动执行机构根据不同的使用要求，在结构上有简有繁。最简单的就是电磁阀上的电磁铁，其余都是用电动机带动调节机构。调节机构的种类很多，有蝶阀、闸阀、截止阀、感应调压器等。

电动执行机构与调节机构是分开的两个部分，这两部分的连接方法很多，两者可相对固定安装在一起，也可以用机械连杆把两者连接起来。电动控制阀就是将电动执行机构与控制阀固定连接在一起的成套电动执行器。

3. 电动执行机构

电动执行机构根据其输出形式不同，主要有直行程电动执行机构、角行程电动执行机构和多转式电动执行机构。

直行程电动执行机构的输出轴输出各种大小不同的直线位移，通常用来推动单座、双座、三通、套筒等形式的控制阀。

角行程电动执行机构的输出轴输出角位移，转动角度范围小于360°，通常用来推动蝶阀、球阀、偏心旋转阀等转角式控制阀。

多转式电动执行机构的输出轴输出各种大小不等的有效圈数，通常用于推动闸阀或由执行电动机带动旋转式的执行机构，如各种泵等。

这三种类型的电动执行机构在电气原理方面基本上是相同的，都是由电动机带动减速装置，在电信号的作用下产生直线运动和角度旋转运动。下面以角行程电动执行机构为例来阐述其工作原理。

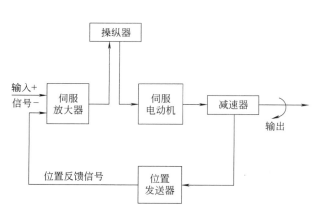

图 2-73　角行程电动执行机构工作原理图

图 2-73 所示为角行程电动执行机构的工作原理图。伺服放大器将控制仪表输入的统一标准电信号，与位置反馈信号进行比较。当无信号输入时，由于位置反馈信号亦趋于零，放大器无输出，电动机不转。如有信号输入，且与反馈信号产生偏差，使放大器有足够的输出功率，驱动伺服电动机，减速器输出轴开始旋转，直到与输出轴相连的位置发送器的输出电流与输入信号相等为止。此时输出轴就稳定在与该输入信号相对应的转角位置上。

电动执行机构不仅可与控制器配合实现自动控制，还可通过操作器实现控制系统的自动控制和手动控制的相互切换。当操作器的切换开关放到手动操作位置时，由正、反操作按钮直接控制电动机的电源，以实现执行机构输出轴的正转或反转，进行遥控手动操作。

4. 伺服放大器

伺服放大器与两相电动机配合工作的原理如图 2-74 所示。伺服放大器主要由前置放大

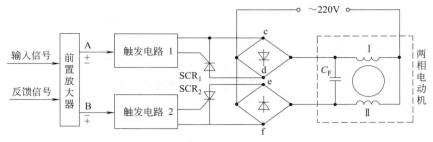

图 2-74　伺服放大器原理示意

器和可控硅驱动电路两部分组成。前置放大器是一个增益很高的放大器，根据输入信号与反馈信号相减后偏差的正负，在 A、B 两点产生两位式的输出电压，控制两个可控硅触发电路中一个工作、一个截止。例如当前置放大器输出电压的极性为 A（＋）、B（－）时，触发电路 2 被截止，可控硅 SCR_2 不通，由触发电路 1 连续地发出一系列触发脉冲，使可控硅 SCR_1 完全导通。由于 SCR_1 接在二极管桥式整流器的直流端，它的导通使桥式整流器的 c、d 两端近于短接，故 220V 的交流电压直接接到两相伺服电动机的绕组Ⅰ，同时经分相电容 C_F 加到绕组Ⅱ上。这样绕组Ⅱ中的电流相位比绕组Ⅰ超前 90°，形成旋转磁场，使电动机朝一个方向转动。如果前置放大器的输出电压极性和上述相反，即 A（－）、B（＋），则触发电路 1 截止，SCR_1 不通，而触发电路 2 控制 SCR_2 完全导通，使另一桥式整流器的两端 e、f 近于短接，电源电压直接加于电动机绕组Ⅱ，并经分相电容 C_F 供电给绕组Ⅰ，这样，绕组Ⅰ中的电流相位比绕组Ⅱ超前 90°，电动机朝相反的方向转动。由于前置放大器的增益很高，只要偏差信号大于不灵敏区，触发电路便可使可控硅导通，电动机以全速转动，这里可控硅起的是触点开关的作用。当输入信号与反馈信号的偏差为零时，SCR_1 和 SCR_2 都不导电，伺服电动机停止转动。

二、气动执行器

1. 气动执行器的组成与分类

（1）组成

气动执行器一般是由气动执行机构和控制阀两部分组成，根据需要还可以配上阀门定位器和手轮机构等附件。

图 2-75 所示的气动薄膜控制阀就是一种典型的气动执行器。气动执行机构接收控制器（或转换器）的输出气压信号（0.02～0.1MPa），按一定的规律转换成推力，去推动控制阀。控制阀为执行器的调节机构部分，它与被调节介质直接接触，在气动执行机构的推动下，使阀门产生一定的位移，用改变阀芯与阀座间的流通面积，来控制被调介质的流量。

（2）气动执行机构的分类

气动执行机构主要有薄膜式与活塞式两种。其次还有长行程执行机构与滚筒膜片执行机构等。

薄膜式执行机构具有结构简单、动作可靠、维修方便、价格便宜等特点，通常接收 0.02～0.1MPa 的压力信号，是一种用得较多的气动执行机构。其工作原理如图 2-76 所示。当压力信号引入薄膜气室后，在波纹膜片 2 上产生推力，使推杆 5 产生位移，直至弹簧 6 被压缩的反作用力与信号压力在膜片上产生的推力相平衡为止。推杆的位移就是气动薄膜执行机构的行程。

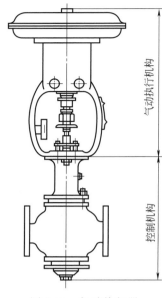

图 2-75 气动执行器

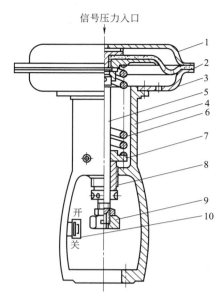

图 2-76 正作用执行机构

1—上膜盖；2—波纹膜片；3—下膜盖；4—支架；

5—推杆；6—弹簧；7—弹簧座；8—调节件；

9—连接阀杆螺母；10—行程标尺

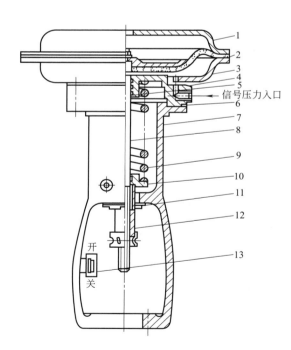

图 2-77 反作用执行机构

1—上膜盖；2—波纹膜片；3—下膜盖；4—密封膜片；

5—密封环；6—填块；7—支架；8—推杆；9—弹簧；

10—弹簧座；11—衬套；12—调节件；13—行程标尺

产品分为正作用式与反作用式两类。当信号压力增大时，推杆 5 向下移动的叫正作用执行机构，如图 2-76 所示。当信号压力增大时，推杆向上移动的叫反作用执行机构，如图 2-77 所示。正作用执行机构的信号压力是通入波纹膜片上方的薄膜气室；而反作用执行机构的信号压力是通入波纹膜片下方的薄膜气室。通过更换个别零件，两者便能互相改装。

（3）控制阀的分类

控制阀是按信号压力的大小，通过改变阀芯行程来改变阀的阻力系数，以达到调节流量的目的。

根据不同的使用要求，控制阀的结构有很多种类，如直通单座，直通双座、角型、高压阀、隔膜阀、阀体分离阀、蝶阀、球阀、凸轮挠曲阀、笼式阀、三通阀、小流量阀与超高压阀等。

① 直通单座控制阀：直通单座控制阀的阀体内只有一个阀座和阀芯，如图 2-78

（a）所示。其特点是结构简单、价格便宜、全关时泄漏量少。它的泄漏量为 0.01%，是双座阀的十分之一。但由于阀座前后存在压力差，对阀芯产生不平衡力较大。一般适用于阀两端压差较小，对泄漏量要求比较严格，管径不大（公称直径 $D_g < 25\text{mm}$）的场合。当需用在高压差时，应配用阀门定位器。

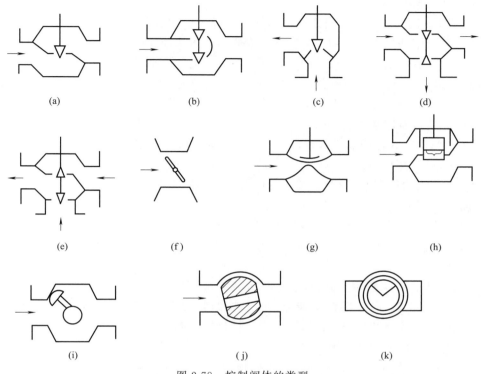

图 2-78　控制阀体的类型

　　② 直通双座控制阀：直通双座控制阀的阀体内有两个阀座和两个阀芯，如图 2-78（b）所示。它的流通能力比同口径的单座阀大。由于流体作用在上、下阀芯上的推力方向相反而大小近似相等，因此介质对阀芯造成的不平衡力小，允许使用的压差较大，应用比较普遍。但是，因加工精度的限制，上下两个阀芯不易保证同时关闭，所以关阀时泄漏量较大。阀体内流路复杂，用于高压差时对阀体的冲蚀损伤较严重，不宜用在高黏度和含悬浮颗粒或纤维介质的场合。

　　③ 角型控制阀：角型控制阀的两个接管呈直角形，如图 2-78（c）所示。它的流路简单，阻力较小。流向一般是底进侧出，但在高压差的情况下，为减少流体对阀芯的损伤，也可侧进底出。这种阀的阀体内不易积存污物，不易堵塞，适用于测量高黏度介质、高压差和含有少量悬浮物及颗粒状物质的流量。

　　④ 高压控制阀：高压控制阀的结构形式大多为角型，阀芯头部掺铬或镶以硬质合金，以适应高压差下的冲刷和气蚀。为了减少高压差对阀的气蚀，有时采用几级阀芯，把高差压分开，各级都承担一部分以减少损失。

　　⑤ 三通控制阀：三通控制阀有三个出入口与管道连接。其流通方式有分流（一种介质分成两路）和合流（两种介质混合成一路）两种，如图 2-78（d）、（e）所示。这种产品基本结构与单座阀或双座阀相仿。通常可用来代替两个直通阀，适用于配比调节和旁路调节。与

直通阀相比，组成同样的系统时，可省掉一个二通阀和一个三通接管。

⑥ 蝶阀：又名翻板（挡板）阀，如图 2-78 (f) 所示。它是通过杠杆带动挡板轴使挡板偏转，改变流通面积，达到改变流量的目的。蝶阀具有结构简单、重量轻、价格便宜、流阻极小的优点，但泄漏量大。适用于大口径、大流量、低压差的场合，也可以用于浓浊浆状或悬浮颗粒状介质的调节。

⑦ 隔膜控制阀：它采用耐腐蚀衬里的阀体和隔膜，代替阀组件，如图 2-78 (g) 所示。当阀杆移动时，带动隔膜上下动作，从而改变它与阀体堰面间的流通面积。这种控制阀结构简单、流阻小、流通能力比同口径的其它种类的大。由于流动介质用隔膜与外界隔离，故无填料密封，介质不会外漏。这种阀耐腐蚀性强，适用于强酸、强碱、强腐蚀性介质的调节，也能用于高黏度及悬浮颗粒状介质的调节。

由于隔膜的材料通常为氯丁橡胶、聚四氟乙烯等，故使用温度宜在 $150℃$ 以下，压力在 $1MPa$ 以下。另外，在选用隔膜阀时，应注意执行机构须有足够的推力，以克服介质压力的影响。一般隔膜阀直径 $D_g > 100mm$ 时，应采用活塞式执行机构。

⑧ 球阀：球阀的节流元件是带圆孔的球形体，如图 2-78 (j) 所示。转动球体可起到调节和切断的作用，常用于双位式控制。

球阀的结构除上述外，还有一种是 V 形缺口球形体，如图 2-78 (k) 所示。转动球心使 V 形缺口起节流和剪切的作用，其特性近似于等百分比型，适用于纤维、纸浆、含有颗粒等介质的调节。

⑨ 凸轮挠曲阀：又名偏心旋转阀，如图 2-78 (i) 所示。它的阀芯呈扇形球面状，与挠曲臂及轴套一起铸成，固定在转动轴上。凸轮挠曲阀的挠曲臂在压力作用下能产生挠曲变形，使阀芯球面与阀座密封圈紧密接触，密封性良好。同时，它的重量轻、体积小、安装方便。适用于既要求调节，又要求密封的场合。

⑩ 笼式阀：又名套筒型控制阀，它的阀体与一般直通单座阀相似，如图 2-78 (h) 所示。笼式阀的阀体内有一个圆柱形套筒，也叫笼子。套筒壁上开有一个或几个口，利用套筒导向，阀芯可在套筒中上下移动，由于这种移动改变了笼子的节流孔面积，就形成各种特性并实现流量调节。笼式阀的可调比大、振动小、不平衡力小，互换性好，部件所受的气蚀也小，更换不同的套筒即可得到不同的流量特性，是一种性能优良的阀。可适用于直通阀、双座阀所应用的全部场合，特别适用于降低噪声及差压较大的场合。但要求流体洁净，不含固体颗粒。

2. 控制阀的流量特性

控制阀的流量特性是指被调介质流过阀门的相对流量与阀门的相对开度（相对位移）之间的关系，即

$$Q/Q_{max} = f(l/L)$$

式中　Q/Q_{max}——相对流量，即控制阀某一开度流量与全开时流量之比；

　　　　l/L——相对开度，即控制阀某一开度行程与全开时行程之比。

流量特性能直接影响到自动控制系统的控制质量和稳定性，因而要合理选用。

一般地说，流过控制阀的流量主要取决于执行机构的行程，或者说取决于阀芯、阀座之间的节流面积。但是实际上还要受多种因素的影响，如在节流面积改变的同时，还会引起阀前后压差变化，而压差的变化又会引起流量的变化。为了便于分析比较，先假定阀前后压差固定，然后再引申到真实情况，于是流量特性又有理想特性与工作特性之分。

（1）理想流量特性

在控制阀前后压差保持不变时得到的流量特性称为理想流量特性。

控制阀的理想流量特性取决于阀芯的形状，不同的阀芯曲面可得到不同的理想流量特性。典型的理想流量特性有直线、等百分比（对数）、快开和抛物线型，其特性曲线如图 2-79 所示。

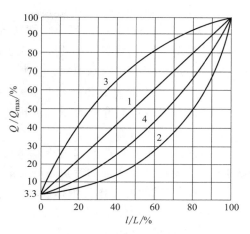

图 2-79　控制阀的理想流量特性

① 直线流量特性：直线流量特性是指控制阀的相对流量与相对开度成直线关系，即单位位移变化所引起的流量变化是常数，R 为控制阀所能控制的最大流量 Q_{max} 与最小流量 Q_{min} 的比值，称为控制阀的可调范围或可调比。

Q_{min} 并不是控制阀全关时的泄漏量，一般它是 Q_{max} 的 $2\%\sim4\%$。国产控制阀的理想可调范围 R 为 30（隔膜阀的可调范围 R 为 10）。用数学式表示：

$$\mathrm{d}(Q/Q_{max})/\mathrm{d}(l/L)=K \tag{2-42}$$

式中　K——常数，即控制阀的放大系数。

将式（2-42）积分得

$$Q/Q_{max}=K(l/L)+C \tag{2-43}$$

式中　C——积分常数。

已知边界条件为：$l=0$ 时，$Q=Q_{min}$；$l=L$ 时，$Q=Q_{max}$。代入式（2-43）整理得

$$Q/Q_{max}=1/R+(1-1/R)l/L \tag{2-44}$$

上式表明，Q/Q_{max} 与 l/L 之间呈线性关系，在直角坐标上是一条直线。要注意的是当可调比 R 不同时，特性曲线在纵坐标上的起点是不同的，当 $R=30$，$l/L=0$ 时，$Q/Q_{max}=0.033$，为便于分析和计算，我们假设 $R=\infty$，即特性曲线以坐标原点为起点，这时当位移变化 10% 所引起的流量变化总是 10%。但流量变化的相对值是不同的，我们以行程的 10%、50% 及 80% 三点为例，若位移变化量都为 10%，则

在 10% 时，流量变化的相对值为　　$100\%\times(20-10)/10=100\%$

在 50% 时，流量变化的相对值为　　$100\%\times(60-50)/50=20\%$

在 80% 时，流量变化的相对值为　　$100\%\times(90-80)/80=12.5\%$

可见，在流量小时，流量变化的相对值大，在流量大时，流量变化的相对值小。也就是说，当阀门在小开度时调节作用太强；而在大开度时调节作用太弱，这是不利于控制系统正常运行的。从控制系统来讲，当系统处于小负荷（原始流量较小）时，要克服外界干扰的影响，希望控制阀动作所引起的流量变化量不要太大，以免调节作用太强产生超调，甚至发生振荡；当系统处于大负荷时，要克服外界干扰的影响，希望控制阀动作所引起的流量变化量要大一些，以免调节作用微弱而调节不够灵敏。直线流量特性不能满足这个要求。

② 等百分比流量特性：等百分比流量特性是指单位相对位移变化所引起的相对流量变化与此点的相对流量成正比关系。即控制阀的放大系数是变化的，它随相对流量的增大而增大。两者之间成对数关系，故也称对数流量特性。在直角坐标上是一条对数曲线，曲线斜率（即放大系数）是随行程的增大而增大的。在同样的行程变化值下，负荷小时，流量变化小，

调节平稳缓和；负荷大时，流量变化大，调节灵敏有效，这样有利于控制系统工作。

③ 快开流量特性：这种流量特性在开度较小时就有较大的流量，随开度的增大，流量很快就达到最大，此后再增加开度，流量的变化甚小，故称为快开特性。快开特性控制阀适用于要求迅速启闭的切断阀或双位控制系统。

④ 抛物线流量特性：这种流量特性是指 Q/Q_{max} 与 l/L 之间成抛物线关系，在直角坐标上是一条抛物线，它介于直线流量特性与等百分比流量特性之间。

（2）工作流量特性

在实际生产中，控制阀前后压差总是变化的，这时的流量特性称为工作流量特性。控制阀的工作流量特性与实际的管道系统有关。

① 串联管道时的工作流量特性。

当控制阀串联在管道系统中时，以 Δp_V 表示控制阀前后的压力损失；Δp_F 表示管道系统中除控制阀外所有其他部分（包括管道、弯头、节流孔板、其他操作阀门等）的压力损失；Δp 表示系统的总压差（如图 2-80 所示），则有：

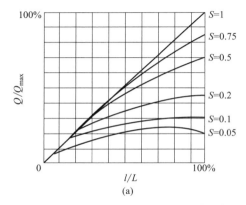

图 2-80　串联管道的情形

$$\Delta p = \Delta p_F + \Delta p_V$$

如果维持系统的总压差 Δp 不变，当流量增大时，由于串联管道系统的压力损失 Δp_F 与流量的平方成正比，因此随着流量的增大 Δp_F 也增加，因此控制阀两端的压差 Δp_V 会随流量的增大而减小。由于控制阀上的压差变化，会使控制阀的相对位移与相对流量之间的关系也发生变化，于是，控制阀的理想流量特性发生了畸变，畸变后的特性就为工作流量特性。

令

$$S = (\Delta p_V)_n / \Delta p = (\Delta p_V)_n / [(\Delta p_V)_n + (\Delta p_F)_m] \tag{2-45}$$

式中　$(\Delta p_V)_n$——控制阀全开时的阀上压差；

　　　　$(\Delta p_F)_m$——控制阀全开时管道系统（控制阀除外）的总压力损失；

　　　　S——阻力比，表示控制阀全开时阀上压差与系统总压差的比值。

S 值越小，表示与控制阀串联的管道系统的阻力损失越大，因此对阀的特性影响也越大。所以在实际使用中，一般希望 S 值不低于 $0.3 \sim 0.5$。

不同 S 值时控制阀的工作流量特性见图 2-81。图中纵坐标以 Q_{max} 为参比值。Q_{max} 表

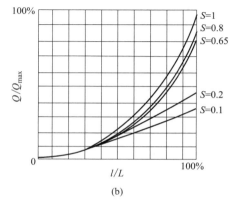

图 2-81　串联管道时控制阀的工作特性

示管道阻力等于零时控制阀全开流量。

对图 2-81 分析可知：在 $S=1$ 时，管道阻力损失为零，控制阀上的压差就等于系统总压差，实际工作特性和理想流量特性是一致的。随着 S 的减小，当 l/L 增加时，控制阀上的压差将越来越小，因此所能达到的流量也比理想情况下要小，流量特性发生了畸变，理想直线特性渐渐趋近于快开特性曲线［见图 2-81（a）］，等百分比特性曲线渐渐接近于直线特性［见图 2-81（b）］。

在现场使用中，当控制阀选得过大或生产处于非满负荷状态时，控制阀将工作在小开度。有时，为了使控制阀有一定开度，而把工艺阀门关小些以增加管道阻力，使流过控制阀的流量降低。这样，实际上就使 S 值下降，流量特性畸变，控制阀的实际可调范围减小，恶化了调节质量。当管道系统的阻力太大，严重时会使控制阀启闭不再起什么作用。在使用中要注意到这一点，不能任意关小控制阀两端的截止阀。

② 并联管道时的工作流量特性。

控制阀一般都装有旁路阀，便于手动操作和维护。当生产量提高或控制阀选得过小时，由于控制阀流量不够而只好将旁路阀打开一些，这时控制阀的流量特性就会受到影响，理想流量特性畸变为工作流量特性。

图 2-82 表示并联管道时的情况。显然这时管路的总流量是控制阀流量与旁路流量之和，即 $Q=Q_1+Q_2$。

若以 x 代表管道并联时控制阀全开流量与总管最大流量 Q_{max} 之比，可以得到在 Δp 为一定而 x

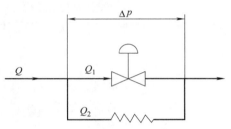

图 2-82 并联管道时的情况

值为不同数值时的工作流量特性，如图 2-83 所示。图中纵坐标流量以总管最大流量 Q_{max} 为参比值。

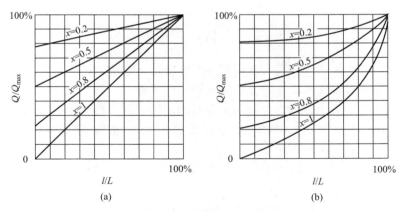

图 2-83 并联管道时控制阀的工作特性

由图 2-83 可见：当 $x=1$，即旁路阀关闭时，控制阀的工作流量特性同理想流量特性。随着 x 的减小，即旁路阀逐渐打开，虽然阀本身的流量特性变化不大，但可调范围大大降低了。控制阀关死，即 $l/L=0$ 时，流量 Q_{min} 大大增加。同时，在实际使用中总存在着串联管道阻力的影响，控制阀上的压差还会随流量的增加而降低，使可调范围下降更多些，控制阀在工作过程中所能控制的流量变化范围更小，甚至几乎不起调节作用。所以，采用打开旁路的调节方式是不好的，一般认为旁路流量最多只能是总流量的百分之十几，即 x 值最小不低于 0.8。

综合上述串、并联管道的情况，可得如下结论：

a. 串、并联管道都会使理想流量特性发生畸变，串联管道的影响尤为严重；

b. 串、并联管道都会使控制阀可调范围降低，并联管道尤为严重；

c. 串联管道使系统总流量减少，并联管道使系统总流量增加；

d. 串、并联管道会使控制阀的放大系数减小，串联管道时控制阀大开度时影响严重，并联管道时控制阀小开度时影响严重。

3. 控制阀的选择

气动薄膜控制阀选用正确与否是很重要的。选用控制阀时，一般要根据被调介质的特点（温度、压力、腐蚀性、黏度等）、控制要求、安装地点等因素，参考各种类型控制阀的特点合理地选用，在具体选用时，一般应考虑下列几个主要方面的问题。

（1）控制阀的尺寸选择

控制阀是一个局部阻力可以改变的节流元件。在节流式测量原理中，我们知道，对不可压缩的流体，流经控制阀的流量可写为：

$$Q = \alpha F_0 \sqrt{\frac{2}{\rho}(p_1 - p_2)} \tag{2-46}$$

式中　　　α——流量系数；

F_0——控制阀流通截面积；

ρ——流体密度；

$\Delta p = p_1 - p_2$——控制阀前后压差；

Q——流体的体积流量。

令　　　　　　　　　　　　$C = \sqrt{2}\alpha F_0$

代入式（2-46）得

$$C = Q\sqrt{\frac{\rho}{\Delta p}} \tag{2-47}$$

C 称为控制阀的流量系数，它与阀芯和阀座的结构、阀前后的压差、流体性质等因素有关。因此，表达控制阀的流通能力，必须规定一定的条件。

控制阀制造厂提供的流通能力是指阀全开时的流量系数，称为额定流量系数。额定流量系数的定义是：在控制阀全开、阀两端压差为 0.1MPa、介质密度为 $1g/cm^3$ 时，流经控制阀的介质流量数（以 m^3/h 表示）。

根据上述定义，如有一个 C 值为 40 的控制阀，表示当此阀全开，阀前后压差为 0.1MPa 时，每小时能通过的水量为 $40m^3$。

由式（2-47）可知，当生产工艺中需要的流量 Q 和压差 Δp 决定后，就可确定阀门的流量系数 C，再根据流量系数 C 就可选择阀门的尺寸。

现在，一般用 K_v 代替 C 来表示控制阀流量系数。

当流通介质是气体或蒸汽时，由于密度受压力、温度的影响，计算比较复杂，可查阅有关手册。

（2）控制阀结构与特性的选择

控制阀的结构形式主要根据工艺条件，如温度、压力及介质的物理、化学特性（如腐蚀性、黏度等）来选择。例如强腐蚀介质可采用隔膜阀、高温介质可选用带翅形散热片的结构形式。

控制阀的结构形式确定以后，还需确定控制阀的流量特性（即阀芯的形状）。一般是先按控制系统的特点来选择阀的希望流量特性，然后再考虑工艺配管情况来选择相应的理想流量特性。使控制阀安装在具体的管道系统中，畸变后的工作流量特性能满足控制系统对它的要求。目前使用比较多的是等百分比流量特性。

（3）气开式与气关式的选择

气动执行器有气开式与气关式两种形式。气压信号增加时，阀关小；气压信号减小时阀开大的为气关式。反之，为气开式。气动执行器的气开或气关式由执行机构的正、反作用及控制阀的正反作用来确定。

对于一台直立安装的气动执行器，执行机构的正反作用是这样定义的：当气压信号增加时，阀杆下移的称为正作用，当气压信号增加时，阀杆上移的称为反作用。控制阀的正反作用是这样定义的：当阀杆下移时，使通过的介质流量减少的称为正作用；当阀杆下移时，使通过的介质流量增加的称为反作用。控制阀的正反作用是由阀芯阀座的相对位置来确定的。

图 2-84 和表 2-10 说明了如何由执行机构的正、反作用和控制阀的正、反作用来组合而成的气动执行器的气关、气开形式。

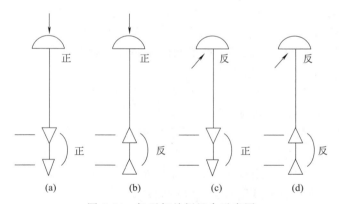

图 2-84　气开气关阀组合示意图

表 2-10　组合方式

序号	执行机构	控制阀	气动执行器
a	正	正	气关
b	正	反	气开
c	反	正	气开
d	反	反	气关

控制阀的气开、气关形式的选择主要从工艺生产上的安全要求出发，考虑原则是：万一输入到气动执行器的气压信号由于某种原因（例如气源故障、堵塞、泄漏等）而中断时，应保证设备和操作人员的安全。如果阀处于打开位置时危害性小，则应选用气关式，以使气源系统发生故障，气源中断时，阀门能自动打开，保证安全。反之，阀处于关闭时危害性少，则应选用气开阀。例如，加热炉的燃料气或燃料油一般应选用气开式控制阀，即当信号中断时切断进炉燃料，以免炉温过高造成事故。又如调节进入设备易燃气体的控制阀，应选用气

开式，以防设备爆炸；若介质为易结晶物料，则一般应选用气关式，以防堵塞。

4. 调节阀的安装和维护

执行器安装在生产现场，长年和生产介质直接接触，常常工作在高温、高压、深冷、强腐蚀、易堵、易漏等恶劣条件下，要保证它的安全运行往往是一件既重要但又不是容易的事。事实上，它常常是控制系统中最薄弱的一个环节。由于执行器的选择不当或维护不善，常使整个控制系统不能可靠工作，或严重影响控制品质。而且执行器的工作与生产工艺密切相关，它直接影响生产过程中的物料平衡与能量平衡。因此，在日常使用中，要对控制阀经常维护和定期检修。应注意填料的密封情况和阀杆上下移动的情况是否良好，气路接头及膜片有无漏气等。检修时重点检查部位有阀体内壁、阀座、阀芯、膜片及密封圈、密封填料等。

虽然目前已经有电动调节阀，但由于规格、压力等级和调节品质的限制，它尚不能代替气动调节阀，甚至出现了 PLC 和 DCS，用电脑、智能仪表来检测工业参数，但其执行单元在绝大多数地方还是电/气转换器后采用气动调节阀。因此，这里以最常用的气动薄膜调节阀的安装为例。

（1）气动薄膜调节阀的安装

以前的仪表施工图上，气动薄膜调节阀是仪表工的安装任务之一。近几年来，随着引进设备的增多，国内的设计也逐渐向标准设计接轨，调节阀画在管道图上，并由管道施工人员安装，而不是由仪表工安装。但在技术上的要求，仪表工必须掌握，最后的调试和投产后的运行、维修都属于仪表工的工作范畴。调节阀的安装应注意以下几个问题：

① 调节阀的安装应有足够的直管段；

② 调节阀的安装与其他仪表的一次点应协调，特别是孔板，要考虑它们的安装位置；

③ 调节阀的安装应不妨碍并便于操作人操作；

④ 调节阀的安装应使人在维修或手动时人能够过去，并在正常的操作时能方便地看到阀杆的指示器的指示；

⑤ 调节阀在操作过程中要注意是否有可能伤及人员或损坏设备的隐患；

⑥ 如调节阀需要保温需留出足够保温的空间；

⑦ 调节阀需要伴热时要配置伴热管线；

⑧ 如果调节阀不能垂直安装时要考虑选择合适的安装位置；

⑨ 调节阀是否需要支撑，应如何支撑。

这些问题设计者不一定考虑周到，但在安装的过程中，仪表工发现这类问题，应及时取得设计的认可与同意。

安装调节阀必须给仪表维修工留有足够的维修空间，包括上方、下方和左、右、前、后侧面。例如有可能卸下带有阀杆和阀芯的顶部组件的阀门，应有足够的上部空隙；有可能卸下底部法兰、阀杆、阀芯部件的阀门，应有足够的下部空隙；对于有配件的，如电磁阀、阀门定位器，特别是手动操作器和电动机执行器的调节阀，应有侧面的空间。

在压力波动严重的地方，为使调节阀平稳而有效地运转，应该采用一个缓冲器。

（2）调节阀组组成形式

调节阀的安装通常有一个调节阀组，即上游阀、旁路阀调节阀、调节阀、下游阀。阀组的组成形式应按设计来考虑，但有时设计考虑不周。作为仪表工，要了解和掌握调节阀组组成的几种基本形式。

图 2-85 所示为调节阀组组成的六种形式。图 2-85（a）推荐选用，阀组排列紧凑，调节阀维修方便，系统容易放空；图 2-85（b）推荐选用，调节阀维修比较方便；图 2-85（c）经常用于角形调节阀，调节阀可以自动排放，用于高压降时，流向应沿阀芯底进侧出；图 2-85（d）推荐选用，调节阀比较容易维修，旁路能自动排放；图 2-85（e）阀组排列紧凑，但调节阀维修不便，用于高压降时，流向应沿阀芯底进侧出；图 2-85（f）推荐选用，旁路能自动排放，但占地空间大。

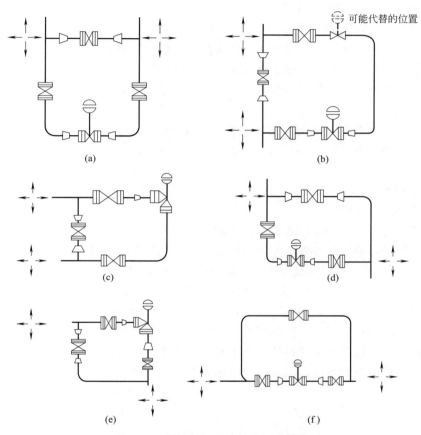

图 2-85　调节阀组六种基本组成形式

注：调节阀的任一侧的放空和排放管没有表示，调节阀的支撑也没有表示。

切断阀（上游阀、下游阀）和旁通阀的安装要靠近三通以减少死角。

（3）调节阀安装方位的选择

通常调节阀要求垂直安装。在满足不了垂直安装时，对法兰用 4 个螺栓固定的调节阀可以有向上倾斜 45°、向下倾斜 45°、水平安装和垂直安装四个位置。对法兰用 8 个螺栓固定的调节阀则有九个安装位置（垂直向上安装、向上倾斜 22.5°、向上倾斜 45°、向上倾斜 67.5°、水平安装、向下倾斜 22.5°、向下倾斜 45°、向下倾斜 67.5°和向下垂直安装）。

在这些安装位置中，最理想的是垂直向上安装，应该优先选择；向上倾斜的位置为其次，依次是 22.5°、45°、67.5°；向下垂直安装为再次位置；最差为水平安装，它与接近水平安装的向下倾斜 67.5°一般不被采纳。

（4）调节阀安装的注意事项

① 调节阀的箭头必须与介质的流向一致。用于高压降的角压式调节阀,流向是沿着阀芯底进侧出。

② 安装用螺纹连接的小口径调节阀时,必须要安装可以拆卸的活动连接件。

③ 调节阀应牢固地安装。大尺寸调节阀必须要有支撑。操作手轮要处于便于操作的位置。

④ 调节阀安装后,其机械传动应灵活,无松动和卡涩现象。

⑤ 调节阀要保证全开到全闭或全闭到全开的过程中,调节机构动作灵活且平稳。

(5) 调节阀的二次安装

调节阀分气开和气闭两种。气开是有气便开。在正常状态下(指没有使用的情况时的状态)调节阀的状态是关闭的。在工艺配管时,调节阀安装完毕,对于气开阀来说还是闭合的。当工艺管道要试压与吹扫时,没有压缩空气,打不开调节阀,只能把调节阀拆除,换上与调节阀两法兰间长度相等的短节。这时,调节阀的安装工作已经结束。拆下调节阀后,要注意保管拆下来的调节阀及其零、部、配件,如配好的铜管、电气保护管(包括挠性金属管)和阀门定位器、电气转换器、过滤器减压阀、电磁阀等,待试压、吹扫一结束,立即复位。

5. 执行器的附件

(1) 电-气阀门定位器

由于气动执行器具有一系列的优点,绝大部分使用电动控制仪表的系统也使用气动执行器。为使气动执行器能够接收电动控制器的命令,必须把控制器输出的标准电流信号转换为 $20\sim100$ kPa 的标准气压信号。这个工作是由电-气转换器完成的。

在气动执行器中,阀杆的位移是由薄膜上的气压推力与弹簧反作用力平衡来确定的。为了防止阀杆引出处的泄漏,填料总要压得很紧,致使摩擦力可能很大;此外,被调节流体对阀芯的作用力由于种种原因,也可能相当大。所有这些都会影响执行机构与输入信号之间的定位关系,使执行机构产生回环特性,严重时可能造成系统振荡。因此,在执行机构工作条件差及要求控制质量高的场合,都在执行机构前加装阀门定位器。

在实际应用中,通常把电-气转换器和阀门定位器做成一体,就叫做电-气阀门定位器。

电-气阀门定位器是气动执行器最主要的附件,它既可以把控制装置输出的电信号转换为气信号去驱动气动执行器,又能够使阀门位置按控制器送来的信号准确定位(即输入信号与阀门位置呈一一对应关系),具有电-气转换器和气动阀门定位器两种作用,图 2-86 是与薄膜式执行机构配合使用的电-气阀门定位器原理图,它是根据力矩平衡原理工作的。

当输入信号 $I_\circ$ 通过力矩马达电磁线圈时,它受永久磁钢作用后,对主杠杆 2 产生一个向左的力,使主杠杆绕支点 15 逆时

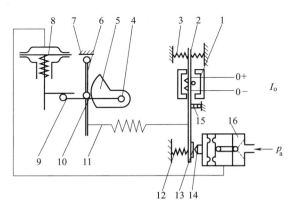

图 2-86　电-气阀门定位器的原理图

1—力矩马达;2—主杠杆;3—迁移弹簧;4—支点;5—反馈凸轮;6—副杠杆;7—副杠杆支点;8—气动执行机构;9—反馈杆;10—滚轮;11—反馈弹簧;12—调零弹簧;13—挡板;14—喷嘴;15—主杠杆支点;16—气动放大器

针方向偏转，当挡板 13 靠近喷嘴 14，挡板的位移经气动放大器 16 转换为压力信号 p_a，引入到气动执行机构 8 的薄膜气室，因 p_a 增加而使阀杆向下移动，并带动反馈杆 9 绕支点 4 偏转，反馈凸轮 5 也跟着逆时针方向偏转，通过滚轮 10 使副杠杆 6 绕支点 7 顺时针偏转，从而使反馈弹簧 11 拉伸，反馈弹簧对主杠杆 2 的拉力与信号电流 I_o 通过力矩马达 1 作用到杠杆 2 的推力达到力矩平衡时，阀门定位器达到平衡状态，此时，一定的信号电流就对应一定的阀杆位移，即对应一定的阀门开度。

弹簧 12 是调零弹簧，调整其预紧力可以改变挡板的初始位置，即进行零点调整。弹簧 3 是迁移弹簧，在分程控制中用来补偿力矩马达对主杠杆的作用力，以使阀门定位器在接收不同范围（4～12mA 或 12～20mA DC）的输入信号时，仍能产生相同范围（20～100kPa）的输出信号。

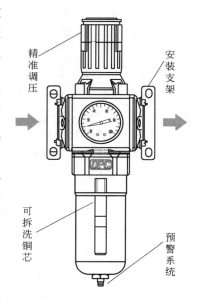

另外，反馈凸轮有"A 向""B 向"安装位置，所谓"A 向""B 向"是指反馈凸轮刻有"A""B"字样的两面朝向。安装位置的确定主要根据与阀门定位器所配用的执行机构是正作用还是反作用。无论是正作用还是反作用，阀门定位器与正作用执行机构相配时，反馈凸轮采用"A 向"安装位置，与反作用执行机构相配时采用"B 向"安装位置，这样可以保证执行机构位移通过反馈凸轮作用到主杠杆上始终为负反馈。

（2）空气过滤减压阀

空气过滤减压阀（图 2-87）是空气过滤器与减压阀的组合元件，是一种经由过程本身能量来调节控制器及管道压力的智能阀门，常用作气动执行器的附件，辅助气动元件用来调节气动薄膜压力。

图 2-87　空气过滤减压阀

由于气体管道中的压力常随同进出压力和流量变更而变更，因此，空气过滤减压阀经由过程内部的压力设定将气体管道中的压力始终保持在平稳范围之内，从而达到调节气体预先设置的数值，完成稳压和减压的效果。

空气过滤减压阀是一种先导式减压阀，当减压阀产生的压力太高时，将经由弹簧来停止直接降压，由于弹簧的刚度比较大，容易导致输出的压力波动过大，所以就利用空气过滤减压阀内部的小型直压式减压阀，来补充空气过滤减压阀的不足。

思考题与习题

1. 过程参数检测的作用是什么？工业上常见的过程参数主要有哪些？

2. 传感器、变送器的作用各是什么？二者之间有什么关系？

3. 何谓测量误差？何谓检测仪表的精度等级？

4. 某控制系统根据工艺设计要求，需要选择一个量程为 0～100m³/h 的流量计，流量检测误差小于 ±0.6％m³/h，试问选择何种精度等级的流量计才能满足要求？

5. 某控制系统中有一个量程为 20～100kPa、精度等级 0.5 级的差压变送器，在定期校验时发现，该仪表在整个量程范围内的误差的变化范围是 −0.5～+0.4kPa，试问该变送器是否直接被原控制系统继续使用？为什么？如果该变送器不能直接使用，应该如何处理该变送器？

6. 某温度控制系统，最高温度为 700℃，要求测量的绝对误差不超过±10℃，现有两台量程分别为 0～1600℃ 和 0～1000℃ 的 1.0 级温度检测仪表，试问应该选择哪台仪表更合适？如果有量程均为 0～1000℃，精度等级分别为 1.0 级和 0.5 级的两台温度变送器，那么又应该选择哪台仪表更合适？试说明理由。

7. 过程参数的一般检测原理主要有哪些？

8. 简述变送器的理想输入输出特性及其输入输出表达式。

9. 分别简述电动模拟式变送器、数字式变送器的构成原理，二者的输出信号有什么不同？

10. 何谓变送器的零点调整、量程调整和零点迁移？它们的作用各是什么？

11. 电动模拟式变送器的电源和输出信号的连接方式有哪几种？目前在工业现场最常见的是哪一种？它有什么特点？

12. HART 协议数字通信的信号制是什么？它有什么特点？

13. 有一台 DDZ-Ⅲ 型的两线制变送器，已知其量程为 20～100kPa，当输入信号为 40kPa 和 70kPa 时，变送器的输出信号分别是多少？

14. 试述温度检测仪表有哪几类，各有什么特点。

15. 热电偶补偿导线的作用是什么？在选择使用补偿导线时需要注意哪些问题？

16. 工业上常用的标准热电偶有哪些？它们有什么特点？

17. 采用热电偶测量温度时为什么需要进行冷端温度补偿？冷端温度补偿主要有哪几种方法？简述电桥补偿方法的基本原理。

18. 已知热电偶的分度号为 K，工作时的冷端温度为 30℃，测得的热电势为 38.5mV，求工作端的温度是多少。如果热电偶的分度号为 E，其他条件不变，那么工作端的温度又是多少？

19. 已知热电偶的分度号为 K，工作时的冷端温度为 30℃，测得热电势后，错用 E 分度表查得工作端的温度为 715.2℃，试求工作端的实际温度是多少。

20. 工业上常用的热电阻温度变送器有哪几种？

21. 热电阻信号有哪几种常用的连接方式？各有什么特点？

22. 用 Pt100 测量温度，在使用时错用了 Cu100 的分度表，查得温度为 140℃，试问实际温度应该为多少？

23. 简述测温元件的安装基本要求。

24. 什么叫压力？表压力、绝对压力、负压力（真空度）之间有何关系？

25. 简述弹簧管压力表的基本组成和测压原理。

26. 电容式差压变送器的工作原理是什么？有何特点？

27. 某空压机缓冲管，其正常工作压力范围为 1.1～1.6MPa，工艺要求测量误差小于±0.4MPa，试选择一个合适的就地指示压力表（类型、量程、精度等级等），并说明理由。

28. 某氢气罐，其正常压力范围为 14MPa，并要求测量误差小于±0.4MPa，试选择一个合适的就地指示压力表（类型、量程、精度等级等），并说明理由。

29. 压力检测仪表的安装需要注意哪些问题？

30. 差压变送器三阀组的作用是什么？

31. 体积流量、质量流量、瞬时流量、累计流量的含义各是什么？

32. 为什么孔板流量计、电磁流量计等很多流量计的安装点前后都有直管段的要求？

33. 电磁流量计的工作原理是什么？在使用时需要注意哪些问题？

34. 简述涡街流量计的工作原理及特点。

35. 椭圆齿轮流量计的基本工作原理及特点是什么？

36. 流体的质量流量有哪些测量方法？

37. 电容式物位计和核辐射式物位计在使用过程中分别需要注意什么问题？

38. 简述成分和物性参数检测的意义。

39. 试比较热导式气体分析仪和磁导式气体分析仪的测量原理。

40. 为什么说红外线气体成分分析仪同时只能测量一种组分的浓度？如果背景气体中含有与待测气体具有相近吸收光谱的某种气体组分，则在使用时应如何处理？

41. 简述 pH 电极的组成及测量原理。

42. 简述散射式浊度仪的基本工作原理。

43. 气动执行器主要由哪两部分组成，各起什么作用？

44. 试分别说明什么是控制阀的理想流量特性和工作流量特性。

45. 什么叫气动执行器的气开式与气关式？其选择原则是什么？试举例说明。

46. 如图 2-88 所示的液位控制系统，假设工艺要求供气中断时液体不得外溢，请选择阀的气开、气关特性。

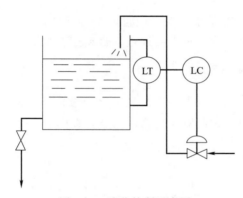

图 2-88　液位控制示意图

47. 控制阀的安装有哪些注意事项？

48. 简述电-气阀门定位器的工作原理和用途。

第 三 章

过程控制系统概述

本章介绍自动检测系统的概念与组成，自动控制系统中各部分名词术语，分析控制系统所用到的传递函数与方块图变换的基本知识及对象特性，并对过程控制中常用的图例符号进行了详细介绍。

第一节　自动检测与自动控制系统

绪论中已经叙及，生产过程控制系统包含四个方面的内容，本节将讨论其中的两大系统：主要介绍过程自动检测系统，重点阐述过程自动控制系统。

一、过程自动检测系统

实现被测变量的自动检测、数据处理及显示（记录）功能的系统叫过程自动检测系统。自动检测系统由两部分组成：检测对象和检测装置，如图 3-1 所示。

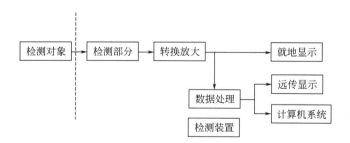

图 3-1　过程自动检测系统框图

若检测装置由检测部分、转换放大和就地显示环节构成，则检测装置实际为一块就地显示的检测仪表，如单圈弹簧管压力表、玻璃温度计等。

若检测装置由检测部分、转换放大和数据处理环节与远传显示仪表（或计算机系统）组成，则把检测、转换、数据处理环节称为"传感器"（如霍尔传感器、热电偶、热电阻等），它将被测变量转换成规定信号送给远传显示仪表（或计算机系统）进行显示。若传感器输出信号为国际统一标准信号 4～20mA DC 电流（或 20～100kPa 气压），则称其为变送器（如压力变送器、温度变送器等）。

二、过程自动控制系统

能替代人工来操作生产过程的装置组成了过程自动控制系统。由于生产过程中"定值系统"使用最多，所以常常通过"定值系统"来讨论过程自动控制系统。

图 3-2 是一个简单的"定值系统"范例——水槽液位控制系统。其控制目的是使水槽液位维持在其设定值（譬如水槽液位 L 满刻度的 50%）的位置上。

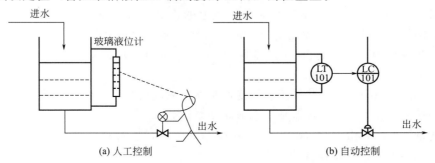

图 3-2　水槽液位控制系统示意图

图 3-2（a）为人工控制。假如进水量增加，导致水位增加，人眼睛观察玻璃液位计中的水位变化，并通过神经系统传给大脑，经与大脑中的设定值（50%）比较后，知道水位偏高（或偏低），故发出信息，让手开大（或关小）阀门，调节出水量，使液位变化。这样反复进行，直到液位重新稳定到设定值上，从而实现了液位的人工控制。

图 3-2（b）为自动控制，现场的液位变送器 LT（Level Transmitter）将水槽液位检测出来，并转换成统一的标准信号传送给控制室内的液位控制器 LC（Level Controller），控制器 LC 再将测量信号与预先输入的设定信号进行比较得出偏差，并按预先确定的某种控制规律（比例、积分、微分的某种组合）进行运算后，输出统一标准信号给控制阀，控制阀改变开启度，控制出水量。这样反复进行，直到水槽液位恢复到设定值为止，从而实现水槽液位的自动控制。

显然，过程自动控制系统代替人工控制时，基本对应关系如下。

过程自动控制系统的基本组成框图如图 3-3 所示。从图 3-3 可知，过程自动控制系统主要由工艺对象和自动化装置（执行器、控制器、检测元件或变送器）两个部分组成，其中各

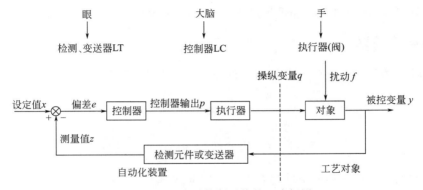

图 3-3　过程自动控制系统的组成框图

部分定义如下：

对象（Object，Plant）——工艺参数需要控制的工艺设备、机器或生产过程，如上例中的水槽；

检测元件（Detecting Element）和变送器（Transmitter）——其作用是把被控变量转化为测量值，如上例中的液位变送器是将液位检测出来并转化成统一标准信号（4～20mA DC）；

比较机构（Comparator）——其作用是将设定值与测量值比较并产生偏差值；

控制器（Controller）——其作用是根据偏差的正负、大小及变化情况，按预定的控制规律实施控制作用，比较机构和控制器通常组合在一起，它可以是气动（Pneumatic）控制器、电动（Electric）控制器、可编程序（Programmable）控制器、分布式控制系统（DCS）等；

执行器（Actuator）——其作用是接受控制器送来的信号，相应地去改变操纵变量 q 以稳定被控变量 y，最常用的执行器是气动薄膜调节阀；

被控变量（Controlled Variable）y——被控对象中，通过控制能达到工艺要求设定值的工艺变量，如上例中的水槽液位；

设定值（Set Value）（给定值）x——被控变量的希望值，由工艺要求决定，如上例中的 50％液位高度；

测量值（Measured Value）z——被控变量的实际测量值；

偏差（Deviation）e——设定值与被控变量的测量值（统一标准信号）之差；

操纵变量（Manipulated Variable）q——由控制器操纵，能使被控变量恢复到设定值的物理量或能量，如上例中的出水量；

扰动（Disturbance）f——除操纵变量外，作用于生产过程对象并引起被控变量变化的随机因素，如进料量的波动。

第二节　传递函数与方块图变换

传递函数（Transfer Function）可以直观、形象地表示出一个系统的结构和系统各变量之间的关系。在研究控制系统的动态过程时，通常是利用传递函数来描述各个环节的特性，然后根据方块图运算求出系统的等效传递函数，从而得到反映被控过程的输入量与输出量之间关系的数学模型（所谓数学模型，就是描述被控过程因输入作用导致输出量变化的数学表达式）。过程的数学模型是分析和设计过程控制系统的基本资料或基本依据。

一、传递函数

系统或环节的传递函数就是在零初始条件下，系统或环节的输出拉氏变换与输入拉氏变换之比，记为

$$G(s) = \frac{输出变量拉氏变换}{输入变量拉氏变换}\bigg|_{初始条件=0} = \frac{Y(s)}{X(s)} \tag{3-1}$$

由于自动控制系统其初始条件都看做零，因此式（3-1）右边一个等号也成立。

关于传递函数求取方法可归结为两种情况。

① 直接计算法：对于一般的环节或简单系统可以由它们的微分方程，利用拉氏变换基本定理、性质，对微分方程各项直接进行拉氏变换，然后展出 $G(s)=Y(s)/X(s)$ 来求得。

② 间接计算法：对于复杂的环节和系统，则可先求出各个环节的传递函数，然后利用方块图的各种连接的有关运算公式来计算出总的传递函数。

各种典型环节的微分方程和传递函数如表 3-1 所示。

传递函数在过程控制理论中是一个很有力的工具，它不但可直接地表示出各变量间数学关系，而且是控制系统许多分析方法的基础。

表 3-1　典型环节的传递函数

环节名称	微分方程	传递函数	系统名称	典型实例
放大环节	$y=Kx$	K	K——放大系数	比例控制器、压力测量元件、电子放大器、气动放大器、电-气转换器、控制阀、位置继动器、杠杆机构、齿轮减速机构等
一阶惯性环节	$T\dfrac{dy}{dt}+y=Kx$	$\dfrac{K}{Ts+1}$	K——放大系数 T——时间常数	单个液体储槽、压力容器、简单加热器、测温热电偶、热电阻、气动薄膜执行机构、温包、水银温度计等
积分环节	$y=\dfrac{1}{T_i}\displaystyle\int_0^t x\,dt$	$\dfrac{1}{T_i s}$	T_i——积分作用时间常数	输入输出流量差恒定的液体或气体容器、电动执行机构等
一阶微分环节	$y=T_D\dfrac{dx}{dt}+x$	$T_D s+1$	T_D——微分作用时间常数	理想比例微分控制器、微分校正装置等
超前滞后环节	$T_1\dfrac{dy}{dt}+y$ $=K\left(T_2\dfrac{dx}{dt}+x\right)$	$\dfrac{K(T_2 s+1)}{(T_1 s+1)}$	K——放大系数 T_1——滞后时间常数 T_2——超前时间常数	气动或电子阻尼器、前馈补偿环节、校正装置、实际微分控制器等
时滞环节	$y(t)=x(t-\tau)$	$e^{-\tau s}$	τ——纯滞后时间	皮带传送机、管道输送过程、钢板压制过程、信号脉冲导管等

二、方块图

当传递函数已知时，就可以用方块图表示出线性控制系统中各环节（或元件）的作用关系了。每个方块表示一个具体的环节（或元件），用箭头指向方块的线段表示输入信号，箭头离开方块图的线段表示输出信号。这就是说，信号只能沿箭头方向通过，这就是所谓方块图的单向性。方块内可写入该环节（或元件）的传递函数或名称，如图 3-4 所示。

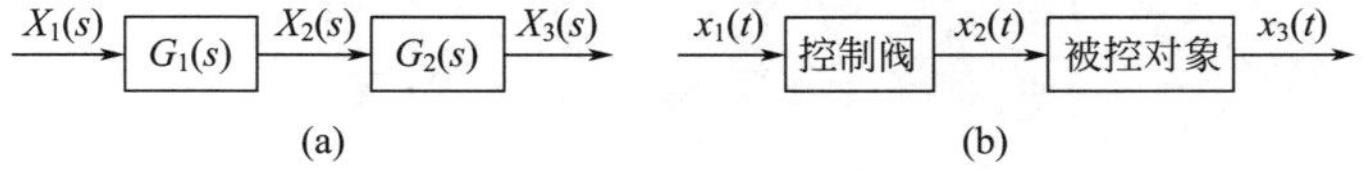

图 3-4　方块图

习惯上，当方块图内填入传递函数时，输入输出信号也用拉氏变换符号表示。方块图输出信号应等于输入信号与方块图中传递函数的乘积，即

$$Y(s)=X(s)G(s) \tag{3-2}$$

方块图中的比较点用图 3-5 所示符号表示。

比较点代表两个或两个以上的输入信号进行加减比较的元件，标注在信号箭头旁边的

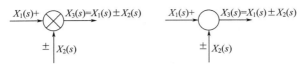

图 3-5　比较点符号

"＋" 或 "－" 号表示信号进行相加或是相减。比较点并不一定代表一个实物，可以是为了表示变量间的相互关系而人为加进的。

如果需要相同的信号同时送至几个不同的方块，可以在信号线上任意一点分叉，如图 3-6 所示。信号分出一点称为分叉点（又称分支点）。从同一个分叉点引出信号，在大小和性质上完全一致。

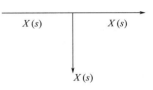

图 3-6　分叉点

系统或环节的方块图一般有三种基本连接方式，即串联、并联与反馈。

1. 方块的串联

如图 3-7 所示的连接形式称为串联，就是把前一个方块的输出信号，作为后一个方块的输入信号，依次连接起来。

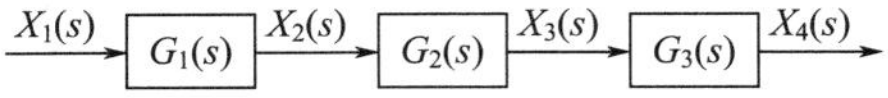

$$X_1(s) \rightarrow \boxed{G_1(s)} \xrightarrow{X_2(s)} \boxed{G_2(s)} \xrightarrow{X_3(s)} \boxed{G_3(s)} \xrightarrow{X_4(s)}$$

图 3-7　方块的串联

上图的三个方块它们的传递函数分别是 $G_1(s)$、$G_2(s)$ 和 $G_3(s)$，因为

$$G_1(s) = \frac{X_2(s)}{X_1(s)}, \ G_2(s) = \frac{X_3(s)}{X_2(s)}, \ G_3(s) = \frac{X_4(s)}{X_3(s)}$$

以上三式相乘得

$$G(s) = \frac{X_2(s)}{X_1(s)} \times \frac{X_3(s)}{X_2(s)} \times \frac{X_4(s)}{X_3(s)} = G_1(s)G_2(s)G_3(s) = \frac{X_4(s)}{X_1(s)} \tag{3-3}$$

即几个方块串联后的等效传递函数为各方块传递函数的乘积。从理论上讲，串联时，改变方块的排列顺序不影响总的传递函数。

2. 方块的并联

如图 3-8 所示的连接形式称为并联连接，就是把一个输入信号，同时作为若干环节的输入，而所有环节的输出端联合在一起，使总的输出信号等于各环节输出信号的总和。

$$\begin{aligned} X_5(s) &= X_2(s) + X_3(s) + X_4(s) \\ &= [G_1(s) + G_2(s) + G_3(s)]X_1(s) \\ &= G(s)X_1(s) \end{aligned} \tag{3-4}$$

所以并联时，等效传递函数为各环节传递函数相加。

3. 反馈系统

如图 3-9 所示的连接形式称为反馈连接，它是把输出信号取回来和输入信号相比较，按比较结果再作用到方块图上，而形成一个闭合回路。若比较结果为两信号之差，称为负反馈；若比较结果为两信号之和，称为正反馈。图 3-9 中 $G_1(s)$ 为系统前向通道传递函数，$G_2(s)$ 为反馈通道传递函数。

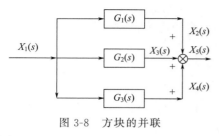

图 3-8　方块的并联

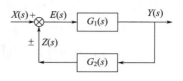

图 3-9　反馈系统

因
$$Y(s)=G_1(s)E(s)$$
$$E(s)=X(s)\pm Z(s)$$

及
$$Z(s)=G_2(s)Y(s)$$

故可得
$$Y(s)=G_1(s)[X(s)\pm Z(s)]$$
$$=G_1(s)[X(s)\pm G_2(s)Y(s)]$$
$$=G_1(s)X(s)\pm G_1(s)G_2(s)Y(s)$$

或
$$\frac{Y(s)}{X(s)}=\frac{G_1(s)}{1\pm G_1(s)G_2(s)} \qquad (3-5)$$

当系统为负反馈时
$$\frac{Y(s)}{X(s)}=\frac{G_1(s)}{1+G_1(s)G_2(s)}$$

当系统为正反馈时
$$\frac{Y(s)}{X(s)}=\frac{G_1(s)}{1-G_1(s)G_2(s)}$$

所以具有反馈环节的传递函数等于正向通道的传递函数除以 1 加（减）正向通道和反馈通道传递函数的乘积。

某些控制系统不一定是上述三种基本连接方式，可以通过等效变换，将方块图逐步简化为这三种基本形式，并应用基本运算法则求取系统等效传递函数。

第三节　对　象　特　性

在工业生产中，对象泛指工业生产设备，常见的有电动机、各类热交换器、塔器、反应器、储液槽、各种泵、压缩机等。有的生产过程容易操作，工艺变量能够控制得比较平稳；有的生产过程却很难操作，工艺变量会产生大幅度的波动，稍不谨慎就会超出工艺允许范围影响生产工况，甚至造成生产事故。只有充分了解和熟悉生产工艺过程，明确对象的特性，才能得心应手地操作生产过程，使生产工况处于最佳状态。所以，研究和熟悉常见控制对象的特性，对工程技术人员来说有着十分重要的意义。

所谓对象特性就是指对象在输入作用下，其输出变量（被控变量）随时间变化而变化的特性。通常，认为对象有两种输入，如图 3-10 所示，即操纵变量输入信号 q 和外界扰动信号 f，其输出信号只有一个

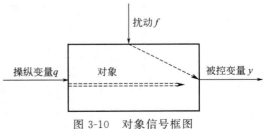

图 3-10　对象信号框图

被控变量 y。

工程上常把操纵变量 q 与被控变量 y 之间的作用途径称为控制通道，而把扰动信号 f 与被控变量 y 的作用途径称为扰动通道。

一、与对象有关的两个基本概念

① 对象的负荷：当生产过程处于稳定状态时，单位时间内流入或流出对象的物料或能量称为对象的负荷，也叫生产能力，如液体储槽的物料流量、精馏塔的处理量、锅炉的出汽量等。负荷变化的性质（大小、快慢和次数）常常被看做是系统的扰动 f。负荷的稳定是有利于自动控制的，负荷的波动（尤其大的负荷）对控制作用影响很大。

② 对象的自衡：如果对象的负荷改变后，无需外加控制作用，被控变量 y 能够自行趋于一个新的稳定值，这种性质被称为对象的自衡性。有自衡性的对象易于自动控制。

二、描述对象特性的三个参数

一个具有自衡性质的对象，在输入作用下，其输出最终变化了多少，变化的速度如何，以及它是如何变化的，可以由放大系数 K、时间常数 T、滞后时间 τ 加以描述。

① 放大系数 K：放大系数是指对象的输出信号（被控变量 y）的变化量与引起该变化的输入信号（操纵变量 q 或扰动信号 f）变化量的比值。其中，$K_0 = \Delta y / \Delta q$ 被称为控制通道的放大系数；$K_f = \Delta y / \Delta f$ 被称为扰动通道的放大系数。

K_0 大，说明在相同偏差输入作用下，对被控变量的控制作用强，有利于系统的自动控制（但 K_0 不能太大，否则，控制系统稳定性变差）；而 K_f 大，则说明对象中扰动作用强，不利于系统的自动控制，工程上常常希望 K_f 不要太大。

② 时间常数 T：时间常数是反映对象在输入变量作用下，被控变量变化快慢的一个参数。T 越大，表示在阶跃输入作用下，被控变量的变化越慢，达到新的稳定值所需要的时间就越长，工程上希望对象的 T 不要太大。

③ 滞后时间 τ：有的过程对象在输入变量变化后，输出不是立即随之变化的，而是需要间隔一定的时间后才发生变化。这种对象的输出变化落后于输入变化的现象称为滞后现象。滞后时间 τ 就是描述对象滞后现象的动态参数，滞后时间 τ 分为纯滞后 τ_0 和容量滞后 τ_n；τ_0 是由于对象传输物料或能量需要时间而引起的，一般由距离与速度来确定；而 τ_n 一般由多容或大容量的设备而引起，滞后时间 $\tau = \tau_0 + \tau_n$。对于控制通道来说希望 τ 越小越好，而对扰动通道来说希望 τ 适度大点好。

总之，当工业过程确定后，对象的特性也相应地被确定。研究对象的特性，采用不同的控制措施，就能保证高质量的生产效益。

下面用一个常见的液位储槽为例来说明对象的基本特性，如图 3-11 所示。

图中对象为一常见水槽，被控变量 y 为液位 L，操纵变量 q 是受人工（或仪表）控制的进水流量 q，干扰 f 为出水流量。根据以前所述基本概念，很容易地可以得出图 3-11 的进水阀到液面之间的对象部分是控制通道；在控制

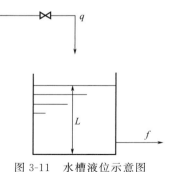

图 3-11　水槽液位示意图

阀开度不变的情况下，进水流量的意外变化或出水流量的随意改变都会影响液位 L 的变化，

这部分都是扰动通道。其中 K_0、T、τ 分别如图 3-12 所示。

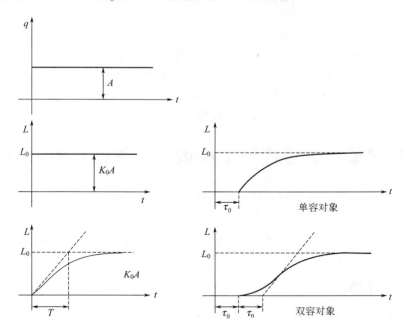

图 3-12 对象特性的三个参数 K_0、T 和 τ

当对象（水槽）的操纵变量 q 发生一个阶跃变化时，其输出变量（被控变量）液位 L 过一段时间 τ_0 才开始变化（纯滞后），经过一段过渡过程时间后才达到稳态值 L_0；而液位以初速度变化达到新的稳态值 L_0 所需的时间为时间常数 T；在液位达到稳态值后其大小 $L_0 = K_0 A$，是输入变量（操纵变量 q）的 K_0 倍，这是一个单容对象的例子。如果是双容对象，其容量滞后为 τ_n，它表示从被控变量开始变化到过渡过程曲线拐点处的切线之间所需的时间。

三、扰动通道特性对控制质量的影响

① 扰动通道静态放大系数 K_f 越大，扰动引起的输出越大，这就使被控变量偏离设定值越多。从控制的角度看，希望 K_f 越小越好。

② 扰动通道时间常数 T_f 越大，对扰动信号的滤波作用就越大，可抑制扰动作用，希望 T_f 越大越好。

③ 扰动通道滞后时间对控制系统无影响，因为 τ_f 的大小仅取决于扰动对系统影响进入的时间早晚。

四、控制通道特性对控制质量的影响

控制通道特性对被控变量的影响与扰动通道有着本质的不同，这是因为控制作用总是力图使被控变量与设定值一致，而扰动作用总是使被控变量与设定值相偏离的缘故。因此，控制通道特性对控制系统的影响大致如下。

① 控制通道静态放大系数 K_0 越大，则控制作用越强，克服扰动的能力越强，系统的稳态误差越小。同时，K_0 越大，被控变量对操纵变量的控制作用反应越灵敏，响应越迅

速。但 K_0 越大，同时带来了系统的稳定性变差。为了保证控制系统的品质指标提高，考虑系统的稳定性平稳，通常 K_0 适当选大一点。

② 控制通道时间常数 T_0 较大，控制器对被控变量的控制作用就不够及时，导致控制过程延长，控制系统质量下降；T_0 较小，又会引起系统不稳定，因此，希望 T_0 适中最佳。

③ 控制通道滞后时间 τ 越大，对系统的控制肯定不利。另外，在生产过程控制中，经常用 τ/T_0 作为反映过程控制难易程度的一种指标。一般认为 $\tau/T_0 \leqslant 0.3$ 的过程对象比较容易控制，而 $\tau/T_0 > 0.5 \sim 0.6$ 的对象就较难控制了。

第四节　过程控制工程设计中常用图例符号

控制工程中常用的图例符号通常包括字母代号、图形符号和数字编号等。将表示某种功能的字母及数字组合成的仪表位号置于图形符号之中，就表示出了一块仪表的位号、种类及功能。本节所述的图例符号适合于化工、石油、冶金、电力、轻工等工业过程检测和控制流程图之用。

一、图形符号

1. 测量点及连接线符号

测量点（包括检测元件、取样点）的图形符号一般无特殊标记，如图 3-13 所示。必要时检测元件也可以用象形或图形符号表示。通用的仪表信号线均以细实线表示。在需要时，电信号可用虚线表示；气信号在实线上打双斜线表示。如表 3-2 所示。

图 3-13　测量点及连接线符号

表 3-2　仪表与工艺设备、管道的连接线

序　号	名　称	图　形　符　号
1	仪表与工艺设备、管道的连接线	
2	通用的仪表信号线	
3	连接线交叉	
4	连接线相接	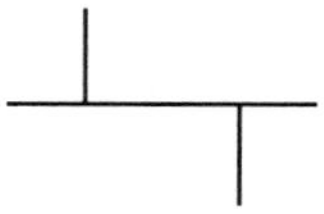
5	(1)电信号线	
	(2)气信号线	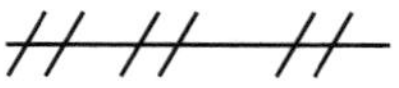
	(3)导压毛细管	
	(4)液压信号线	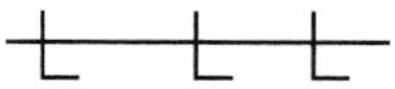
	(5)电磁、辐射、热、光、声波信号	

2. 仪表的图形符号

仪表的图形符号是一个细实线圆圈。对于不同的仪表，其安装位置也有区别，图形符号如表 3-3 所示。

表 3-3　仪表安装位置的图形符号

	现场安装	控制室安装	现场盘装
单台常规仪表	 ○	 ⊖	 ⊜
DCS	 ⊡	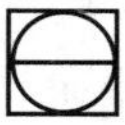 ⊟	 ⊞
计算机功能	 ⬡	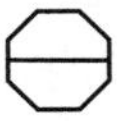 ⬡	 ⬡
可编程序控制	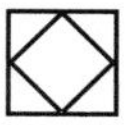 ◇	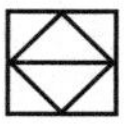 ◇	 ◇

3. 执行机构的图形符号

各种执行机构的表示方法如表 3-4 所示。

上述三种是过程控制中最常用的图形符号。其他图形符号请参照有关标准，这里不再一一列举。

表 3-4　执行机构的图形符号

序　号	名　　称	图形符号	序　号	名　　称	图形符号
1	通用的执行机构		5	电动执行机构	 M
2	带弹簧的气动薄膜执行机构		6	数字执行机构	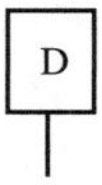 D
3	无弹簧的气动薄膜执行机构		7	电磁执行机构	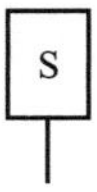 S
4	带气动阀门定位器的气动薄膜执行机构		8	活塞执行机构	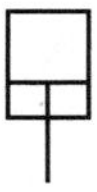

二、字母代号

1. 同一字母在不同位置有不同的含义或作用

处于首位时表示被测变量或被控变量，处于次位时作为首位的修饰，一般用小写字母表示；处于后继位时代表仪表的功能或附加功能。例如

根据上述规定，可以看出 TdRC 实际上是一个"温差记录控制系统"的代号。

2. 常用字母功能

① 首位变量字母：压力（P）、流量（F）、物位（L）、温度（T）、成分（A）。

② 后继功能字母：变送器（T）、控制器（C）、执行器（K）。

③ 附加功能：R 表示仪表有记录功能，I 表示仪表有指示功能，都放在第一位字母和后继字母之间。S 表示开关或联锁功能，A 表示报警功能，都放在最后一位。需要说明的是，如果仪表同时有指示和记录附加功能，只标注字母代号"R"；如果仪表同时具有开关和报警功能，只标注代号"A"；当"SA"同时出现时，表示仪表具有联锁和报警功能。常见字母变量的功能如表 3-5 所示。

表 3-5　字母代号含义

字母	第　一　位　字　母		后　继　字　母
	被 测 变 量 或 初 始 变 量	修 饰 词	功　　能
A	分析（成分）analytical		报警 alarm
B	喷嘴火焰 burner flame		供选用 user's choice
C	电导率 conductivity		控制 control
D	密度 density	差 differential	
E	电压（电动势）voltage		检测元件 primary element
F	流量 flow	比（分数）ratio	
G	尺度（尺寸）gauging		玻璃 glass
H	手动（人工触发）hand(manually initiated)		
I	电流 current		指示 indicating
J	功率 power	扫描 scan	
K	时间或时间程序 time or time sequence		自动-手动操作器 automatic-manual
L	物位 level		指示灯 light
M	水分或湿度 moisture or humidity		
N	供选用 user's choice		供选用 user's choice
O	供选用 user's choice		节流孔 orifice
P	压力或真空 pressure or vacuum		实验点（接头）testing point(connection)
Q	数量或件数 quantity or event	积算、积算 integrate、totalize	积分、积算 integrate、totalize
R	放射性 radioactivity		记录、打印 recorder or print
S	速度、频率 speed or frequency	安全 safety	开关或联锁 switch or interlock
T	温度 temperature		传递 transmit
U	多变量 multivariable		多功能 multifunction
V	黏度 viscosity		阀、挡板、百叶窗 valve,damper,louver
W	重量或力 weight or force		套管 well
X	未分类 undefined		未分类 undefined
Y	供选用 user's choice		继动器或计算机
Z	位置 position		驱动、执行或未分类的执行器 drive,actuate or actuate of undefined

三、仪表位号

在检测、控制系统中，构成一个回路的每台仪表（或元件）都应有自己的仪表位号。仪表位号由表示区域编号和回路编号的数字组成，通常区域编号可表示车间、工段、装置等；回路编号可按回路的自然数顺序来编。如图 3-14 所示，字母代号填写在仪表符号的上半圆中，数字编号写在下半圆。

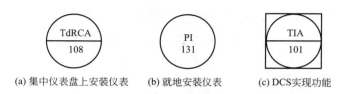

(a) 集中仪表盘上安装仪表　　(b) 就地安装仪表　　(c) DCS实现功能

图 3-14　仪表控制符号示意图

需要说明的是，在工程上执行器使用最多的是气动执行阀，所以控制符号图中，常用阀的符号代替执行器符号。同时，也不难看出图 3-2（b）水槽液位自动控制系统示意图中，液位变送器用符号 LT 表示，液位控制器用符号 LC 表示。101 表示第 1 工段 01 号仪表。

四、控制符号图表示方法示例

（1）温度变量（图 3-15）

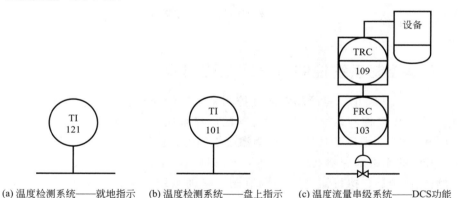

(a) 温度检测系统——就地指示　　(b) 温度检测系统——盘上指示　　(c) 温度流量串级系统——DCS功能

图 3-15　温度变量控制符号图示例

（2）压力变量（图 3-16）

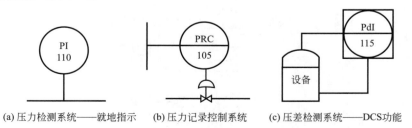

(a) 压力检测系统——就地指示　　(b) 压力记录控制系统　　(c) 压差检测系统——DCS功能

图 3-16　压力变量控制符号图示例

（3）流量变量（图 3-17）

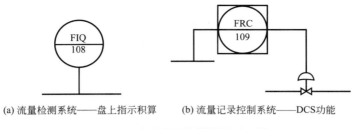

(a) 流量检测系统——盘上指示积算 (b) 流量记录控制系统——DCS功能

图 3-17 流量变量控制符号图示例

（4）液位变量（图 3-18）

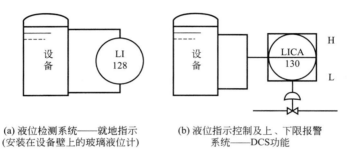

(a) 液位检测系统——就地指示
(安装在设备壁上的玻璃液位计)

(b) 液位指示控制及上、下限报警
系统——DCS功能

图 3-18 液位变量控制符号图示例

五、简单控制系统控制符号图识图初步

如图 3-19 所示为一个"氨冷却器温度控制系统"带控制点的工艺流程图。图中有两个简单控制系统，"温度控制系统"是通过氨气的流量来控制氨冷却器的物料出口温度的，是主系统。其中，TT 为温度变送器、TC 为温度控制器、执行器为气动调节阀。"液位控制系统"是通过液氨的流量来控制氨冷却器的液氨液位的，是辅助系统。其中，LT 为液位变送器、LC 为液位控制器、执行器为气动调节阀。辅助系统"液位"是为了稳定主系统"温度"而引入的附加系统。

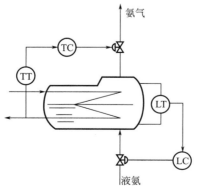

图 3-19 氨冷却器温度控制系统符号图

思考题与习题

1. 过程自动检测系统由哪几部分组成？

2. 过程自动控制系统主要由哪些环节组成？各部分的作用是什么？

3. 什么是被控对象、被控变量、控制变量（操纵变量）、设定值及干扰？画出图 3-20 所示控制系统的方块图，并指出该系统中的被控对象、被控变量、控制变量、干扰变量是什么？

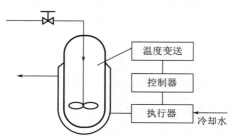

图 3-20　反应器的液位控制

4. 什么是传递函数？用传递函数描述系统的动态特性有什么好处？

5. 什么是方块图？方块图由哪些基本元素构成？

6. 已知传递函数分别为 $G_1(s)$ 和 $G_2(s)$ 的两个环节，试画出将它们分别按串联、并联、负反馈方式连接组成的方块图，并写出相应的传递函数。

7. 什么是对象特性？描述对象特性的三个参数是什么？

8. 试说明 PI-307、TRC-303、FRC-305 所代表的意义。

第四章 ▶▶▶

简单控制系统的分析与设计

本章主要介绍简单控制系统的结构及其结构中每一部分的选取原则与方法，控制器的控制规律及其选用，常用的控制器参数整定方法简单控制系统的投运及其常见故障的分析、判断与处理。

过程控制系统（Process Control System），由控制对象和过程检测控制仪表（包括测量元件与变送器、控制器和执行器）两部分组成。一个简单的过程控制系统，是指由一个测量变送器、一个控制器、一个执行器和一个控制对象所构成，只对一个被控变量进行控制的单回路闭环控制系统。图 4-1 即为这类系统的典型结构框图。

图 4-1　简单控制系统典型结构框图

作为分析设计简单控制系统的基本理论，已在控制原理等有关课程中作了讨论。这里所要讨论的是如何联系生产实际，合理选择被控变量与操纵变量、合理选择测量元件、变送器与执行器、合理选择控制器的控制规律，改进系统的控制质量，进行系统投运及控制器参数的整定等工程应用问题。

简单控制系统虽然结构简单，但却是最基本的过程控制系统，它是复杂控制系统的基础。学会了简单控制系统的工程分析、设计的处理方法，认识了一个系统里各个环节对控制质量的影响关系，懂得了系统设计的一般原则以后，就有可能联系生产实际，处理其他更复杂的系统设计问题。

第一节　系统被控变量与操纵变量的选择

控制对象指的是被控制的设备或机器，如生产过程中的各种反应器、塔器、换热器、泵、气压机和管线等。构成图 4-1 所示方框图最重要的是确定控制对象，即需要选定对象的输入信号——操纵变量和对象的输出信号——被控变量。一旦操纵变量与被控变量选定后，控制通道中的对象特性也就能确定了。

初看起来，选定被控变量与操纵变量并不难。因为自动控制系统，为工艺上某一目的服务应该是清楚的。假如工艺操作参数是温度、压力、流量、液位等，很明显被控变量就是温度、压力、流量、液位，它既直接又明确似乎无需多加讨论。至于操纵变量往往是能够调整的某一物料或能量流，即流量参数。但是在工程实际中，被控变量与操纵变量的选择，还要受到一些客观条件的制约，因此对于具体的生产工艺过程，要进行具体的分析。

一、系统被控变量的选取

被控变量（Controlled Variable）就是能够表征生产设备的运行情况，能够最好地反映工艺所需状态变化，并需要进行控制的工艺参数，如液位控制系统中的储槽液位。

被控变量的选取对于提高产品质量、安全生产以及生产过程的经济运行等都具有决定性的意义。因此，必须深入了解工艺机理，找出对产品质量、产量、安全、节能等方面具有决定性的作用，同时又要考虑人工难以操作，或者人工操作非常紧张、步骤较为烦琐的工艺变量来作为被控变量。这里给出被控变量选取的一般性原则：

① 对于定值控制，其被控变量往往可以按工艺要求直接选定；

② 选用质量指标作为被控变量，它最直接，也最有效；

③ 当不能用质量指标作为被控变量时，应选择一个与产品质量有单值对应关系的参数作为被控变量；

④ 当表征的质量指标变化时，被控变量必须具有足够的变化灵敏度或足够大小的信号。

例如，氨合成塔反应温度是表征 N_2 和 H_2 在催化剂作用下反应情况的物理量，在无法直接知道 NH_3 合成率的情况下，反应温度是衡量反应情况的间接指标，而最能反映所需状态变化的却又是床层中的热点温度，因此可以选床层中的热点温度作为被控变量。

被控变量的选取是决定控制系统有无价值的关键。因为任何一个控制系统，总是希望能够在稳定生产操作、增加产品产量、提高产品质量以及在改善劳动条件等方面发挥作用，如果被控变量选择不当，那么，配置再好的自控设备也是无用的。

二、操纵变量的选择

被控变量的选择是自动控制系统设计的第一步，当从生产过程对自动控制的要求出发，确定被控变量以后，下一步的工作就要来选取操纵变量（Manipulated Variable）了。在生产过程中，干扰是客观存在的，它是影响控制系统平衡操作的因素，而操纵变量是克服干扰影响，使系统正常运行的积极因素。为此，在设计控制回路时，要认真分析各种干扰，深入研究对象的特性，正确地选择操纵变量。只要合理地确定操纵变量，组成一个可控性良好的控制系统，就能有效地克服干扰影响，使被控变量回复到设定值（工艺上要求被控变量所保持的数值）。选择操纵变量的原则如下：

① 首先要考虑工艺上的合理性，除物料平衡调节外，一般避免用主物料流量作为操纵变量；

② 操纵变量应有克服干扰影响的校正能力，即选择的操纵变量应使对象控制通道的放大倍数为最大，这就需要根据具体的生产过程、系统的技术指标要求和控制器参数的整定范围，运用控制理论的知识具体分析计算才能确定；

③ 应使控制通道的动态响应快于干扰通道的动态响应，即对象控制通道的时间常数要小，干扰通道的时间常数要大；

④ 注意工艺操作的合理性、经济性。

第二节 测量变送在系统分析设计中的考虑

在工程上处理测量和变送是解决一个信息的获取和传送问题，测量变送环节的作用是将被控变量作正确测量，并将它转换为统一的标准信号（0.02～0.1MPa 或 0～10mA DC 或 4～20mA DC）送给控制器或人机界面。

被控变量的测量及信号变送问题十分重要，尤其是当测量信号被用作反馈控制时，如果该信号不能准确及时地反映被控变量的真实变化，控制器就很难发挥其应有的作用，从而也就难以达到预期的控制效果。

和对象特性可以由放大系数 K、时间常数 T 和滞后时间 τ 加以描述一样，测量元件和变送器的特性亦可用 K_m、T_m 和 τ_m 三个特性参数来表示（K_m、T_m 和 τ_m 即检测变送环节的放大系数、时间常数和滞后时间）。三者对控制质量的影响与对象特性参数相仿。对控制系统来说，测量和变送将主要解决以下问题。

一、纯滞后

纯滞后是设计控制系统时最感头痛的事，控制系统总的纯滞后总是降低控制质量的。在参数的测量中，最易引入纯滞后的是对象温度和物性（pH 值）参数的测量。引起纯滞后的原因有二，即测量元件安装位置和仪器本身。

例如，图 4-2 所示的 pH 值控制系统，被控变量是中和槽出口溶液的 pH 值，取样口设置在离中和槽距离为 l_1 的出口管路上，若取样管路的长度为 l_2，那么，pH 值检测电极所测得的 pH 值在时间上就延迟了 τ_0，其大小为

$$\tau_0 = \frac{l_1}{V_1} + \frac{l_2}{V_2} \tag{4-1}$$

式中，V_1、V_2 分别为出口管路与取样管路中流体的流速。这一滞后使测量信号不能及时反映中和槽内溶液 pH 值的变化，降低了控制质量。

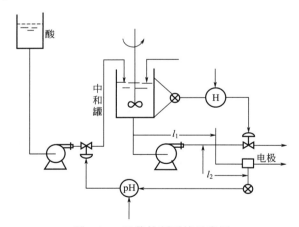

图 4-2　pH 值控制系统示意图

要消除纯滞后，一要确定合适的安装位置，二可采用纯滞后补偿环节来改善控制品质。

二、测量滞后

测量滞后是由测量元件本身所引起的动态误差，即测量元件的时间常数所引起的滞后。图 4-3 所示为测量元件时间常数 T_m 对测量过程的影响。若被控变量 y 作阶跃变化时，测量值 z 慢慢靠近 y，如图 4-3（a）所示。显然，前一段两者距离很大；若 y 作递增变化，z 则一直跟不上去，如图 4-3（b）所示。若 y 作周期性变化，则 z 的振荡幅值将比 y 小，而且

落后一个相位，如图 4-3（c）所示。

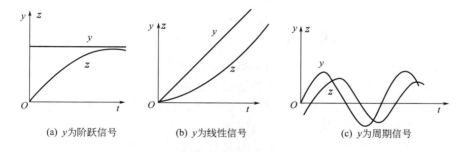

(a) y 为阶跃信号　　(b) y 为线性信号　　(c) y 为周期信号

图 4-3　测量元件时间常数对测量过程的影响

测量元件时间常数 T_m 越大，以上现象越显著。若将 T_m 大的测量元件用于控制系统，当被测变量变化时，由于测量值没有反映被控变量的真实值，控制器得到的是一个失真信号，以致表面上看来系统虽然按照预期的性能指标进行控制，但实际的结构并不能达到预期的要求，使控制器不能正常地发挥作用，必然导致控制质量的下降。

克服测量滞后的方法如下。

① 选择快速的测量元件：为了克服测量滞后的影响，一个根本的办法就是选择快速的测量元件。测量元件的时间常数 T_m 越小，对控制越有利。大体上选择测量元件的时间常数为控制通道时间常数的 1/10 以下为宜。

② 正确选择安装位置：在自动控制系统中，以温度控制系统的测量元件和质量控制系统的采样装置所引起的测量滞后为最大，它与元件外围的流体流动状态、流体的物料性质及停滞层厚度有关，如果把测量元件安装在死角或容易挂料、结焦的地方，将大大增加测量滞后。因此，在设计控制系统时，要合理选择测量元件的安装位置，最好能选择在对被控变量的变化反应较灵敏的位置。

合理选择安装位置不仅能减小测量滞后，还可以缩短纯滞后，这对于改善系统的控制质量是十分有利的。

③ 正确使用微分单元：测量滞后大的系统，引入微分作用是解决问题的好办法。微分作用相当于在偏差产生的初期，控制器会使执行机构移动一个多于应调的距离，出现暂时的过调，然后再按其他控制作用规律（如比例或比例积分），进行进一步调整，而使执行机构慢慢地回复到平衡位置。这种预先的过调作用，用来克服测量滞后或对象滞后，就相当于有一个超前作用，在使用得当时，这个正比于偏差变化速度的暂时过调，会大大改善控制质量。

引入微分作用，是解决系统测量滞后大的好办法。但是，对于纯滞后信号，微分作用是无能为力的。因为微分作用与偏差的变化速度成正比，在纯滞后时间里，其变化速度等于零，这时微分单元不可能有输出信号，也不可能起到超前作用。常有人认为，加了微分作用对纯滞后多少会有一点好处，这是一种误解。因为纯滞后和容量滞后常常在一起，加了微分作用，实际上是克服了容量滞后，提高了控制质量。

三、信号传输滞后

信号传输滞后主要存在于采用气动仪表的系统中，由于气压管线过长，气压信号传输较慢，从而导致信号传输滞后。克服办法如下：

① 缩短气压信号传输距离；

② 可在传送线上加气动继动器，或在终端加气动阀门定位器，以增大输出功率，减小传输滞后。

四、测量信号的处理

测量、变送装置的输出，有时不可避免地混杂有各种各样的随机干扰信号，即噪声。例如，某些容器内的液位本身波动剧烈，液位变送器的输出也波动不息。若对测量信号不加分析和处理直接送往控制器，也就把噪声引入了控制器，这有可能会引起控制器的误动作，这种情况对控制是不利的，有时甚至是非常有害的。

一般说来，在以下情况，必须对测量信号进行处理再送往控制器。

① 对呈周期性的脉动信号进行低通滤波：在流体输送过程中，由于输送机械的往复运动，液体的压力和流量呈现周期性的脉动变化，使参数时高时低，它的频率与输送机械的往复频率相一致，如以往复泵输送液体时的流量所呈现的细脉动现象，就属此情况。这种周期性变化的脉动信号，当其平均值不变时，控制系统根本不需要工作。但控制器是根据信号偏差工作的，脉动信号构成脉动的偏差信号，它使控制器的输出亦呈周期性的变化，从而使控制阀不停地开大关小。显然这种控制过程是徒劳无益的，弄得不好系统产生共振，反而加剧了被控变量的波动，同时也使控制阀杆加速磨损，影响寿命。在实际生产过程中，一般采用如图 4-4 所示的一阶惯性环节进行低通滤波，其中 T 为滤波时间常数。一阶惯性环节的幅频特性表明，在低频时其动态增益近似为 1，随着频率的增高动态增益大大下降，因而起到了低频容易通过而高频不易通过的低通滤波作用。

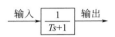

图 4-4 一阶惯性低通滤波环节

对于低频干扰信号可采用高通滤波器，对呈现剧烈跳动的测量信号，应采用剔除跳变信号的滤波措施。模拟滤波一般采用 RC 电路，对于计算机控制系统可采用数字滤波。

② 信号处理：输入输出呈非线性关系的检测变送信号，给指示、记录和观察都带来了不便，而且有时控制上也希望测量变送环节为线性，因而需要做线性化处理。例如，对差压变送器信号 Δp 进行开方运算、热电偶信号进行线性化处理等。

第三节 执行器的选择

执行器是控制系统中最终执行控制任务的一个重要环节，它选择的好坏，对系统能否很好地起控制作用关系甚大。实践证明，在过程控制系统设计中，若控制阀特性选用不当，阀门动作不灵活，口径大小不合适，都会严重影响控制质量。所以，在系统设计时，应根据生产过程的特点、被控介质的情况（如高温、高压、剧毒、易燃易爆、易结晶、强腐蚀、高黏度等）、安全运行和推力等，选用气动、电动或液动执行器。

在过程控制中，使用最多的是气动执行器，其次是电动执行器。选择执行器时应从结构形式、阀的口径、开闭形式、流量特性等方面加以考虑，可参见本书执行器有关章节。

第四节 控制规律的选取

以上各节，分别讨论了确定被控变量和操纵变量的一些原则，选择测量变送和执行器中应该注意的有关问题。实际上，上述这些工作是确定闭环控制系统中的广义对象。本节主要讨论如何选取控制规律，确定用何种控制器，来组成一个单回路反馈控制系统，并最终完成控制系统的设计任务。在进行这项工作前，首先来了解几种基本控制规律。

一、基本控制规律

从自动控制系统方框图分析中知道，由于控制对象在种种干扰作用下，使被控变量偏离工艺所要求的设定值，即产生偏差，控制器接受偏差信号后，按一定的控制规律输出相应的控制信号，以消除干扰对被控变量的影响，从而使被控变量回到设定值上来。

所谓控制器的控制规律，就是控制器接受了偏差信号（即输入信号）后，它的输出信号（即控制信号）的变化规律。

控制器可以具有不同的工作原理和各种不同的结构形式，但它的动作规律却不外乎几种类型，最基本的控制规律有双位控制规律、比例（P）控制规律、积分（I）控制规律和微分（D）控制规律。这几种基本控制规律有的可以单独使用，如双位控制、比例控制；有的需要组合使用，如比例积分（PI）控制、比例微分（PD）控制、比例积分微分（PID）控制。

1. 双位控制 （Two-Position Control）

双位控制是最简单的控制形式。双位控制的动作规律是当测量值大于设定值时，控制器的输出为最小；而当测量值小于设定值时，则输出为最大（也可以是相反的，即当测量值大于设定值时，控制器的输出为最大；而当测量值小于设定值时，则输出为最小）。控制器的输出要么最大，要么最小。

$$p = \begin{cases} p_{\max}, e>0 \\ p_{\min}, e<0 \end{cases} \quad 或 \quad p = \begin{cases} p_{\max}, e<0 \\ p_{\min}, e>0 \end{cases}$$

也就是说，双位控制只有两个输出值，相应的控制阀也只有两个极限位置，即不是开，就是关，没有中间位置，而且从一个位置变化到另一个位置在时间上是很快的。

双位控制器是一种价格低廉、性能简单的控制器，一般适用于对控制质量要求不太高，控制对象是单容的，且容量较大，纯滞后较小，负荷变化又不太大也不太剧烈的场合。例如，仪表用压缩空气储罐的压力控制，恒温箱、电烘箱、管式炉的温度控制，均可采用双位控制规律。在实际生产中应用双位控制时，一般给定值都有一个允许偏差，有的允许范围小些，有的允许范围大些，有时甚至只要求被控变量维持在某一个比较大的范围内就可以了。因此，实际应用的双位控制都有一个中间区，也就是仪表的不灵敏区。

2. 比例控制 （Proportional Control）

在双位控制系统中，由于双位控制器只有两个特定的输出值，系统无法平衡，被控变量始终是持续的等幅振荡过程。这对于被控变量稳定要求较高的控制系统是不能满足要求的。

在人工操作实践中认识到，如果能够使控制阀的开度与被控变量的偏差成比例，就有可能使被控变量趋于稳定，以达到平衡状态。这种阀门开度的改变量（亦即控制器输出的改变量）与被控变量的偏差值成正比的控制规律，称为比例控制规律。

对于定值系统，比例控制器的输出信号 p （指变化量）与输入偏差信号 e 之间呈比例关系，即

$$p = K_p e \tag{4-2}$$

式中，K_p 为可调的比例放大倍数（或称比例增益）。

在研究控制器的特性时，常常用阶跃信号模拟偏差输入。这种阶跃信号，表示在某一个

瞬间突然阶梯式跃变加到系统上的一个扰动，并持续保持跃变的幅值。显然，这种扰动形式，对系统而言比较突然，比较危险，对被控变量的影响也最大。如果一个自动控制系统能有效地克服阶跃扰动的影响，则对于克服其他缓变扰动的影响一定不成问题。

图 4-5 表示出了比例控制器在阶跃输入下的比例控制特性。比例放大倍数 K_p 可以大于 1，也可以小于 1。

在比例控制规律中，放大倍数 K_p 的大小表征了比例控制作用的强弱。K_p 越大，比例控制作用越强（注意：并不是越大越好）；反之越弱。在工程实际中，常常不用 K_p 表征比例作用强弱，而引入了一个比例度 δ 的参数，来表征比例作用的强弱。δ 的定义式为控制器输入相对变化量与输出相对变化量的百分数，即

$$\delta = \frac{e/(y_{max}-y_{min})}{p/(p_{max}-p_{min})} \times 100\% \qquad (4-3)$$

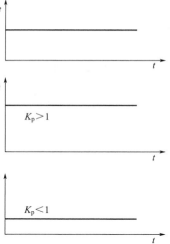

图 4-5 比例控制器阶跃响应

式中 $y_{max}-y_{min}$——控制器输入的最大变化范围，即仪表的量程范围；

$p_{max}-p_{min}$——控制器输出的最大变化范围。

式 (4-3) 的物理意义是：当控制器输出变化全范围时，输入偏差变化占输入范围的百分数。也可改写为

$$\delta = \frac{e}{p} \times \frac{p_{max}-p_{min}}{y_{max}-y_{min}} \times 100\%$$

对比式（4-2）可得

$$\delta = \frac{1}{K_p} \times \frac{p_{max}-p_{min}}{y_{max}-y_{min}} \times 100\% \qquad (4-4)$$

对于一台具体的控制器而言，$p_{max}-p_{min}$ 和 $y_{max}-y_{min}$ 均为定值，因此可令

$$\frac{p_{max}-p_{min}}{y_{max}-y_{min}} = K \qquad (4-5)$$

所以 δ 又可表示为

$$\delta = K \times \frac{1}{K_p} \times 100\% \qquad (4-6)$$

可见，比例度与比例放大倍数是倒数关系。K_p 越大，δ 越小，比例控制作用就越强。δ 的取值，一般从百分之几到百分之几百之间连续可调。实际应用中，比例度的大小应视具体情况而定，既不能太大，也不能太小。比例度太大，控制作用太弱，不利于系统克服扰动的影响，余差太大，控制质量差，就没有什么控制作用了。比例度太小，控制作用太强，容易导致系统的稳定性变差，引发振荡。由于比例度不可能为零（即 K_p 不可能为无穷大），余差就不会为零，因此，也常常把比例控制作用叫"有差规律"。为此，对于反应灵敏、放大能力强的被控对象，为了整个系统稳定性的提高，应当使比例度稍大些；而对于反应迟钝放大能力又较弱的被控对象，比例度可选小一些，以提高整个系统的灵敏度，也可相应减少余差。

比例控制规律是主要的、基本的控制规律，在大多数工业对象控制中都适用。单纯的比例控制适用于扰动不大，滞后较小，负荷变化小，要求不高，允许有一定余差存在的场合。例如，像一些塔釜液位、储槽液位、冷凝器液位和次要的蒸汽压力控制系统等，均可采用比

例控制。如果比例控制使用得当，就能满足一般控制系统的要求。

3. 比例积分控制（Proportional-Integral Control）

由于比例控制存在余差，因此，对于工艺条件要求较高不允许余差存在的情况下，比例控制就不能满足要求了，必须在比例控制的基础上，进行再控制，这个再控制的任务在控制系统中，就由积分作用来完成。

积分（I）控制规律数学表达式为

$$p_i = K_i \int e \, dt \tag{4-7}$$

由式(4-7)可知，积分控制器的输出 p_i 与输入偏差 e 对时间的积分成正比。这里的"积分"，指的就是"累积"的意思，累积的结果是与基数和时间有关的，积分控制器的输出，不仅与输入偏差的大小有关，而且还与偏差存在的时间有关。只要偏差存在，输出就不会停止累积（输出值越来越大或越来越小），一直到偏差为零时，累积才会停止，所以，积分控制可以消除余差。积分控制规律又称为无差控制规律。

如果输入的偏差 e 为阶跃信号，即从 t_0 时刻以后 e 为常数（设为 A），则积分输出为

$$p_i = K_i \int e \, dt = K_i \int A \, dt = K_i A t$$

式中，K_i、A 均为常数。因此，控制器输出 p 随着时间推移将线性增长，增长的快慢取决于积分速度 K_i。实用中采用积分时间 T_i 代替 K_i，$T_i = \dfrac{1}{K_i}$。所以式(4-7)又可以写成

$$p_i = \frac{1}{T_i} \int e \, dt \tag{4-8}$$

则阶跃输入的积分响应可表示为

$$p_i = \frac{1}{T_i} A t$$

图 4-6 描绘了积分控制在不同的积分时间下的阶跃响应。由图可见，积分时间 T_i 的大小表征了积分控制作用的强弱。T_i 越小，积分曲线上升得越快，意味着积分控制作用越强；反之，T_i 越大，积分曲线上升得越慢，积分控制作用越弱。当 T_i 太大时，就失去积分控制作用。同样，并非 T_i 越小越好，而是要根据不同的被控对象和被控变量选取适当的 T_i 值。

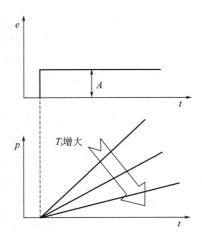

图 4-6　积分控制阶跃响应

值得一提的是，在积分控制过程中，当偏差被积分控制作用消除后，其输出并非也随之消失，而是可以稳定在任意值上。因为实际积分控制器中的输出积累，是通过对电容（气容）充、放电（气）实现的，这种电容（气容）具有非常好的保持特性。正是有了输出的这种控制作用，才能维持被控变量的稳定。其动态过程可用图 4-7 示意。

积分控制虽然能消除余差，但它存在着控制不及时的缺点。因为积分输出的累积是渐进的，其产生的控制作用总是落后于偏差的变化，不能及时有效地克服干扰的影响，难以使控制系统稳定下来。所以，实用中一般不单独使用积分控制规律，而是和比例控制作用一起构成比例积分（PI）控制器。这样，取二者之长，互相弥补，既有比例控制作用的迅速及时，

又有积分控制作用消除余差的能力。因此，比例积分控制可以实现较为理想的过程控制。

比例积分控制规律的数学表达式为

$$p_{pi} = p_p + p_i = K_p \left(e + \frac{1}{T_i} \int e \, dt \right) \tag{4-9}$$

式中，p_p、p_i 分别表示比例部分输出和积分部分输出，其中积分部分的输出是叠加在比例输出的基础上。若输入是幅值为 A 的阶跃偏差时，代入式(4-9) 可得

$$p_{pi} = K_p A + \frac{K_p}{T_i} A t \tag{4-10}$$

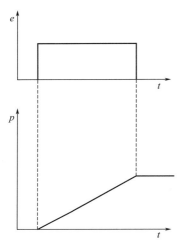

图 4-7　积分动态特性

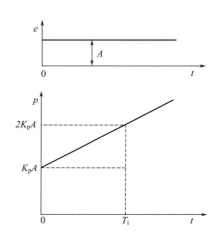

图 4-8　比例积分控制阶跃响应

画出其阶跃响应如图 4-8 所示。图中垂直上升部分 $K_p A$ 是比例输出；缓慢上升部分 $K_p/T_i A t$ 是积分输出。利用上述关系式，可以用实验测定积分时间 T_i 和比例放大倍数 K_p。方法是：给 PI 控制器输入一个幅值为 A 的阶跃信号后，立即记录下输出的跃变值 $K_p A$，同时启动秒表，当输出上升至 $K_p A$ 的两倍时停表，记下的时间就是积分时间 T_i（因为 $t = T_i$ 时，$p = 2K_p A$），跃变值 $K_p A$ 除以 A 就是 K_p 值。

比例积分控制是目前应用最广泛的一种控制规律，多用于工业生产中液位、压力、流量等控制系统。由于引入积分作用能消除余差，弥补了纯比例控制的缺陷，获得较好的控制质量。但是积分作用的引入，会使系统的稳定性变差。对于有较大惯性滞后的控制系统，要尽可能避免使用积分控制作用。

4. 比例微分控制（Proportional-Differential Control）

上面介绍的比例积分控制规律，虽然既有比例作用的及时、迅速，又有积分作用的消除余差能力，但对于有较大时间滞后的被控对象使用不够理想。为此，人们设想能否根据偏差的变化趋势来做出相应的控制动作呢？微分控制就是按照偏差变化趋势进行的操作，其数学表达式为

$$p_d = T_d \frac{de}{dt} \tag{4-11}$$

式中　T_d——微分时间；

$\mathrm{d}e/\mathrm{d}t$——偏差变化的速度。

式（4-11）说明：微分控制器的输出仅仅与输入偏差的变化速度成比例，所以如果偏差为一固定值没有变化，即 $\mathrm{d}e/\mathrm{d}t=0$，不管它有多大，微分控制器都没有任何控制作用。

式（4-11）表示了一种理想的微分控制特性。如果在 t_0 时刻输入一个阶跃偏差，则控制器只在 t_0 时刻输出一个无穷大（$\mathrm{d}t\rightarrow0$，$\mathrm{d}e/\mathrm{d}t\rightarrow\infty$）的信号，其余时间输出均为零，如图4-9所示。这种理想的微分控制既无法实现（瞬间输出达无穷大），也没有什么实用价值。

实际的微分作用如图4-10所示。在阶跃偏差输入的瞬间，输出有一个较大的跃升，然后按照指数规律逐渐下降至零。显然，这种实际微分控制作用的强弱，主要看输出下降得快与慢。决定其下降快慢的重要参数就是微分时间 T_d。T_d 越大，下降得就越慢，微分输出维持的时间就越长，因此微分作用越强；反之则越弱。当 $T_d=0$ 时，就没有微分控制作用了。同理，微分时间 T_d 的选取，也是根据需要确定的。

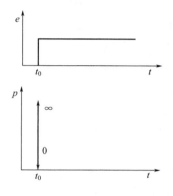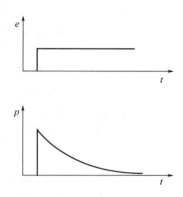

图 4-9　理想微分特性　　　　　　　图 4-10　实际微分作用特性

综上所述，微分控制作用的特点是：动作迅速，具有超前调节功能，可有效改善被控对象有较大时间滞后的控制品质；但它不能消除余差，尤其是对于恒定偏差输入时，根本就没有控制作用。因此，不能单独使用微分控制规律。实用中，常和比例、积分控制规律一起组成比例微分（PD）或比例积分微分（PID）控制规律。

比例微分控制规律的数学表达式为

$$p_{\mathrm{pd}}=K_{\mathrm{p}}\left(e+T_{\mathrm{d}}\frac{\mathrm{d}e}{\mathrm{d}t}\right) \tag{4-12}$$

其阶跃响应如图4-11所示。图中的曲线下降部分就是实际的微分作用，虚线部分是比例作用。可见，在微分控制作用消失以后，还有比例控制作用在继续"作用"。微分与比例作用合在一起，比单纯的比例作用更快。尤其是对容量滞后大的对象，可以减小动态偏差的幅度，节省控制时间，显著改善控制质量。

5. 比例积分微分（PID）控制

最为理想的控制当属比例积分微分控制（PID控制）规律。它集三者之长，既有比例作用的及时迅速，又有积分作用的消除余差能力，还有微分作用的超前控制功能，PID控制规律的数学表达式为

$$p_{\mathrm{pid}}=K_{\mathrm{p}}\left(e+\frac{1}{T_{\mathrm{i}}}\int e\,\mathrm{d}t+T_{\mathrm{d}}\frac{\mathrm{d}e}{\mathrm{d}t}\right) \tag{4-13}$$

其阶跃响应如图4-12所示。

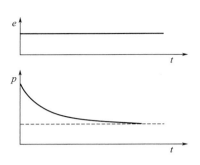

图 4-11　比例微分控制阶跃响应

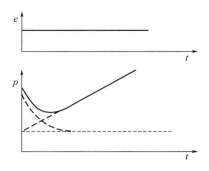

图 4-12　PID 控制器阶跃响应

当偏差阶跃出现时，微分立即大幅度动作，抑制偏差的这种跃变；比例也同时起消除偏差的作用，使偏差幅度减小，由于比例作用是持久和起主要作用的控制规律，因此可使系统比较稳定；而积分作用慢慢地把余差克服掉。只要三作用控制参数（δ、T_i、T_d）选择得当，便可以充分发挥三种控制规律的优点，得到较为理想的控制效果。

一个具有三作用的 PID 控制器，当 $T_i = \infty$、$T_d = 0$ 时，为纯比例控制器；当 $T_d = 0$ 时，为比例积分（PI）控制器；当 $T_i = \infty$ 时，为比例微分（PD）控制器。使用中，可根据不同的需要选用相应的组合进行控制。通过改变 δ、T_i、T_d 这三个可调参数，以适应生产过程中的各种情况。对于设计并已经安装好的控制系统而言主要是通过调整控制器参数来改善控制质量。

三作用控制器常用于被控对象动态响应缓慢的过程，如 pH 值等成分参数与温度系统。目前，生产上的三作用控制器多用于精馏塔、反应器、加热炉等温度自动控制系统。

二、控制规律的选用

上述控制规律是为了适应不同的生产要求而设计的，因此，必须根据生产的要求选用适当的控制规律。如选用的不当，不但不能起到控制作用，反而会造成生产事故，破坏生产。对于不同的工业对象，其控制规律的选用大致归纳如下。

① 对于对象控制通道时间常数较小，负荷变化不大，工艺要求不太高，被控变量可以有余差以及一些不太重要的控制系统，可以只用比例控制规律（P），如中间储罐的压力、液位控制、精馏塔的塔釜液位等。

② 对于控制通道时间常数较小，负荷变化不大，而工艺变量不允许有余差的系统，如流量、压力和要求严格的液位控制，应当选用比例积分控制规律（PI）。

③ 由于微分作用对克服容量滞后有较好的效果，对于容量滞后较大的对象（如温度、成分、pH 值）一般引入微分，构成 PD 或 PID 控制规律。对于纯滞后，微分作用无效。对于容量滞后小的对象，可不必用微分规律。

总之，对于一个控制系统来说，比例作用是主要的、基本的。为了消除余差可引入积分作用；为了克服测量滞后可引入微分作用；如果工艺要求无余差，对于滞后较大的对象就应该采用 PID 三作用控制规律。当控制通道的时间常数或滞后时间很大时，并且负荷变化也很大的场合，简单控制系统很难满足工艺要求，就应当采用复杂系统来提高过程控制的质量。一般情况下，可按表 4-1 来选用控制规律。

表 4-1　控制规律选择参考

变　量	流　量	压　力	液　位	温度、pH 值
控制规律	PI	PI	P、PI	PID

对于简单控制系统来说，系统的被控变量、操纵变量、执行器和控制规律确定后，系统的控制方案也就确定了下来，下面以一个生产实例来加以说明。

例如，图 4-13 中，工艺要求冷凝器的液位要控制在设定值的 50% 左右，经分析发现，该冷凝器的液位是能反映冷凝器工作状态的一个重要变量，而且是工艺要求的直接指标，也就是需要经常控制、又独立可调且易于检测的变量，因此把液位选择为被控变量应该最为合适。然而，能影响冷凝器液位的因素较多，如进入冷凝器的液态丙烯流量的大小，气态丙烯排出流量的大小，冷凝器内的温度、压力等都可以导致液位发生变化。经分析，认为液态丙烯的流量对液位影响最大，也最直接，而且还不是主物料流量，因此可以作为操纵变量。

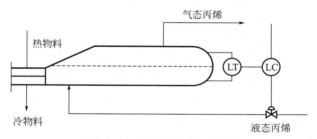

图 4-13　冷凝器的液位控制

执行器应选用"气开阀"，这是因为在任何时候，冷凝器的液态丙烯液位都不能过高，否则将造成气态丙烯带液而出现事故，也就是说，一旦控制器 LC 送出信号为零（或气源中断），应使执行器（控制阀）关死，而恢复气源或控制器有控制信号来时，控制阀应能打开。由于上述举例为液位控制，因此可选择比例（P）或比例积分（PI）控制规律。

第五节　控制器的参数整定

当控制系统方案已经确定，设备安装完毕后，那么控制系统的品质指标就主要取决于控制器参数的数值了。因此，如何确定最合适的比例度 δ、积分时间 T_i 和微分时间 T_d，以保证控制系统的质量就成为非常关键的工作了。通常把确定最合适的比例度 δ、积分时间 T_i 和微分时间 T_d 的方法称为控制器的参数整定。控制器参数的整定方法很多，常用整定方法有：经验试凑法、临界比例度法和衰减曲线法。下面就对这几种方法分别加以介绍。

一、经验试凑法

这是一种在实践中很常用的方法，该法是多年操作经验的总结。具体做法是：在闭环控制系统中，根据控制对象的情况，先将控制器参数设在一个常见的范围内（如表 4-2 所示），然后施加一定的干扰，以 δ、T_i、T_d 对过程的影响为指导，对 δ、T_i、T_d 逐个整定，直到满意为止。

表 4-2 控制器参数的大致范围

控制系统	$\delta/\%$	T_i/min	T_d/min	说明
流量	40～100	0.1～1		对象时间常数小、有杂散干扰;δ 应大,T_i 较短,不必用微分
压力	30～70	0.4～3		对象滞后一般不大;δ 略小,T_i 略大,不用微分
液位	20～80			δ 小,T_i 较大,要求不高时可不用积分,不用微分
温度	20～60	3～10	0.5～3	对象多容量,容量滞后大,δ 小,T_i 大,加微分作用

试凑的顺序有如下两种。

（1）先整定 δ，再整定 T_i，最后整定 T_d

① 比例度整定：首先置积分时间至最大，微分时间为 0，再将比例度由大逐渐减小，观察由此而得的一系列控制过程曲线，查到曲线认为最佳为止。

② 积分时间整定：把 δ 稍放大 10%～20%，引进积分；将积分时间由大到小进行改变，使其得到比较好的控制曲线；最后在这个积分时间下再改变比例度，看控制过程曲线有无变化，如有变好，则就朝那个方向再整定比例度；若没有变化，可将原整定的比例度减小一些，改变积分时间看控制过程有否变好，这样经过多次的反复试凑，就可得到满意的过程曲线。

③ 微分时间整定：然后引入微分作用，使微分时间由小而大进行变化，但增大微分时间时，可适当减小比例度和积分时间，然后对微分时间进行逐步试凑，直至最佳。

在整定中，若观察到曲线振荡频繁，应当增大比例度（目的是减小比例作用）以减小振荡；曲线最大偏差大且趋于非周期时，说明比例控制作用小了，应当加强，即应减小比例度。当曲线偏离设定值，长时间不回复，应减小积分时间，增强积分作用；如果曲线一直波动不止，说明振荡严重，应当加长积分时间以减弱积分作用。如果曲线振荡的频率快，很可能是微分作用强了，应减小微分时间；如果曲线波动大而且衰减慢，说明微分作用较小，未能抑制住波动，应加长微分时间。总之，一面看曲线，一面分析和调整，直到满意为止。

（2）先整定 T_i、T_d，再整定 δ

从表 4-2 中取 T_i 的某个值。如果需要微分，则取 $T_d = (1/3～1/4)T_i$。然后对 δ 进行试凑，也能较快达到要求。实践证明，在一定范围内适当组合 δ 与 T_i 数值，可以获得相同的衰减比曲线。也就是说，δ 的减小可用增加 T_i 的办法来补偿，而基本上不影响控制过程的质量。所以，先确定 T_i、T_d，再确定 δ 也是可以的。

二、临界比例度法

临界比例度法又称稳定边界法，是一种闭环整定方法。由于该方法直接在闭环系统中进行，不需要测试系统的动态特性，因而方法简单、使用方便，得到了较为广泛的应用。具体步骤如下。

① 先将 T_i 置于最大（$T_i = \infty$），T_d 置零（$T_d = 0$），δ 置为较大的数值，使系统投入闭环运行。

② 当整个闭环控制系统稳定以后，对设定值施加一个阶跃扰动，并减小 δ，直到系统出现如图 4-14 所示的等幅振荡，即临界振荡过程，记录下此时的 δ_K（临界比例度）和 T_K（临界振荡周期）。

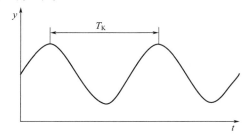

图 4-14 临界振荡示意图

③ 根据记录的 δ_K 和 T_K，按表 4-3 给出的经验公式计算出控制器的 δ、T_i 及 T_d 参数。

表 4-3　临界比例度法参数计算

控　制　作　用	比例度 $\delta/\%$	积分时间 T_i/min	微分时间 T_d/min
P	$2\delta_K$		
PI	$2.2\delta_K$	$0.85T_K$	
PD	$1.8\delta_K$		$0.1T_K$
PID	$1.7\delta_K$	$0.5T_K$	$0.125T_K$

三、衰减曲线法

这种方法与临界比例度法相类似，所不同的是无需出现等幅振荡，而是要求出现一定比例的衰减振荡。具体方法如下。

① 先将 T_i 置于最大（$T_i = \infty$），T_d 置零（$T_d = 0$），δ 置为较大的数值，使系统投入闭环运行。

② 当系统稳定时，在纯比例作用下，用改变设定值的办法加入阶跃干扰，观察记录曲线的衰减比，从大到小改变比例度，直到出现如图 4-15 所示的衰减比为 4：1 的振荡过程，记录下此时的 δ_s（衰减比例度）和 T_s（衰减周期），再按表 4-4 的经验数据来确定 δ、T_i 及 T_d 参数值。

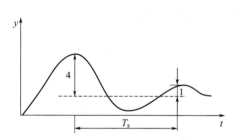

图 4-15　4：1 衰减曲线法示意图

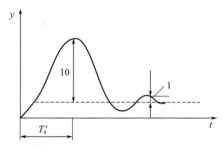

图 4-16　10：1 衰减曲线法示意图

表 4-4　4：1 衰减曲线法参数计算

控　制　作　用	比例度 $\delta/\%$	积分时间 T_i/min	微分时间 T_d/min
P	δ_s		
PI	$1.2\delta_s$	$0.5T_s$	
PID	$0.8\delta_s$	$0.3T_s$	$0.1T_s$

表 4-5　10：1 衰减曲线法参数计算

控　制　作　用	比例度 $\delta/\%$	积分时间 T_i/min	微分时间 T_d/min
P	δ_s'		
PI	$1.2\delta_s'$	$2T_s'$	
PID	$0.8\delta_s'$	$1.2T_s'$	$0.4T_s'$

有些控制系统的过渡过程，4：1 的衰减仍嫌振荡过强，可采用 10：1 衰减曲线法。见图 4-16，方法同上。得到 10：1 衰减曲线，记下此时的比例度 δ_s' 和最大偏差时间 T_s'（又称响应上升时间），再按表 4-5 的经验公式来计算 δ、T_i 及 T_d 参数值。

在加阶跃干扰时，加的幅度过小则过程的衰减比不易判别，过大又为工艺条件所限制，所以一般在设定值的 5% 左右。扰动必须在工艺稳定时再加入，否则得不到正确的 δ_s、T_s 或者 δ'_s、T'_s 值。对于一些变化比较迅速、反应快的过程，在记录纸上严格得到 4:1 衰减曲线较难，一般以曲线来回波动两次达到稳定，就近似地认为达到 4:1 衰减过程了。

四、三种整定方法的比较

以上三种方法是工程上常用的方法，简单比较一下，不难看出，临界比例度法方法简单，容易掌握和判断，但使用这种方法需要进行反复振荡实验，找到系统的临界振荡状态，记录下 δ_K 和 T_K，然后才能由经验公式计算出所需参数值。所以对于有些不允许进行反复振荡实验的过程控制系统，如锅炉给水系统和燃烧控制系统等，就不能应用此法。再如某些时间常数较大的单容过程，采用比例控制时根本不可能出现等幅振荡，也就不能采用此法，所以使用范围受到了限制。

衰减曲线法能适用于一般情况下的各种控制系统，但却需要使系统的响应出现 4:1 或 10:1 的衰减振荡过程，衰减程度较难确定，从而较难得到准确的 δ_s、T_s 或者 δ'_s、T'_s 值。尤其对于一些扰动比较频繁、过程变化比较快的控制系统，不宜采用此法。

经验试凑法，简单方便，容易掌握，能适用于各种系统，特别对于外界干扰作用频繁、记录曲线不规则的系统，这种方法很合适，但时间上有时很不经济。但不管怎样，经验试凑法是用得最多的一种控制器参数整定方法。

第六节 简单控制系统的投运及故障分析

设计好控制系统后，如何把它开起来，如何模仿人工操作进行自动控制，这便是系统的投运问题。

一、系统的投运步骤

无论哪种控制系统，其投运一般都分三大步骤，即准备工作、手动投运、自动运行。

1. 准备工作

（1）熟悉工艺过程

了解工艺机理、各工艺变量间的关系、主要设备的功能、控制指标和要求等。

（2）熟悉控制方案

对所有的检测元件和控制阀的安装位置、管线走向等要做到心中有数，并掌握过程控制工具的操作方法。

（3）全面检查

对检测元件、变送器、控制器、执行器和其他有关装置，以及气源、电源、管路等进行全面检查，保证处于正常状态。

（4）负反馈控制系统的构成

过程控制系统应该是具有被控变量负反馈的闭环系统。即如果被控变量值偏高，则控制作用应该使之降低；反之，若被控变量值偏低，则控制作用应该使之升高。控制作用对被控变量的影响应与干扰作用对被控变量的影响相反，才能使被控变量回复到设定值。这里，就有一个作用方向的问题。

负反馈的实现，完全取决于构成控制系统各个环节的作用方向。也就是说，控制系统中的对象、变送器、控制器、执行器都有作用方向。所谓作用方向，就是指输入变化后，输出变化的方向。当输入增大（减小）时，输出也增大（减小），称为"正作用"方向；相反，如果输出随着输入的增大（减小）而减小（增大），则为"反作用"方向。

为使控制系统构成负反馈，则四个环节的放大倍数的乘积应为"负"值。这里各个环节的放大倍数是指对象的 K_o，变送器的 K_m，控制器的 K_c 和执行器的 K_v。以下就各环节的作用方向进行分析。

① 被控对象的作用方向：确认被控变量和操纵变量，当控制阀开大时，如果被控变量增加，则对象为正作用方向，其放大倍数 K_o 为"正"；反之为反作用方向，K_o 为"负"。换句话说，所谓正作用对象是指：当被控对象的输入量（操纵变量）增加（或减小）时，对象的输出量（被控变量）也随之增加（或减小）。反作用对象则相反。

例如，图 4-17 所示的储槽液位控制系统，被控变量为储槽液位 L，操纵变量为流体流出的流量 F。当控制阀开大时，F 增大，则 L 下降，所以该对象的作用方向为反作用方向，K_o 为"负"。

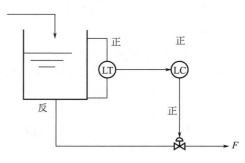

图 4-17　液位控制系统

② 变送器的作用方向：因为变送器的输出信号要如实反映被控变量的大小，变送器的作用方向通常都取正方向，即 K_m 通常为"正"。所以，例图中被控变量液位 L 增加，其输出信号也自然增大。

③ 执行器的作用方向（指阀的气开、气关形式）：在前面章节已经提到过，要从安全角度来选择执行器的气开、气关形式。一般来说，假若出现突发事故，断掉信号后，从安全角度，工艺上需要阀全关，则选用气开阀；若需要阀全开，则选用气关阀。气开阀的 K_v 为"正"；气关阀的 K_v 为"负"。如果本例不允许储槽液位过低，否则会发生危险，则从安全角度，选用气开阀，K_v 为"正"。

④ 控制器的作用方向：控制器的作用方向是这样确定的，测量值增大（或减小），其输出亦增大（或减小），则控制器为正作用方向，K_c 为"正"；反之，测量值增大（或减小），其输出减小（或增大），控制器则为反作用方向，K_c 为"负"。

前面三个环节的作用方向除了变送器是固定的以外，其余两个是随工艺和控制方案的确定而确定的，不能随意改变。所以就希望控制器的作用方向能具有灵活性，可根据需要任意选择和改变，从而确保控制系统为负反馈。这就是控制器一定要有正/反作用选择功能的原因所在。控制器的作用方向要由其他几个环节来决定。

因为要求 K_o、K_m、K_v 和 K_c 的乘积为"负"，在本例题中，K_o 为"负"，K_m 为"正"，K_v 为"正"，那么 K_c 就应该为"正"，即该控制器为正作用方向。

上述为简单系统控制器的作用方向选择准则及方法，目的是构成"负反馈"。如果各环节作用方向组合不当，使总的作用方向构成了正反馈，则控制系统不但不能起控制作用，反而破坏了生产过程的稳定。所以，在系统投运前必须注意检查各环节的作用方向。

（5）控制器控制规律的选择

构成负反馈的过程控制系统，只是实现良好控制的第一步，下一步就是要选择好控制器的控制规律。控制规律对控制质量影响很大，必须根据不同的过程特性（包括对象、检测元件、变送器及执行器作用途径等）来选择相应的控制规律，以获得较高的控制质量，参看本章第四节。

2. 手动投运

① 通气、加电，首先保证气源、电源正常。

② 测量、变送器投入工作，用高精度的万用表检测测量变送器信号是否正常。

③ 使控制阀的上游阀、下游阀关闭，手调副线阀门，使流体从旁路通过，使生产过程投入运行。

④ 用控制器自身的手操电路进行遥控（或者用手动定值器），使控制阀达到某一开度等生产过程逐渐稳定后，再慢慢开启上游阀，然后慢慢开启下游阀，最后关闭旁路，完成手动投运。

3. 切换到自动状态

在手动控制状态下，一边观察仪表指示的被控变量值，一边改变手操器的输出信号（相当于人工控制器）进行操作。待工况稳定后，即被控变量等于或接近设定值时，就可以进行手动到自动的切换。

如果控制质量不理想，微调 PID 的 δ、T_i 及 T_d 参数，使系统质量提高，进入稳定运行状态。

4. 控制系统的停车

停车步骤与开车相反。控制器先切换到手动状态，从安全角度使控制阀进入工艺要求的关、开位置，即可停车。

二、系统的故障分析、判断与处理

过程控制系统投入运行，经过一段时间的使用后会逐渐出现一些问题。掌握一些常见的故障分析和故障处理方法，对维护生产过程的正常运行具有重要的意义。下面简单介绍一些常见的故障判断和处理方法。

1. 过程控制系统常见的故障

① 控制过程的控制质量变坏。

② 检测信号不准或仪表失灵。

③ 控制阀控制不灵敏。

④ 压缩机、大风机的输出管道喘振。

⑤ 反应釜在工艺给定的温度下产品质量不合格。

⑥ DCS 现场控制站 FCS 工作不正常。

⑦ 在现场操作站 OPS 上运行软件时找不到网卡存在。

⑧ DCS 执行器操作界面显示"红色通信故障"。

⑨ DCS 执行器操作界面显示"红色模板故障"。

⑩ 显示画面各检测点显示参数无规则乱跳等。

2. 故障的简单判别及处理方法

在工艺生产过程出现故障时，首先判断是工艺问题还是仪表本身的问题，这是故障判别的关键。一般来讲主要通过下面几种方法来判断。

（1）记录曲线的比较

① 记录曲线突变：工艺变量的变化一般是比较缓慢的、有规律的。如果曲线突然变化

到"最大"或"最小"两个极限位置上，则很可能是仪表的故障。

② 记录曲线突然大幅度变化：各个工艺变量之间往往是互相联系的，一个变量的大幅度变化一般总是引起其他变量的明显变化，如果其他变量无明显变化，则这个指示大幅度变化的仪表（或其附属元件）可能有故障。

③ 记录曲线不变化（呈直线）：目前的仪表大多数很灵敏，工艺变量有一点变化都能有所反映。如果较长时间内记录曲线一直不动或原来的曲线突然变直线，就要考虑仪表有故障。这时，可以人为地改变一点工艺条件，看看仪表有无反应，如果无反应，则说明仪表有故障。

（2）控制室仪表与现场同位仪表比较

对控制室的仪表指示有怀疑时，可以去看现场的同位置（或相近位置）安装的直观仪表的指示值，两者的指示值应当相等或相近，如果差别很大，则仪表有故障。

（3）仪表同仪表之间比较

对一些重要的工艺变量，往往用两台仪表同时进行检测显示，如果二者不同时变化，或指示不同，则其中一台有故障。

3. 典型问题的经验判断及处理方法

常见故障的发生原因及处理方法归纳如表 4-6 所示。

表 4-6 故障的经验判断及处理方法

故　　障	原　　因	处 理 方 法
控制过程的控制质量变坏	对象特性变化,设备结垢	调整 PID 参数
检测信号不准或仪表失灵	测量元件损坏,管道堵塞,信号断线	分段排查更换元件
控制阀控制不灵敏	阀芯卡堵或腐蚀	更换
压缩机、大风机的输出管道喘振	控制阀全开或全闭	不允许全开或全闭
反应釜在工艺给定的温度下产品质量不合格	测量温度信号超调量太大	调整 PID 参数
DCS 现场控制站 FCS 工作不正常	FCS 接地不当	接地电阻小于 4Ω
在现场操作站 OPS 上运行软件时找不到网卡存在	工控机上网卡地址不对,中断设置有问题	重新设置
DCS 执行器操作界面显示"红色通信故障"	通信连线有问题或断线	按运行状态设置"正常通信"
DCS 执行器操作界面显示"红色模板故障"	模板配置和插接不正确	重插模板,检查跳线、配置
显示画面各检测点显示参数无规则乱跳等	输入、输出模拟信号屏蔽故障	信号线、动力线分开;变送器屏蔽线可靠接地

思考题与习题

1. 什么是简单控制系统？试画出其典型方块图。

2. 在控制系统的设计中，被控变量的选择应遵循哪些原则？

3. 在控制系统的设计中，操纵变量的选择应遵循哪些原则？

4. 在控制系统的设计中，被控变量的测量应注意哪些问题？

5. 常用控制器的控制规律有哪些？各有什么特点？适用于什么场合？

6. 为什么比例控制存在余差？

7. 为什么一般不单独使用积分作用？为什么引入积分能消除余差？积分作用的优点是否仅仅在于消除余差？

8. 控制器参数整定的任务是什么？常用的参数整定方法有哪几种？

9. 试简述用临界比例度法整定控制器参数的步骤及注意事项。

10. 试简述用衰减曲线法整定控制器参数的步骤及注意事项。

11. 试简述用经验试凑法整定控制器参数的步骤及注意事项。

12. 简述简单控制系统的投运步骤。

13. 有一加热设备利用蒸汽将物料加热，并用搅拌器不停地搅拌物料，到物料达到所需温度后排出。试问：

（1）影响物料出口温度的主要因素有哪些？

（2）如果要设计一温度控制系统，被控变量与操纵变量应选什么？为什么？

（3）如果物料在温度过低时会凝结，应如何选择控制阀的开关形式及控制器的正反作用？

14. 图 4-18 为某炼油厂加氢精制装置的加热炉，工艺要求严格控制加热炉出口温度，如果以燃料油为操纵变量，试画出其简单的温度控制流程图，并按"负反馈"的准则分析判断各单元作用方向。

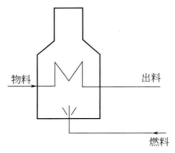

图 4-18　加热炉工艺流程图

第 **五** 章 ▶▶▶

复杂控制系统

本章主要介绍生产中最为常用的串级控制系统、前馈-反馈控制系统、比值控制系统、均匀控制系统、分程控制系统和选择性控制系统的概念、原理、结构、特点与应用，着重讲述串级控制系统的设计与参数整定，并以工程实例对控制流程图进行识图分析。

根据控制系统的结构及所能实现的控制任务，控制系统一般可分为简单控制系统和复杂控制系统两大类。所谓复杂，乃是相对于简单而言的。凡是多变量，两个以上变送器、两个以上控制器或两个以上控制阀组成的多回路自动控制系统；或者虽然在结构上仍是单回路，但系统所实现的任务较特殊的自动控制系统，都可以称为复杂控制系统（Complex Control System）。

上一章讨论的简单控制系统，由于需要自动化工具少，设备投资少，维修、投运、整定较简单，而且生产实践证明它能解决大量的生产控制问题，是最基本而且应用最广泛的生产过程控制形式，所以它是生产过程自动化的基础。但是对滞后很大的对象，被控变量互相关联需适当兼顾或者控制指标很严格等场合下，用简单控制系统难以满足生产控制要求时，就要用到复杂控制系统，本章将主要讨论串级、前馈、比值、均匀、分程、选择等几种最常用的复杂控制系统。

第一节　串级控制系统

一、串级控制系统的基本概念

什么叫串级控制系统（Cascade Control System）？它是怎样提出来的？其组成结构怎样？现以氯乙烯聚合反应釜的温度控制为例加以说明。图 5-1 所示为反应釜的温度控制示意图。图中进料自顶部进入釜中，经反应后由底部排出。反应产生的热量由夹套中的冷却水带走。为了保证生产质量，对反应釜温度 T_1 要进行严格控制。为此，选取冷却水流量为操纵变量。被控过程有三个热容积，即夹套中的冷却水、釜壁和釜中物料。引起温度 T_1 变化的干扰因素是进料和冷却水。进料方面有进料流量、进料入口温

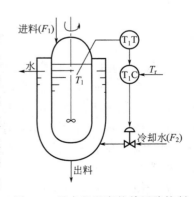

图 5-1　反应釜温度的单回路控制

和化学组成，用 F_1 表示；冷却水方面有水的入口温度和阀前压力，用 F_2 表示。图中所示为简单控制，其方块图如图 5-2 所示。

图 5-2　反应釜简单控制系统方块图

由图 5-2 可见，当冷却水方面的变量发生变化，例如冷却水入口温度突然升高时，要经过上述三个容积后才能使反应温度 T_1 升高，经反馈后控制器输出产生变化，导致控制阀开始动作，从而使冷却水流量增加，迫使温度 T_1 下降。这样，从干扰开始到控制阀动作，期间经历了比较长的时间。在这段时间里，冷却水温度的升高，使反应温度 T_1 出现了较大的偏差，这主要是由于控制不及时所致。如果能在干扰出现后，控制器立即开始动作，则控制效果就会大大改善。如何才能使控制器适时动作呢？经过分析不难看到，冷却水方面的干扰 F_2 的变化很快会在夹套温度 T_2 上表现出来，如果把 T_2 的变化及时测量出来，并反馈给控制器 T_2C，则控制动作即可大大提前了。但是仅仅依靠控制器 T_2C 的作用是不够的，因为

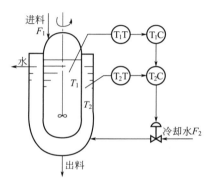

图 5-3　反应釜温度与
夹套温度串级控制

控制的最终目标是保持 T_1 不变，而 T_2C 的作用只能稳定 T_2 不变。它不能克服 F_1 干扰对 T_1 的影响，因而也就不能保证 T_1 符合工艺要求。为解决这一问题，办法之一是适当改变 T_2C 的设定值 T_{2r}，从而使 T_1 稳定在所需要的数值上。这个改变 T_{2r} 的工作，将由另一个控制器 T_1C 来完成。它的主要任务就是根据 T_1 与 T_{1r} 的偏差自动改变 T_2C 的设定值 T_{2r}。这种将两个控制器串联在一起工作，各自完成不同任务的系统结构，就是串级控制的基本思想。根据这一构思，反应釜温度串级控制示意图如图 5-3 所示。

串级控制系统的一般结构框图见图 5-4。

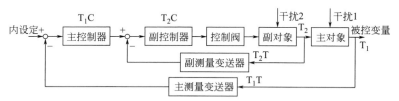

图 5-4　一般串级控制系统块图

由图 5-4 可知，串级控制系统就是一个自动控制系统由两个串联控制器通过两个测量元件构成两个控制回路，并且一个控制器的输出作为另一个控制器的给定。串级控制系统与简单控制系统的显著区别是，串级控制系统在结构上形成两个闭环，一个闭环在里面，称为副环（或副回路），它的输出送往控制阀直接控制生产过程。由此可见，串级控制系统比单回路控制系统只多了一个测量变送器和一个控制器，增多的仪表并不多，而控制效果却得到了显著的改善。

为了便于理解，现将图 5-4 中主要名词和术语简介如下。

主变量：生产过程中所要控制的工艺指标，在串级控制系统中起主导作用的那个被控变

量，如图 5-3 中的反应温度 T_1。

副变量：影响主变量的主要变量，是为稳定主变量而引入的辅助被控变量，如图 5-3 中的夹套温度 T_2。

主对象：生产过程中所要控制的，由主变量表征其主要特征的工艺生产设备（反应釜、搅拌器等）。

副对象：生产过程中影响主变量的，由副变量表征其主要特征的工艺生产设备（夹套、釜壁等）。

主控制器：在生产中起主导作用，按主变量与给定值的偏差而动作，其输出作为副变量给定值的那个控制器，如图 5-3 中的 T_1C。

副控制器：其给定值由主控制器输出决定，并按副变量与主控制器输出的偏差而动作，且直接去控制控制阀的那个控制器，如图 5-3 中的 T_2C。

主测量变送器：对主变量进行测量及信号转换的变送器，如图 5-3 中的 T_1T。

副测量变送器：对副变量进行测量及信号转换的变送器，如图 5-3 中的 T_2T。

主回路（主环或外环）：即整个串级控制系统，由主控制器、副回路等效环节、主对象及主变送器构成的闭合回路。

副回路（副环或内环）：处于串级控制系统内部的，由副变送器、副控制器、控制阀、副对象组成的内部回路。

二、串级控制系统的特点及应用范围

在串级控制系统中，主回路为定值控制系统，而副回路是随动控制系统，副回路的设定值随主控制器输出的变化而变化。但从总体角度来看，串级控制系统仍是定值控制系统，最终目的是保持主变量的恒定。因此，主被控变量在干扰作用下的过渡过程和单回路定值控制系统的过渡过程具有相同的品质指标和类似的形式。但在结构上，串级控制系统与简单控制系统相比，增加了一个副回路，因此又有它的特点，主要表现在以下几个方面。

（1）能迅速克服进入副回路的干扰，抗干扰能力强，控制质量高

为了便于分析，将图 5-4 所示串级控制系统各环节分别用传递函数代替，如图 5-5 所示。在图 5-5 中作用于副回路的干扰 F_2 称为二次干扰，在它的作用下，副回路的传递函数为

$$G_{o2}^{*}(s) = \frac{Y_2(s)}{F_2(s)} = \frac{G_{o2}(s)}{1 + G_{c2}(s)G_v(s)G_{o2}(s)G_{m2}(s)} \tag{5-1}$$

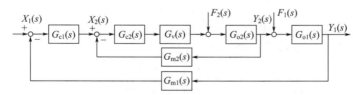

图 5-5 串级控制系统方块图

图 5-5 可等效为图 5-6 的形式。

由图 5-6 可见，在给定信号 $X_1(s)$ 作用下的传递函数为

$$\frac{Y_1(s)}{X_1(s)} = \frac{G_{c1}(s)G_{c2}(s)G_v(s)G_{o2}^{*}(s)G_{o1}(s)}{1 + G_{c1}(s)G_{c2}(s)G_v(s)G_{o2}^{*}(s)G_{o1}(s)G_{m1}(s)} \tag{5-2}$$

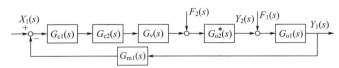

图 5-6　图 5-5 所示系统的等效方块图

在干扰 $F_2(s)$ 作用下的传递函数为

$$\frac{Y_1(s)}{F_2(s)} = \frac{G_{o2}^*(s)G_{o1}(s)}{1+G_{c1}(s)G_{c2}(s)G_v(s)G_{o2}^*(s)G_{o1}(s)G_{m1}(s)} \tag{5-3}$$

对一个控制系统而言，当在给定信号作用下，输出量越能复现输入量，即 $Y_1(s)/X_1(s)$ 越接近于"1"，则系统的控制性能越好；当在干扰作用下，控制作用能迅速克服干扰的影响，即 $Y_1(s)/F_2(s)$ 越接近于"零"，则系统的抗干扰能力就越强。通常将二者的比值作为衡量控制系统控制性能和抗干扰能力的综合指标。对于图 5-6 所示的系统则有

$$\frac{\dfrac{Y_1(s)}{X_1(s)}}{\dfrac{Y_1(s)}{F_2(s)}} = G_{c1}(s)G_{c2}(s)G_v(s) \tag{5-4}$$

假设 $G_{c1}(s)=K_{c1}$，$G_{c2}(s)=K_{c2}$，$G_v(s)=K_v$，式(5-4) 可以写成

$$\frac{\dfrac{Y_1(s)}{X_1(s)}}{\dfrac{Y_1(s)}{F_2(s)}} = K_{c1}K_{c2}K_v \tag{5-5}$$

为了便于比较，将图 5-5 所示系统采用单回路控制，其系统方块图如图 5-7 所示。

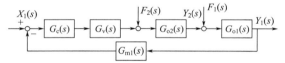

图 5-7　单回路控制系统方块图

由图 5-7 可知，在给定信号 $X_1(s)$ 作用下的传递函数为

$$\frac{Y_1(s)}{X_1(s)} = \frac{G_c(s)G_v(s)G_{o2}(s)G_{o1}(s)}{1+G_c(s)G_v(s)G_{o2}(s)G_{o1}(s)G_{m1}(s)} \tag{5-6}$$

在干扰 $F_2(s)$ 作用下的传递函数为

$$\frac{Y_1(s)}{F_2(s)} = \frac{G_{o2}(s)G_{o1}(s)}{1+G_c(s)G_v(s)G_{o2}(s)G_{o1}(s)G_{m1}(s)} \tag{5-7}$$

单回路系统的控制性能与抗干扰能力的综合指标为

$$\frac{\dfrac{Y_1(s)}{X_1(s)}}{\dfrac{Y_1(s)}{F_2(s)}} = G_c(s)G_v(s) \tag{5-8}$$

假设 $G_c(s)=K_c$，$G_v(s)=K_v$，式(5-8) 可以写成

$$\frac{\dfrac{Y_1(s)}{X_1(s)}}{\dfrac{Y_1(s)}{F_2(s)}} = K_c K_v \tag{5-9}$$

比较式(5-5)与式(5-9)，在一般情况下，有

$$K_{c1} K_{c2} > K_c \tag{5-10}$$

由上述分析可知，由于串级控制系统副回路的存在，能迅速克服进入副回路的二次干扰，从而大大减小了二次干扰对主参数的影响；此外，由于副回路的存在，控制作用的总放大系数提高了，因而抗干扰能力和控制性能都比单回路控制系统有了明显提高。

（2）改善了过程的动态特性，提高了系统的工作频率

分析比较图 5-5 和图 5-7，可以发现，串级控制系统中的副回路代替了单回路系统中的一部分过程，亦即可以把整个副回路看做是主回路中的一个环节，或把副回路称为等效对象 $G_{o2}'(s)$，那么它的传递函数为

$$G_{o2}'(s) = \frac{Y_2(s)}{X_2(s)} = \frac{G_{c2}(s) G_v(s) G_{o2}(s)}{1 + G_{c2}(s) G_v(s) G_{o2}(s) G_{m2}(s)} \tag{5-11}$$

设副回路中各环节的传递函数为 $G_{o2}(s) = K_{o2}/(T_{o2}s+1)$，$G_{c2}(s) = K_{c2}$，$G_v(s) = K_v$，$G_{m2}(s) = K_{m2}$，将上述各公式代入式(5-11)可得

$$\begin{aligned}
G_{o2}'(s) &= \frac{\dfrac{K_{c2} K_v K_{o2}}{T_{o2}s+1}}{1 + \dfrac{K_{c2} K_v K_{o2} K_{m2}}{T_{o2}s+1}} = \frac{K_{c2} K_v K_{o2}}{T_{o2}s+1+K_{c2} K_v K_{o2} K_{m2}} \\
&= \frac{\dfrac{K_{c2} K_v K_{o2}}{1+K_{c2} K_v K_{o2} K_{m2}}}{\dfrac{T_{o2}}{1+K_{c2} K_v K_{o2} K_{m2}}s+1} = \frac{K_{o2}'}{T_{o2}'s+1}
\end{aligned} \tag{5-12}$$

式中　K_{o2}'——等效过程的放大系数，$K_{o2}' = \dfrac{K_{c2} K_v K_{o2}}{1+K_{c2} K_v K_{o2} K_{m2}}$；

　　　T_{o2}'——等效过程的时间常数，$T_{o2}' = \dfrac{T_{o2}}{1+K_{c2} K_v K_{o2} K_{m2}}$。

比较 $G_{o2}(s)$ 和 $G_{o2}'(s)$，由于 $1+K_{c2} K_v K_{o2} K_{m2} \gg 1$，因此有 $T_{o2}' \ll T_{o2}$。这就说明，串级控制系统由于副回路的存在，改善了对象的动态特性，等效对象的时间常数比副对象的时间常数缩小了 $1+K_{c2} K_v K_{o2} K_{m2}$ 倍，并且随着副控制器放大倍数的增加，时间常数将缩得更小。如果参数匹配得当，在主控制器投入工作时，这个副回路能很好随动，近似于一个 $1:1$ 的比例环节，主回路的等效对象将仅仅只有 $G_{o1}(s)$，因此对象容量滞后减小，使控制过程加快，工作频率提高，所以串级控制对于克服对象容量滞后是非常有效的。

（3）对负荷和操作条件的变化适应性强

众所周知，生产过程往往包含一些非线性因素。在一定的负荷下，即在确定的工作点，按一定控制质量指标整定的控制器参数只适应于工作点附近的一个小范围。如果负荷变化过大，超出了这个范围，控制质量就会下降。在单回路控制系统中，若不采取其他措施，该问题便难以解决。但在串级控制系统中，由于等效副被控过程的等效放大系数为

$$K'_{o2}=K_{c2}K_vK_{o2}/(1+K_{c2}K_vK_{o2}K_{m2})$$

一般情况下，$1+K_{c2}K_vK_{o2}K_{m2}$ 都比 1 大得多，因此当副被控过程或控制阀的放大系数 K_{o2} 和 K_v 随负荷变化时，对 K'_{o2} 的影响不大。此外，由于副回路通常是一个随动系统，当负荷或操作条件改变时，主控制器将改变其输出，副回路又能迅速跟踪以实现及时而又精确的控制，从而保证了系统的控制品质。从上述两个方面看，串级控制系统对负荷和操作条件的变化具有较强的适应能力。

综上所述，串级控制系统由于副回路的存在，对进入其中的干扰具有较强的克服能力。由于副回路的存在，改善了对象动态特性，提高了主回路的控制质量，并且，由于副回路的快速、随动特性，使串级控制系统具有一定的自适应能力。因此对品质要求高、干扰大、滞后时间长、干扰变化激烈而且幅度大的过程，采用串级控制可获得显著效果。

串级控制系统的优点使其在工业控制中得到了较为广泛的应用，但在使用时，必须要根据工业生产的具体情况，使它的优点得到充分发挥，才能收到预期的效果。

三、串级控制系统的设计

串级控制系统的设计，关键在于对主、副变量的选择，主、副控制器正、反作用的选择及主、副控制器控制规律的选择，下面分别加以讨论。

1. 主、副变量的选择

对于主变量的选择与单回路控制时的被控变量选择原则是一样的，尤其是串级控制系统可用于滞后较大的对象，因而为直接以质量指标（如成分、密度等）为主要被控变量的控制方案的实现提供了有利条件。当主变量确定后，副变量的选择是设计串级控制系统的关键所在，有如下一些原则可供参考。

（1）副变量的选择必须使副回路包括主要干扰，且应尽可能包含较多的干扰

已经知道，串级控制系统的副回路对进入其中的干扰具有较强的克服能力。因此，在设计时一定要把主要干扰包含在副回路中，并力求把更多的干扰包含在副回路中，将影响主变量最严重、最激烈、最频繁的干扰因素抑制到最低程度，确保主变量的控制质量。当然，不是说副回路包含的干扰越多越好，因为副回路包含的干扰越多，副对象的时间滞后必然越大，从而会削弱副回路的快速、有力的控制特点。

图 5-8 是炼油厂管式加热炉原油出口温度的两种串级控制方案。图 5-8（a）是原油出口温度与燃料油阀后压力串级控制方案。该方案只适用于燃料油压力为主要干扰的场合。图 5-8（b）是原油出口温度与炉膛温度串级控制方案。该方案适用于

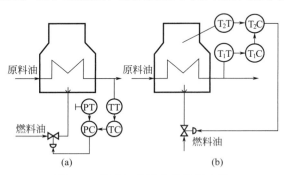

图 5-8　管式加热炉串级控制方案

燃料油压力比较稳定，而原料油的黏度、成分、处理量和燃料油热值经常波动的场合。

（2）副变量的选择必须使主、副对象的时间常数适当匹配

通常，副对象的时间常数 T_{o2} 小于主对象的时间常数 T_{o1}。这是因为如果 T_{o2} 小，副对象的控制通道就短，就能充分发挥副回路的快速、超前、有力的控制功能。但是，T_{o2} 也不能太小，如果 T_{o2} 太小，就说明副被控变量的位置很靠近主被控变量，两个变量几乎同时

变化，失去设置副环的意义。

同时，主、副对象的时间常数不能太接近，如果 T_{o1} 与 T_{o2} 基本相等，由于主、副回路是密切相关的，系统可能出现"共振"，使系统控制质量下降，甚至出现不稳定的问题。

所以说，主、副回路的时间常数应匹配适当。究竟如何匹配才算适当呢？在控制关系中，主、副回路的振荡频率 $\omega_{主}$ 和 $\omega_{副}$ 接近时容易引起共振。为防止共振现象发生，最好的措施是将主、副回路的振荡频率 $\omega_{主}$ 和 $\omega_{副}$ 错开，实践证明，如果使 $\omega_{主}/\omega_{副}>3$，相应地，T_{o1}/T_{o2} 也大于 3，一般使主、副对象时间常数之比 $T_{o1}/T_{o2}=3\sim10$ 较为合适。

（3）副变量的选择应该把控制通道非线性部分包括在副回路内

由串级控制系统特点知道，当副对象为非线性时，副回路闭环作为整体，这个对象的特性大大改善了，近似为线性。因此，当控制对象为非线性对象时，可以将非线性部分包含在副回路之中，则总的对象特性可改善为近似线性。这就使系统的控制质量在整个操作范围内可以不受负荷变化的影响。

（4）副变量的选择应考虑工艺的合理性、可能性和生产上的经济性

在选择副变量时常会出现不止一个可供选择的方案，在这种情况下可根据对主变量控制质量的要求及经济性原则来决定。图 5-9 是两个同样的冷却器，均以被冷却气体的出口温度作为主被控变量，但两个控制系统的副变量的选择却不相同。图（a）是将冷剂液位作为副变量，该方案投资少，适用于对温度控制质量要求不太高的场合；图（b）是以冷剂蒸发压力作为副变量，另外设置单回路控制系统来稳定冷剂液位，该方案投资多，但副回路相当灵敏，温度控制质量比较高。

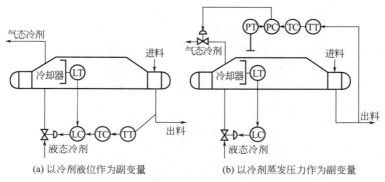

(a) 以冷剂液位作为副变量　　　　　(b) 以冷剂蒸发压力作为副变量

图 5-9　冷却器温度串级控制的两种方案

2. 主、副控制器控制规律的选择

（1）主控制器控制规律选取

主环是一个定值控制系统，主控制器控制规律的选取与简单控制系统类似，是根据控制质量的要求和工艺情况而定的。但是采用串级控制系统的主被控变量往往是比较重要的参数，工艺要求较严格，一般不允许有余差。因此，通常都采用比例积分（PI）控制规律。当对象滞后较大时，采用比例积分微分（PID）控制规律。

（2）副控制器控制规律选取

副环是一个随动控制系统，副被控变量的控制可以有余差。因此，副控制器一般不引入积分(I)作用，也不加微分（D），采用比例（P）控制规律即可。而且比例度 δ 通常取得比较小，这样，比例增益大，控制作用强，余差也不大。如果引入积分作用，会使控制作用趋

缓，并可能带来积分饱和现象。但在特殊的场合，例如当流量为副被控变量时，由于对象的时间常数和滞后时间都很小，为使副环在需要时可以单独使用，需要引入积分作用，使得在单独使用时，系统也能稳定工作。这时副控制器采用比例积分（PI）控制规律，而且要求比例度 δ 必须取得比较大。

3. 主、副控制器正、反作用的确定

为了满足生产工艺指标的要求，为了确保串级控制系统的正常运行，主、副控制器正、反作用方式必须正确选择。

如在单回路控制系统设计中所述，要使过程控制系统能正常工作，系统必须采用负反馈。对于串级控制系统来说，主、副控制器正、反作用方式的选择原则是使整个系统构成负反馈系统，即其主通道各环节放大系数正、负极性乘积必须为"负"值。各环节放大系数正、负极性的规定可参看第四章第六节。

副控制器处于副环中，副控制器作用方向的选择与简单控制系统的情况一样，使副环为一个负反馈控制系统即可。在具体选择时，是在控制阀气开、气关形式已经选定的基础上进行的。首先根据工艺生产安全等原则选择控制阀的气开、气关形式；然后根据生产工艺条件和控制阀形式确定副控制器的正、反作用方式。

主控制器的正、反作用方式，是在副控制器的作用方向确定后，根据主、副变量的关系而确定的。在具体选择主控制器的作用方向时，可以把整个副环简化为一个方块，该副环方块的输入信号就是主控制器的输出信号，输出信号就是副被控变量。由于等效副回路是一个随动系统，必为正，即输入增加，输

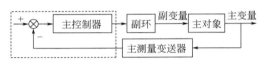

图 5-10　简化的串级控制系统方块图

出亦增加。经过这样的简化，串级控制系统就成为图 5-10 所示。

由于副环的作用方向总是正的，为使主环是负反馈控制系统，选择主控制器的作用方向亦与简单控制系统时一样，而且更简单些，因为不用选控制阀的正、反作用。

现以图 5-8（b）所示加热炉出口温度与炉膛温度串级控制系统为例，来说明主、副控制器正、反作用方式的确定。从加热炉安全角度考虑，燃料油控制阀选气开阀，即如果控制阀上的控制信号（气信号）中断，阀门处于关闭状态，以切断燃料油进入管式加热炉，确保其设备安全，故控制阀放大系数 K_v 为"正"；当控制阀开度增大，燃料油增加，炉膛温度升高，故副过程 K_{o2} 为"正"；为了保证副回路为负反馈，则副控制器的放大系数 K_{c2} 应取"负"，即副控制器为反作用方式。由于炉膛温度升高，则炉出口温度也升高，故主过程 K_{o1} 为"正"；副环等效回路为"正"；为保证整个回路为负反馈，则主控制器的放大系数 K_{c1} 应为"负"，即主控制器亦为反作用方式。

串级控制系统主、副控制器正、反作用方式确定是否正确，可作如下校验：当炉出口温度升高时，主控制器输出减小，即副控制器的给定值减小，因此，副控制器输出减小，使控制阀开度减小。这样，进入管式加热炉的燃料油减小，从而使炉膛温度和炉出口温度降低。由此可见，主、副控制器正、反作用方式是正确的。

在实际生产过程中，当要求控制系统既可以进行串级控制，又可以由主控制器直接控制阀门进行单独控制（称为主控）时，其相互切换应注意以下情况：若副控制器为反作用，则主控制器在串级和主控时的作用方向不需改变；若副控制器为正作用，则主控制器在串级和主控时的作用方向需要改变，以保证系统为负反馈。表 5-1 为控制器正、反作用选择的各种

情况，可供设计系统时参考。

表 5-1　主、副控制器作用方向

序　号	主过程 K_{o1}	副过程 K_{o2}	控制阀 K_v	串级控制		主　控
				副控制器 K_{c2}	主控制器 K_{c1}	主控制器 K_{c1}
1	正	正	气开(正)	负	负	负
2	正	正	气关(负)	正	负	正
3	负	负	气开(正)	正	正	负
4	负	负	气关(负)	负	正	正
5	负	正	气开(正)	负	正	正
6	负	正	气关(负)	正	正	负
7	正	负	气开(正)	正	负	正
8	正	负	气关(负)	负	负	负

四、串级控制系统的投运及参数整定

1. 系统的投运

串级控制系统的投运一般采取"先副后主"的方法，即先将副回路投入自动运行后再投运主回路，投运过程需保证无扰动切换。投运步骤如下：

① 将主控制器的设定值设定为内设定方式，副控制器为外设定方式；

② 在副控制器处于软手动状态下进行遥控操作，使主被控变量逐步在主设定值附近稳定下来；

③ 将副控制器切入自动；

④ 最后将主控制器切入自动。

这样就完成了串级控制系统的整个投运工作。

2. 参数整定

串级控制系统的参数整定比单回路控制系统要复杂一些，因为两个控制器串在一个系统中工作，相互之间或多或少有些影响。在运行中，主环和副环的工作频率是不同的，一般来说，副环的频率较高，主环的频率较低。工作频率的高低主要取决于被控过程的动态特性，但也与主、副控制器的参数整定有关。在整定时应尽量加大副控制器的增益以提高副环的工作频率，目的是使主、副环工作频率错开，以减少相互间的影响。目前采用的串级控制系统的参数整定方法有：逐步逼近法、两步整定法和一步整定法。其中逐步逼近法适用于主、副过程的时间常数相差不大，主、副回路的动态联系比较密切的情况，整定需反复进行，逐步逼近，因而往往费时较多。这里主要介绍两步整定法和一步整定法。

（1）两步整定法

所谓两步整定法，就是第一步整定副控制器参数，第二步整定主控制器参数。两步整定法的步骤如下。

① 在系统投运并稳定后，将主控制器设置为纯比例方式，比例度 $\delta_1 = 100\%$。用 4:1 衰减曲线法整定副控制器参数，求出相应的副控制器在 4:1 衰减过程情况下的比例度 $[\delta_{2s}]$ 和振荡周期 $[T_{2s}]$。

② 把副回路等效成一个环节，用同样的方法来整定主控制器参数，求得主回路 4:1 衰减过程的主控制器比例度 $[\delta_{1s}]$ 和振荡周期 $[T_{1s}]$。根据 $[\delta_{1s}]$、$[T_{1s}]$、$[\delta_{2s}]$ 和 $[T_{2s}]$，

按照简单控制系统整定时介绍的衰减曲线法的经验公式，求出主控制器的比例度、积分时间和微分时间，副控制器的比例度和积分时间。

然后，再按照先副后主（先放上副控制器参数，再放上主控制器参数）、先比例后积分再微分的次序投入运行，观察过程曲线，必要时进行适当的调整，直到系统控制质量达到满意时为止。

（2）一步整定法

两步整定法虽然应用很广，但是，当采用两步整定法寻求 4∶1 的衰减过程时，往往很花时间。经过大量实践，对两步整定法进行了简化，提出了一步整定法。实践证明，这种方法是可行的，尤其是对主变量要求高，而对副变量要求不严的串级控制系统更为有效。

所谓一步整定法，就是根据过程的特性或经验先确定副控制器的参数，然后再按照单回路控制系统的方法整定主控制器的参数。

采用一步整定法的依据是，一个串级控制系统可以看做是两个控制器串联在一起的单回路控制系统，这时控制器的总放大倍数为 K，等于主控制器放大倍数 K_{c1} 和副控制器放大倍数 K_{c2} 的乘积

$$K = K_{c1} K_{c2}$$

对于纯比例控制规律，只要满足 $K = K_{c1} K_{c2} = K_s$（K_s 为控制系统在纯比例作用下，产生 4∶1 衰减过程的总放大系数，当主、副过程特性一定时，K_s 为一常数），就产生 4∶1 衰减过程。所以可以根据表 5-2 中的经验值，先确定副控制器一个合适的比例度，然后只对主控制器参数进行整定，使主被控变量得到满意的过渡过程即可。

副控制器在不同副被控变量情况下的经验比例度如表 5-2 所示。

表 5-2　副控制器比例度经验值

副变量类型	温度	压力	流量	液位
比例度/%	20~60	30~70	40~80	20~80

具体步骤如下：

① 在生产稳定、系统为纯比例作用情况下，先把副控制器设置一个合适的比例度 δ_2；

② 按照单回路控制系统的整定方法，整定主控制器参数；

③ 观察控制过程，根据主控制器放大倍数 K_{c1} 和副控制器放大倍数 K_{c2} 互相匹配的原理，适当调整控制器参数，使主变量质量指标最佳；

④ 在控制器参数的整定过程中，若出现共振，只要加大主、副控制器中任何一个控制器的参数，便可以消除共振。若共振剧烈，可以先切换至手动遥控，待生产稳定后，控制器参数置于比产生共振时略大的数值上，重新整定控制器参数。

这种方法比较实用简单，整定主控制器参数的方法与简单控制系统时一样，因此，在实际工程中被广泛应用。

（3）应用举例

【例 5-1】　某工厂在石油裂解气冷却系统中，通过液态丙烯的气化来吸收热量，以保持裂解气出口温度的稳定，组成以出口温度为主变量、气化压力为副变量的温度与压力串级控制系统，参看图 5-9(b)。现在采用一步整定法整定控制器参数，其整定步骤如下：

① 在本系统中，副变量为压力，该变量反应快、滞后小，根据经验可以选取副控制器

的比例度为 40%；

② 将副控制器的比例度 δ_2 置于 40% 的刻度上，按 4∶1 衰减曲线法整定主控制器参数，得到 $\delta_{1s} = 30\%$，$T_{i1s} = 3\min$；

③ 按 4∶1 衰减曲线法的经验公式计算主控制器参数，即

$$\delta_1 = 0.8\delta_{1s} = 0.8 \times 30\% = 24\%$$
$$T_{i1} = 0.3T_{i1s} = 0.3 \times 3 = 0.9(\min)$$
$$T_{d1} = 0.1T_{i1s} = 0.1 \times 3 = 0.3(\min)$$

④ 按照"先比例后积分再微分"的程序，将主控制器的参数置于计算求得的数值上，使系统投入运行。实践证明，系统主变量稳定，完全满足工艺要求。

【例 5-2】　在硝酸生产过程中，有一个氧化炉与氨气流量的串级控制系统，炉温为主变量，工艺要求温度最大偏差范围不能超过 ±5℃。氨气流量为副变量，允许在一定范围内变化，要求不高。系统控制器参数采用两步整定法，其过程如下。

① 在系统设计时，主控制器选用 PI 控制规律，副控制器选用 P 控制规律。在系统稳定运行条件下，主、副控制器均置于纯比例作用，主控制器的比例度 δ_1 置于 100% 上，用 4∶1 衰减曲线法整定副控制器参数，得 $\delta_{2s} = 32\%$，$T_{2s} = 15s$。

② 将副控制器的比例度置于 32% 上，用相同的整定方法，将主控制器的比例度由大到小逐渐调节，求得主控制器的 $\delta_{1s} = 50\%$，$T_{1s} = 7\min$。

③ 根据上述求得的各参数，运用 4∶1 衰减曲线法整定计算公式，计算主、副控制器的整定参数如下。

主控制器（温度控制器）

　　比例度 $\delta_1 = 1.2\delta_{1s} = 60\%$；积分时间 $T_1 = 0.5T_{1s} = 3.5(\min)$

副控制器（流量控制器）

　　比例度 $\delta_2 = \delta_{2s} = 32\%$

④ 把上述计算的参数，按先比例后积分的次序，分别设置在主、副控制器上，并使串级控制系统在该参数下运行，经实际运行表明，氧化炉温度稳定，完全满足生产工艺要求。

第二节　前馈控制系统

一、前馈控制的基本概念和方块图

理想的过程控制要求被控变量在过程特性呈现大滞后（包括容量滞后和纯滞后）和多干扰的情况下，持续保持在工艺所要求的数值上。可是，反馈控制永远不能实现这种理想控制。这是因为，在反馈系统中，总是要在干扰已经形成影响，被控变量偏离设定值以后才能产生控制作用，控制作用总是不及时的。特别是在干扰频繁、对象有较大滞后时，使控制质量的提高受到很大的限制。

与反馈控制不同，前馈控制（Feedforward Control System）是一种开环控制，直接按干扰大小进行控制，以补偿干扰作用对被控变量的影响。前馈控制系统运用得当，可以使被控变量的干扰消灭于萌芽之中，使被控变量不会因干扰作用或设定值变化而产生偏差，或者降低由于干扰而引起的控制偏差和产品质量的变化，所以它比反馈控制及时，且不受系统滞后的影响。

图 5-11 是换热器的前馈控制示意图。如图 5-11 所示，加热蒸汽通过换热器中排管的外面，把热量传给排管内流过的被加热液体。热物料的出口温度用蒸汽管路上的控制阀来控制。引起出口温度变化的干扰有冷物料的流量与初温、蒸汽压力等，其中最主要的干扰是冷物料的流量 Q。

当流量 Q 发生变化时，出口温度 T 就会产生偏差。若采用反馈控制（如图 5-11 中虚线所示），控制器只能待 T 变化后才开始动作，通过控制阀改变加热蒸汽流量，而后，还要经过热交换过程的惯性，才使出口温度变化而反映出控制效果，这就导致出口温度产生较大的动态偏差。如果直接根据冷物料流量的变化，通过一个前馈控制器 FC 立即控制阀门（如图 5-11 中实线所示），这样，即可在出口温度尚未变化时，及时对流量 Q 这个主要干扰进行补偿，构成所谓前馈控制。前馈控制系统的框图如图 5-12 所示。

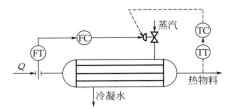

图 5-11　换热器的前馈控制示意图

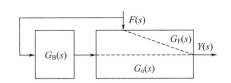

图 5-12　前馈控制系统方块图

由图 5-12 所示，干扰作用到输出被控量之间存在两个传递通道：一个是从 $F(s)$ 通过过程干扰通道传递函数 $G_F(s)$ 去影响输出量 $Y(s)$；另一个是从 $F(s)$ 出发经过测量装置和前馈控制器 $G_B(s)$ 产生控制作用，再经过过程的控制通道 $G_o(s)$ 去影响输出量 $Y(s)$，控制作用和干扰作用对输出量的影响是相反的。这样，就有可能使控制作用抵消干扰对输出的影响，使得被控变量 $Y(s)$ 不随干扰而变化。

由图 5-12 可以得出

$$\frac{Y(s)}{F(s)} = G_F(s) + G_B(s)G_o(s) \tag{5-13}$$

若适当选择前馈控制器的传递函数 $G_B(s)$，可以做到 $F(s)$ 对 $Y(s)$ 不产生任何影响，即实现完全的不变性。由式(5-13) 可以得出实现完全不变性的条件为

$$G_F(s) + G_B(s)G_o(s) = 0$$

即

$$G_B(s) = -\frac{G_F(s)}{G_o(s)} \tag{5-14}$$

二、前馈控制的特点和局限性

1. 前馈控制的特点

① 前馈控制是一种开环控制。在图 5-11 所示前馈控制系统中，当测量到冷物料流量变化的信号后，通过前馈控制器，其输出信号直接控制阀门的开度，从而改变了加热蒸汽的流量。但加热器出口温度并不反馈回来，它是否被控制在原来的数值上是得不到检验的，所以，前馈控制是一种开环控制。

② 前馈控制是一种按干扰大小进行补偿的控制。它可以通过前馈控制器和控制通道的作用，及时有效地抑制干扰对被控变量的影响，而不是像反馈控制那样，要待被控变量产生

偏差后再进行控制。

③ 前馈控制器的控制规律是由式(5-14)，即由过程特性决定的，与常规 PID 控制规律不同。所以，它是一个专用控制器。不同的过程特性，其控制规律是不同的。

④ 前馈控制只能抑制可测不可控的干扰对被控变量的影响。如果干扰是不可测的，那就不能进行前馈控制；如果干扰是可测且可控的，则只要设计一个定值系统就行了，而无需采用前馈控制。

2. 前馈控制的局限性

前馈控制虽然是减少被控变量动态偏差的一种最有效的方法，但实际上，它却做不到对干扰的完全补偿，其主要原因是：

① 在实际工业生产过程中，使被控变量变化的干扰是很多的，不可能针对每一个干扰设计和应用一套独立的前馈控制器；

② 对于不可测的干扰无法实现前馈控制；

③ 决定前馈控制器控制规律的是过程的动态特性 $G_F(s)$ 和 $G_o(s)$，而 $G_F(s)$ 和 $G_o(s)$ 的精确值是很难得到的，即使能够得到，有时也很难实现。

鉴于以上原因，为了获得满意的控制效果，合理的控制方案是把前馈控制和反馈控制结合起来，组成前馈-反馈复合控制系统。这样，一方面利用前馈控制有效地减少干扰对被控变量的动态影响；另一方面，则利用反馈控制使被控变量稳定在设定值上，从而保证了系统较高的控制质量。

三、前馈控制系统的几种结构形式

1. 静态前馈控制系统

所谓静态前馈控制，是指前馈控制器的控制规律为比例特性，即 $G_B(0) = -G_F(0)/G_o(0) = -K_B$，其大小是根据过程干扰通道的静态放大系数和过程控制通道的静态放大系数决定的。例如，在图 5-11 所示的换热器前馈控制方案中，其前馈控制器的静态特性为 $K_B = -K_f/K_o$。静态前馈的控制目标是，使被控变量最终的静态偏差接近或等于零，而不考虑由于两通道时间常数的不同而引起的动态偏差。

静态前馈是当前应用最多的前馈控制，因为这种前馈控制不需要专用控制器，用比值器或比例控制器均可满足使用要求。在实际生产过程中，当过程干扰通道与控制通道的时间常数相差不大时，应用静态前馈控制，可获得较高的控制精度。

2. 动态前馈控制系统

如前所述，静态前馈控制是为了保证被控变量的静态偏差接近或等于零，而不保证被控变量的动态偏差接近或等于零。当需要严格控制动态偏差时，则要采用动态前馈控制。

动态前馈控制系统力求在任何时刻均实现对干扰影响的补偿，以使被控变量完全或基本上保持不变，实现起来比较困难。在实际应用中，一般是在静态前馈控制的基础上，加上延迟环节或微分环节，以达到对干扰作用的近似补偿。按此原理设计的一种前馈控制器，有三个可以调整的参数 K、T_1、T_2。K 为放大倍数，T_1、T_2 是时间常数，都有可调范围，分别表示延迟作用和微分作用的强弱。相对于干扰通道而言，控制通道反应快的给它加强延迟作用，反应慢的给它加强微分作用。根据两通道的特性适当调整 T_1、T_2 的数值，使两通道反应合拍便可以实现动态补偿，消除动态偏差。

3. 前馈-反馈复合控制系统

若将前馈控制与反馈控制结合起来，利用前馈控制作用及时的优点，以及反馈控制能克服所有干扰及前馈控制规律不精确带来的偏差的优点，两者取长补短，可以得到较高的控制质量。

图 5-13(a)为换热器前馈-反馈复合控制系统示意图；图 5-13(b) 为前馈-反馈复合控制系统方块图。

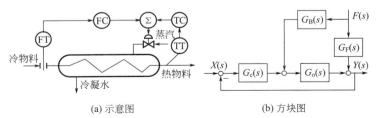

(a) 示意图　　　　　　　　(b) 方块图

图 5-13　换热器前馈-反馈复合控制系统

由图可见，当冷物料（生产负荷）发生变化时，前馈控制器及时发出控制指令，补偿冷物料流量变化对换热器出口温度的影响；同时，对于未引入前馈的冷物料的温度、蒸汽压力等扰动对出口温度的影响，则由 PID 反馈控制器来克服。前馈作用加反馈作用，使得换热器的出口温度稳定在设定值上，获得了比较理想的控制效果。

在前馈-反馈复合控制系统中，输入 $X(s)$、$F(s)$ 对输出的共同影响为

$$Y(s)=\frac{G_c(s)G_o(s)}{1+G_c(s)G_o(s)}X(s)+\frac{G_F(s)+G_B(s)G_o(s)}{1+G_c(s)G_o(s)}F(s) \tag{5-15}$$

如果要实现对干扰 $F(s)$ 的完全补偿，则式(5-15) 的第二项应为零，即

$$G_F(s)+G_B(s)G_o(s)=0 \quad 或 \quad G_B(s)=\frac{-G_F(s)}{G_o(s)}$$

可见，前馈-反馈复合控制系统对干扰 $F(s)$ 实现完全补偿的条件与开环前馈控制相同。所不同的是干扰 $F(s)$ 对输出的影响要比开环前馈控制的情况下小 $1+G_c(s)G_o(s)$ 倍，这是由于反馈控制起作用的结果。这就表明，本来经过开环补偿以后输出的变化已经不太大了，再经过反馈控制进一步减小了 $1+G_c(s)G_o(s)$ 倍，从而充分体现了前馈-反馈复合控制的优越性。

此外，由式(5-15) 可知，复合控制系统的特征方程式为

$$1+G_c(s)G_o(s)=0 \tag{5-16}$$

这一特征方程式只和 $G_c(s)$、$G_o(s)$ 有关，而与 $G_B(s)$ 无关，即与前馈控制器无关。这就说明加不加前馈控制器并不影响系统的稳定性，稳定性完全由闭环控制回路来确定，这就给设计工作带来很大的方便。在设计复合控制系统时，可以先根据闭环控制系统的设计方法进行，可暂不考虑前馈控制器的作用，使系统满足一定的稳定储备要求和一定的过渡过程品质要求。当闭环系统确定以后，再根据不变性原理设计前馈控制器，进一步消除干扰对输出的影响。

四、前馈控制系统的选用原则和应用实例

1. 前馈控制系统的选用原则

① 当系统中存在变化频率高、幅值大、可测而不可控的干扰时，反馈控制难以克服此

类干扰对被控变量的显著影响，而工艺生产对被控变量的要求又十分严格，为了改善和提高系统的控制品质，可以引入前馈控制。例如，在锅炉汽包水位控制中，蒸汽用量就是一个可测不可控的干扰，为了使汽包水位的变化控制在工艺规定的范围内，通常以蒸汽量为前馈信号，与水位和给水量构成前馈-反馈复合控制系统。

② 当过程控制通道滞后大，其时间常数又比干扰通道的时间常数大，反馈控制又不及时，控制质量差，此时可以选用前馈控制，以提高控制质量。

③ 当主要干扰无法用串级控制方案使其包含在副回路内，或者副回路滞后过大时，串级控制系统克服干扰的能力就比较差，此时选用前馈控制能获得很好的控制效果。

④ 在静态前馈还是动态前馈的选择上，当控制通道与扰动通道的动态特性相近时，一般采用静态前馈就可以获得较好的效果；当控制通道的时间常数 T_c 与干扰通道的时间常数 T_f 相差较大（$T_c/T_f > 0.7$ 时），可选择动态前馈控制。

2. 前馈控制系统工业应用实例

前馈控制已广泛应用于石油、化工、电力、原子能等各工业生产部门。但在实际工业生产过程中，大多数采用前馈-反馈复合控制系统，下面是两个工业应用实例。

① 葡萄糖浓度前馈-反馈控制系统。蒸发是一个借加热作用使溶液浓缩或使溶质析出的物理操作过程。它在轻工、化工等生产过程中得到广泛的应用。例如，造纸、制糖、海水淡化、烧碱等生产过程，都必须经过蒸发操作过程。下面以葡萄糖生产过程中蒸发器浓度控制为例，介绍前馈控制在蒸发过程中的运用。

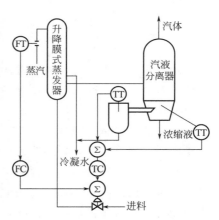

图 5-14 所示装置是将初蒸浓度为 50％ 的葡萄糖液，用泵送入升降膜式蒸发器，经蒸汽加热蒸发至 73％ 的葡萄糖液，然后送至后道工序结晶。由蒸发工艺可知，在给定压力下，溶液的浓度同溶液的沸点与水的沸点之差（即温差）有较好的单值对应关系，故以温差为被控变量。

影响葡萄糖液浓度的因素主要有进料溶液的浓度、温度和流量，加热蒸汽的压力和流量等，其中对浓度影响最大的是进料溶液的流量和加热蒸汽的流量。为此，构成以加热蒸汽流量为前馈信号、以温差为被控变量、进料溶液流量为控制变量的前馈-反馈控制系统，如图 5-14 所示。运行情况表明，系统的质量指标比较令人满意，达到了工艺要求。

图 5-14　蒸发过程中浓度控制示意图

② 连续消毒塔温度前馈-反馈控制系统。在制药工业中，抗生素的生产采用培养基发酵的方法进行。在培养基进入发酵罐接种之前，必须进行灭菌消毒。

目前，都是利用连续消毒塔进行消毒的，连续消毒塔的主要指标是培养基连续消毒塔的温度。若温度过低，会因培养基灭菌不彻底而增加染菌率，导致整批培养基全部报废，带来重大经济损失；反之，若温度过高，则会破坏培养基的成分，从而降低了产品的回收率。所以，培养基在连续消毒塔的出口温度是保证抗菌素产量的关键指标，为此必须对它进行控制。通常要求控制精度为（128±2）℃。

若选择连续消毒塔的出口温度为被控变量，选用培养基的流量作为操纵变量，可以构成单回路控制系统。但是，当蒸汽压力波动较大时，温度波动幅度超过了工艺允许范围。

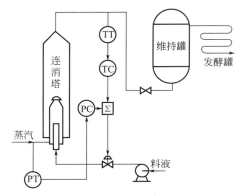

图 5-15 连续消毒塔温度前馈-反馈控制系统

影响消毒塔出口温度的主要扰动是蒸汽压力，而蒸汽压力是一个可测而不可控的扰动。为了提高控制质量，构成图 5-15 所示的前馈-反馈控制系统。

在连续消毒塔的前馈-反馈控制系统试验中，为了防止发生培养基染菌事故，用水代替料液对连续消毒塔进行了动态测试。连续消毒塔的控制通道和扰动通道的近似传递函数为

$$G_o(s) = \frac{180}{42s+1}e^{-1.5s}$$

$$G_f(s) = \frac{208}{45s+1}e^{-1.8s}$$

应用了前馈-反馈控制方案后，温度控制品质大有改进。当蒸汽压力波动时，通过前馈校正作用及时校正培养基流量，以补偿压力对连续消毒塔出口温度的影响。

系统运行情况表明，系统性能良好，提高了培养基的质量，缩短了消毒时间，满足了生产工艺要求。

第三节 比值控制系统

一、概述

在现代化工业生产过程中，常常要求两种或两种以上物料流量呈一定比例关系。如果比例失调，就会影响生产的正常进行，影响产品质量，浪费原材料，造成环境污染，甚至产生生产事故。例如，合成氨反应中，氢氮比要求严格控制在 3：1，否则，就会使氨的产量下降；加热炉的燃料量与鼓风机的进氧量也要求符合一定的比值关系，否则，会影响燃烧效果，既不环保也不经济；再如在造纸生产过程中，浓纸浆与水要以一定的比例混合，才能制造出合格的纸浆；如此等等。为了实现上述种种特殊要求，必须设计一种特殊的过程控制系统，即比值控制系统（Ratio Control System）。

由此可见，所谓比值控制系统，就是使一种物料随另一种物料按一定比例变化的控制系统。比值控制系统的目的，就是为了实现两种或两种以上物料的比例关系。

在比值控制系统中需要保持比值关系的两种物料必有一种处于主导地位，这种物料称为主物料（或主流量），表征这种物料的变量称为主动量 F_1；而另一种随主物料变化而变化的物料，称为副物料（或副流量），表征其特征的变量称为从动量 F_2。F_2 与 F_1 的比值称为比值系数，用 k 表示。比值控制系统就是要实现从动量与主动量的对应比值关系，即 $k = F_2/F_1$。

二、常见的比值控制方案

比值控制系统是以功能来命名的，常见的比值控制方案主要有以下几种。

1. 开环比值控制

开环比值控制为最简单的比值控制方案，在稳定工况下，两种物料的流量应满足 $F_2 = kF_1$，见图 5-16。F_1 为不可控的主动量，F_2 为从动量。当 F_1 变化时，要求 F_2 跟踪 F_1 变

化，以保持 $F_2=kF_1$。由于 F_2 的调整不会影响 F_1，故为开环系统。开环比值控制系统方块图如图 5-17 所示。

开环控制方案构成简单，使用仪表少，只需要一台纯比例控制器或一台乘法器即可。而实质上，开环比值控制系统只能保持阀门开度与 F_1 之间成一定的比例关系；而当 F_2 因阀前后压力差变化而波动时，系统不起控制作用，实质上很难保证 F_2 与 F_1 之间的比值关系。该方案对 F_2 无抗干扰能力，只适用于 F_2 很稳定的场合，故在实际生产中很少使用。

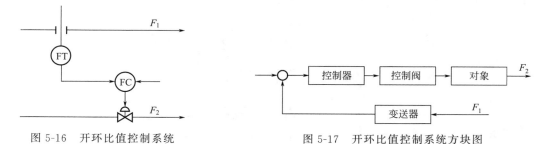

图 5-16　开环比值控制系统　　　　　图 5-17　开环比值控制系统方块图

2. 单闭环比值控制

为了克服开环比值控制对副流量无抗干扰能力的缺点，在开环比值控制的基础上，增加了一个副流量的闭环控制，这就构成了单闭环比值控制系统，如图 5-18 所示。其方块图如图 5-19 所示。

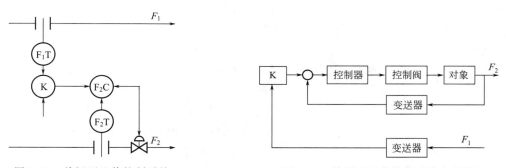

图 5-18　单闭环比值控制系统　　　　　图 5-19　单闭环比值控制系统方块图

该方案中，副流量的闭环控制系统有能力克服影响到副流量的各种扰动，使副流量稳定。而比值器 K 的输出作为副动量控制器 F_2C 的外设定值，当 F_1 变化时，F_1C 的输出改变，使 F_2C 的设定值跟着改变，导致副流量也按比例地改变，最终保证 $F_2/F_1=k$。

单闭环比值控制系统构成较简单，仪表使用较少，实施也较方便，特别是比值较为精确，因此其应用十分广泛，尤其适用于主物料在工艺上不允许控制的场合。但由于主动量不可控，虽然两者的比值可以得到保证，总流量却不能保证恒定，这对于直接去化学反应器反应的场合是不太合适的，因为总流量的改变会对化学反应过程带来一定的影响。

单闭环比值控制系统从结构上与串级控制系统比较相似，但由于单闭环比值控制系统主动量 F_1 仍为开环状态，而串级控制系统主、副变量形成的是两个闭环，所以二者还是有区别的。

3. 双闭环比值控制

为了弥补单闭环比值控制系统对主流量不能控制的缺陷，在单闭环比值控制的基础上，又增加了一个主流量的闭环控制，组成如图 5-20 所示的双闭环比值控制系统。其方块图如图 5-21 所示。

双闭环比值控制系统是由一个定值控制的主流量控制回路和一个跟随主流量变化的副流量控制回路组成。主流量控制回路能克服主流量扰动，实现其定值控制；副流量控制回路能抑制作用于副回路的干扰，从而使主、副流量均比较稳定，使总物料量也比较平稳。因此，在工业生产过程中，当要求负荷变化比较平稳时，可以采用这种控制方案。缺点是，该方案所用仪表较多，投资较高。

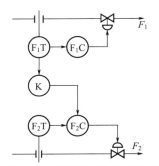

图 5-20 双闭环比值控制系统

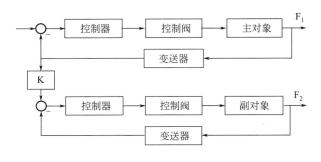

图 5-21 双闭环比值控制系统方块图

双闭环比值控制系统从结构上与串级控制系统十分相似，其主、副流量构成两个闭合回路，而且副流量控制系统与串级控制系统中副环一样，对主流量来说是随动系统。可是这两个控制器不直接相串，而且副流量控制回路丝毫不影响主流量控制回路，即副回路控制阀动作后不会影响主变量的大小，所以双闭环比值控制系统又不同于串级控制。

4. 变比值控制

在有些生产过程中，要求两种物料流量的比值随第三个工艺参数的需要而变化。为满足这种工艺的要求，开发并设计了变比值控制系统。

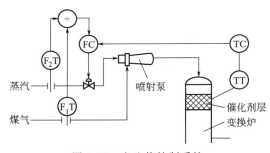

图 5-22 变比值控制系统

图 5-22 是合成氨生产过程中煤造气工段的变换炉比值控制系统示意图。在生产过程中，半水煤气与水蒸气的量需保持一定的比值，但其比值系数要能随一段催化剂层的温度变化而变化，才能在较大负荷变化下保持良好的控制质量。水蒸气与半水煤气的实际比值 K（$K = F_2/F_1$）可由水蒸气流量、半水煤气流量经测量变送后计算得到，并作为流量比值控制器 FC 的测量值。而 FC 的给定值来自温度控制器 TC，最后通过调整蒸汽量（实际是调整了蒸汽与半水煤气的比值）来使变换炉催化剂层的温度恒定在工艺要求的设定值上。从系统的结构上来看，实际上是变换炉催化剂层温度与蒸汽、半水煤气的比值串级控制系统。系统中温度控制器 TC 按串级控制系统中主控制器的要求来选择，比值系统按单闭环比值控制系统的要求来确定。

第四节　均匀控制系统

"均匀"控制这个名称，不像"单回路"或"串级"控制那样，是按系统的结构来命名的，而是以控制系统所达到的目的和所起的作用而命名的。就均匀控制方案而言，它有时像一个简单的液位或压力定值控制系统，有时又像一个液位与流量或压力与流量的串级控制系统。均匀控制系统应具有既允许表征前后供求矛盾的两个变量在一定范围内变化，又要保证它们的变化不应过于剧烈的特点。均匀控制系统通过控制器的参数整定来实现。

一、均匀控制原理

在图 5-23 所示的双塔系统中，甲塔的液位需要稳定，乙塔的进料亦需要稳定，这两个要求是相互矛盾的。甲塔的液位控制系统，用来稳定甲塔的液位，其操纵变量是甲塔的底部出料，显然，稳定了甲塔液位，甲塔底部出料必然要波动。但甲塔底部出料又是乙塔的进料，乙塔进料流量的控制系统为了稳定进料流量，需要经常改变阀门的开度，使流量保持不变。因此，要使这两个控制系统正常工作是不可能的。

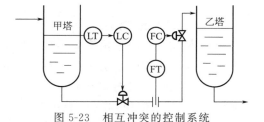

图 5-23 相互冲突的控制系统

要彻底解决这个矛盾，只有在甲、乙两个塔之间增加一个中间储罐。但增加设备就增加了流程的复杂性，加大了投资。另外，有些生产过程连续性要求高，不宜增设中间储罐。在理想状态不能实现的情况下，只有冲突的双方各自降低要求，以求共存。均匀控制思想就是在这样的应用背景下提出来的。

通过分析，可以看到这类系统的液位和流量都不是要求很高的被控变量，可以在一定范围内波动，这也是可以采用均匀控制的前提条件，即控制目标发生了变化。图 5-24（a）为冲突的无法实现的两个控制目标，图 5-24（b）为调整后体现均匀控制思想的可实现的控制目标。在图 5-24(b) 中，由于扰动使液位升高时，不是迅速有力地调整，使液位几乎不变，而是允许有一定幅度的上升。同时，流量也适当地增加一些，分担液位受到的扰动；同理，流量受到扰动而变化时，液位也分担流量受到的扰动。如此"均匀"地互帮互助，相互共存。

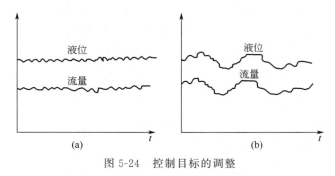

图 5-24 控制目标的调整

二、均匀控制方案

1. 简单均匀控制系统

图 5-25 是一个简单均匀控制系统，可以基本满足甲塔液位和乙塔进料流量的控制要求。从系统结构上看，它与简单液位控制系统一样。为了实现"均匀"控制，在整定控制器参数时，要按均匀控制思想进行。通常采用纯比例控制器，且比例度放在较大的数值上，要同时

观察两个被控变量的过渡过程来调整比例度，以达到满意地"均匀"。有时为了防止液位超限，也引入较弱的积分作用。微分作用与均匀思想矛盾，不能采用。

图 5-25　简单均匀控制系统　　　　　　图 5-26　串级均匀控制系统

2. 串级均匀控制系统

简单均匀控制系统结构简单，实现方便。但对于压力扰动反应不及时，另外，当系统自衡能力较强时，控制效果也较差。为了克服这两个缺点或这两个方面的扰动，引入副环构成串级均匀控制系统，如图 5-26 所示。

图 5-26 是一个串级均匀控制系统，从结构上看，它与液位-流量串级控制系统完全一样。串级控制中副变量的控制要求不高，这一点与均匀控制的要求类似。在这里的串级均匀控制中，副环用来克服塔压变化；主环中，不对主变量提出严格的控制要求，采用纯比例，一般不用积分。整定控制器参数时，主、副控制器都采用纯比例控制规律，比例度一般都较大。整定时不是要求主、副变量的过渡过程呈某个衰减比的变化，而是要看主、副变量能否"均匀"地得到控制。

第五节　分程控制系统

一、概述

在一般的控制系统中，通常是一台控制器的输出信号只控制一个控制阀。但在某些工艺过程中，需要由一台控制器的输出同时去控制两台或两台以上的控制阀的开度，以使每个控制阀在控制器输出的某段信号范围内作全程动作，这种控制系统通常称为分程（Range Splitting）控制系统。分程一般由附设在控制阀上的阀门定位器来实现。

在如图 5-27 所示的分程控制系统中，采用了两台分程控制阀 A 与 B。若要求 A 阀在

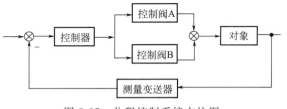

图 5-27　分程控制系统方块图

$20\sim60$kPa 信号范围内作全行程动作（即由全关到全开或由全开到全关），B 阀在 $60\sim100$kPa 信号范围内作全行程动作，则可以对附设在控制阀 A、B 上的阀门定位器进行调整，使控制阀 A 在 $20\sim60$kPa 的输入信号下走完全行程，阀 B 在 $60\sim100$kPa 的输入信号下走完全行程。这样，当控制器输出信号在小于 60kPa 范围内变化时，就只有控制阀 A 随着信号压力的变化改变自己的开度，而控制阀 B 则处于某个极限位置（全开或全关），其开度不变。当控制阀输出信号在 $60\sim100$kPa 范围内变化时，控制阀 A 因已移动到极限位置开度不再变化，控制阀 B 的开度却随着信号大小的变化而变化。

就控制阀的动作方向而言，分程控制系统可以分为两类：一类是两个控制阀同向动作，即两控制阀都随着控制器输出信号的增大或减小同向动作，其过程如图 5-28（a）、（b）所示，其中图（a）为气开阀的情况，图（b）为气关阀的情况；另一类是两个控制阀异向动作，即随着控制器输出信号的增大或减小，一个控制阀开大，另一个控制阀则关小，如图 5-28(c)、（d）所示，其中图（c）是 A 为气开阀、B 为气关阀的情况，图（d）是 A 为气关阀、B 为气开阀的情况。

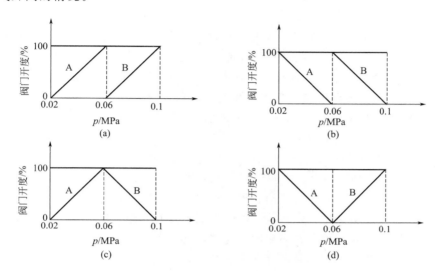

图 5-28　两个阀门的分程控制特性

分程阀同向或异向动作的选择必须根据生产工艺的实际要求来确定。

二、分程控制的应用场合

（1）用于扩大控制阀的可调范围，以提高控制质量

设控制阀可控制的最小流量为 Q_{min}，可控制的最大流量为 Q_{max}，则定义 $Q_{max}/Q_{min} = R$，其中 R 称为阀门的可调比或可调范围。

大多数国产阀门的可调比 R 等于 30，在有些场合不能满足需要，希望提高可调比 R，适应负荷的大范围变化，改善控制品质，这时可采用分程控制。图 5-28 中的特性（a）和特性（b）均可。（a）是气开特性，（b）是气关特性。以（a）为例分析如下。

设 A、B 两只阀门均为气开特性，可控制最大流量 Q_{max} 均为 200，$R=30$，可控制最小流量 $Q_{min} = Q_{max}/R = 6.67$。

当两只阀门以分程方式工作时，A 阀工作于控制信号的 20～60kPa 段，B 阀工作于控制信号的 60～100kPa 段。这时，对于这两只阀门并联而成的起分程控制作用的整体来说

可控制最小流量　$Q'_{min} = Q_{min} = 6.67$
可控制最大流量　$Q'_{max} = Q_{max} + Q_{max} = 400$
则　　　　　　　　$R' = Q'_{max}/Q'_{min} = 400/6.67 = 60$

可见，可调比增加了一倍。如果 A 阀的 Q_{max} 较小，B 阀的 Q_{max} 较大，则可调比增加得更多。

图 5-29 为某蒸汽减压系统分程控制方案。锅炉产汽压力为 10MPa，是高压蒸汽，而

生产上需要的是压力平稳的 4MPa 中压蒸汽。为此，需要通过节流减压的方法将 10MPa 的高压蒸汽节流减压成 4MPa 的中压蒸汽。在选择控制阀口径时，为了适应大负荷下蒸汽供应量的需要，控制阀的口径就要选择得很大。然而，在正常情况下，蒸汽量却不需要这么大，这就得要将阀关小。也就是说，正常情况下控制阀只在小开度下工作。而大口径阀门在小开度下工作时，除了阀特性会发生畸变外，还容易产生噪声和振荡，这样会使控制效果变差，控制质量降低。为解决这一问题，可采用分程控制方案，构成图 5-29 所示的系统。

在该分程控制方案中采用了 A、B 两台控制阀（假定根据工艺要求均选择为气开阀）。其中 A 阀在控制器输出压力为 20～60kPa 时，从全关到全开，B 阀在控制器输出压力为 60～100kPa 时，由全关到全开。这样在正常情况下，即小负荷时，B 阀处于关闭状态，只通过 A 阀开度的变化来进行控制；当大负荷时，A 阀已全开仍满足不了蒸汽量的需要，中压蒸汽管线的压力仍达不到设定值，于是当压力控制器 PC 输出增加，超过了 60kPa 时，B 阀便逐渐打开，以弥补蒸汽供应量的不足。

（2）用于控制两种不同的介质，以满足工艺操作上的特殊要求

在如图 5-30 所示的间歇式生产的化学反应过程中，当反应物料投入设备后，为了使其达到反应温度，在反应开始前，需要给它提供一定的热量。一旦达到反应温度后，就会随着化学反应的进行不断放出热量，这些放出的热量如不及时移走，反应就会越来越剧烈，以致有爆炸的危险。因此，对这种间歇式化学反应器，既要考虑反应前的加热问题，又需要考虑过程中移走热量的问题。为此可采用分程控制系统。

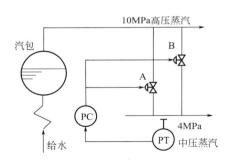

图 5-29 蒸汽减压系统分程控制

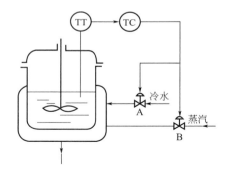

图 5-30 间歇反应器温度分程控制

在该系统中，利用 A、B 两台控制阀，分别控制冷水与蒸汽两种不同介质，以满足工艺上冷却和加热的不同需要。

图 5-30 中温度控制器 TC 选择为反作用，冷水控制阀 A 选为气关式，蒸汽控制阀 B 选为气开式，两阀的分程情况如图 5-28(d) 所示。该系统的工作情况如下。

在进行化学反应前的升温阶段，由于温度测量值小于设定值，控制器 TC 输出较大（>60kPa），因此，A 阀将关闭，B 阀被打开，此时蒸汽通入热交换器使循环水被加热，循环热水再通入反应器夹套为反应物加热，以便使反应物温度慢慢升高。

当反应物温度达到反应温度时，化学反应开始，于是就有热量放出，反应物的温度将逐渐升高。由于控制器 TC 是反作用的，因此随着反应物温度的升高，控制器的输出逐渐减小。与此同时，B 阀将逐渐关闭。待控制器输出小于 60kPa 以后，B 阀全关，A 阀则逐渐打开。这时，反应器夹套中流过的将不再是热水而是冷水。这样一来，反应所产生的热量就不

断为冷水所移走，从而达到维持反应温度不变的目的。

从生产安全的角度考虑，本方案中选择蒸汽控制阀为气开式，冷水控制阀为气关式。因为，一旦出现供气中断情况，A 阀将处于全开，B 阀将处于全关。这样，就不会因为反应器温度过高而导致生产事故。

（3）用作安全生产的保护措施

有时分程控制系统也用作安全生产的保护措施。

如图 5-31 所示的炼油或石油化工厂存放油品或石油化工产品的储罐。这些油品或石油产品不宜与空气长期接触，因为空气中的氧气会使油品氧化而变质，甚至引起爆炸。

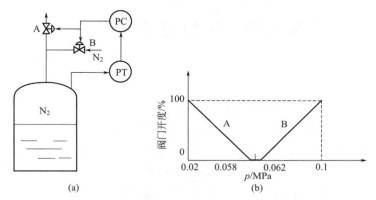

图 5-31 储罐氮封分程控制方案及特性图

因此，常常在储罐上方充以惰性气体 N_2，以使油品与空气隔绝，通常称为氮封。为了保证空气不进储罐，一般要求氮气压力应保持为微正压。

这里需要考虑的一个问题就是，储罐中物料量的增减会导致氮封压力的变化。当抽取物料时，氮封压力会下降，如不及时向储罐中补充 N_2，储罐就有被吸瘪的危险。而当向储罐中打料时，氮封压力又会上升。如不及时排出储罐中部分 N_2，储罐就可能被鼓坏。为了维持氮封压力，可采用图 5-31（a）所示的分程控制方案。本方案中采用的 A 阀为气关式，B 阀为气开式，它们的分程特性如图 5-31（b）所示。压力控制器 PC 为反作用方式。当储罐压力升高时，压力控制器 PC 的输出降低，B 阀将关闭，而 A 阀将打开，于是通过放空的办法将储罐内的压力降下来。当储罐内压力降低，控制器输出将变大，此时 A 阀将关闭，而 B 阀将打开，于是 N_2 被补充加入储罐中以提高储罐的压力。

为了防止储罐中压力在设定值附近变化时 A、B 两阀的频繁动作，可在两阀信号交接处设置一个不灵敏区，如图 5-31（b）所示。方法是通过阀门定位器的调整，使 A 阀在 $20\sim58$kPa 信号范围内从全开到全关，使 B 阀在 $62\sim100$kPa 信号范围内从全关到全开，而当控制器输出压力在 $58\sim62$kPa 范围变化时，A、B 两阀都处于全关位置不动。这样做的结果，对于储罐这样一个空间较大，因而时间常数较大且控制精度不是很高的具体压力对象来说，是有益的。因为留有这样一个不灵敏区之后，将会使控制过程变化趋于缓慢，系统更为稳定。

三、分程控制系统应用中应注意的几个问题

① 控制阀流量特性要正确选择。因为在两阀分程点上，控制阀的放大倍数可能出现突变，表现在特性曲线上产生斜率突变的折点，这在大、小控制阀并联时尤其重要。如果两控制阀均为线性特性，情况更严重。如果采用对数特性控制阀，分程信号重叠一小段，则情况

会有所改善。

② 大、小阀并联时，大阀的泄漏量不可忽视，否则就不能充分发挥扩大可调范围的作用。当大阀的泄漏量较大时，系统的最小流通能力就不再是小阀的最小流通能力了。

③ 分程控制系统本质上是简单控制系统，因此控制器的选择和参数整定，可参照简单控制系统处理。不过在运行中，如果两个控制通道特性不同，就是说广义对象特性是两个，控制器参数不能同时满足两个不同对象特性的要求。遇此情况，只好照顾正常情况下的被控对象特性，按正常情况下整定控制器的参数，对另一台阀的操作要求，只要能在工艺允许的范围内即可。

第六节 选择性控制系统

一、概述

通常的自动控制系统都是在生产过程处于正常工况时发挥作用的，如遇到不正常工况，则往往要退出自动控制而切换为手动，待工况基本恢复再投入自动控制状态。

现代石油化工等过程工业中，越来越多的生产装置要求控制系统既能在正常工艺状况下发挥控制作用，又能在非正常工况下仍然起到自动控制作用，使生产过程尽快恢复到正常工况，至少也是有助于或有待于工况恢复正常。这种非正常工况时的控制系统属于安全保护措施，安保措施有两大类，一是硬保护，二是软保护。

联锁保护控制系统就是硬保护措施。当生产过程工况超出一定范围时，联锁保护系统采取一系列相应的措施，如报警、自动切换到手动、联锁动作等，使生产过程处于相对安全的状态。但这种硬保护措施经常使生产停车，造成较大的经济损失。于是，人们在实践中探索出许多更为安全、经济的软保护措施来减少停车造成的损失。

选择性控制（Selective Control）系统又称作自动保护控制系统或软保护系统，就是当生产工况超出一定范围时，不是消极地进入联锁保护甚至停车，而是自动地切换到一种新的控制系统中。这个新的控制系统取代了原来的控制系统对生产过程进行控制，当工况恢复时，又自动地切换回原来的控制系统中。由于要对工况是否正常进行判断，要在两个控制系统当中选择，因此，称为选择性控制系统。

选择性控制系统在结构上的最大特点是有一个选择器，通常是两个输入信号，一个输出信号，如图 5-32 所示。对于高选器，输出信号 Y 等于 X_1 和 X_2 中数值较大的一个，如 $X_1 = 5\text{mA}$，$X_2 = 4\text{mA}$，$Y = 5\text{mA}$。对于低选器，输出信号 Y 等于 X_1 和 X_2 中数值较小的一个。

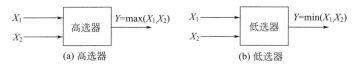

X_1
X_2 → 高选器 → $Y = \max(X_1 X_2)$
(a) 高选器

X_1
X_2 → 低选器 → $Y = \min(X_1 X_2)$
(b) 低选器

图 5-32 高选器和低选器

高选器时，正常工艺情况下参与控制的信号应该比较强，如设为 X_1，则 X_1 应明显大于 X_2。出现不正常工艺时，X_2 变得大于 X_1，高选器输出 Y 转而等于 X_2；待工艺恢复正常后，X_2 又下降到小于 X_1，Y 又恢复为选择 X_1。这就是选择性控制原理。

二、选择性控制系统的类型

（1）开关选择性控制系统

如图 5-33 所示是一个丙烯冷却器温度控制系统，目的是使裂解气的温度下降并稳定在一定的温度上。测量裂解气出口温度 T，如 T 偏高，使液丙烯流量加大，冷却器中的丙烯液面升高，载有裂解气的列管与液态丙烯的接触面积增大，换热加快，T 下降，达到控制的目的。这是正常工况时的控制作用。

如果扰动很大，裂解气进口温度很高，液面上升到全部列管均已浸在液态丙烯中，仍然不能将 T 降下来，控制系统势必要继续加大液态丙烯的流量。但这时，继续加大液态丙烯流量不能进一步增加列管与液态丙烯的换热面积，而且，由于液面很高，液态丙烯的蒸发空间太小，使换热效率下降。更为严重的问题是，出口气丙烯中可能带有液体，即带液现象，带液气丙烯送入压缩机会损坏压缩机，这是不允许的。因此，在非正常工况时，无法用图 5-33 所示的简单控制系统解决。

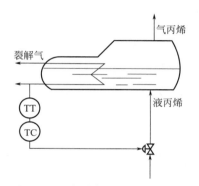

图 5-33　丙烯冷却器温度控制系统

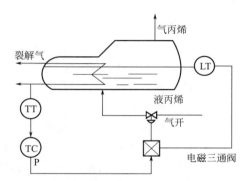

图 5-34　丙烯冷却器开关型选择性控制系统

根据选择性控制思想，设计一个开关型选择性控制系统，如图 5-34 所示，比简单控制系统增加了液位变送器和电磁三通阀。正常工况时，三通阀将温度控制器来的控制信号 P 送至气动控制阀的气室，系统与简单控制系统相同。当液位上升到一定位置时，液位变送器的上限节点接通，电磁阀通电，切断控制信号 P 的通路，将大气（即表压为 0）通入气室，阀门关闭。液位回降至一定位置时，液位变送器的上限节点断开，电磁三通阀失电，系统恢复为简单温度控制系统。

（2）选择器装在变送器和控制器之间，对变送器输出信号进行选择的系统

该系统至少有两个以上的变送器，其输出信号均送入选择器，选择器选择符合工艺要求的信号送至控制器，一般应用于下列场合。

① 选择测量信号最高值或最低值：图 5-35 为一化学过程反应器峰值温度选择性控制系统。

反应器内装有固定催化剂层，为防止反应温度过高而烧坏催化剂，在催化剂层的不同位置选择温度检测点，各测温信号一起送到高值选择器，选出最高的温度信号进行控制，以保证催化剂层的安全。

② 选择可靠值：对关键变量的检测点，如果当变送器失灵机会较多，为了避免造成不可估计的损失，可在同一检测点安装两个以上的变送器，通过选择器选出可靠的信号值进行

自动控制，以提高系统的运行可靠程度。

（3）选择器装在控制器和控制阀之间，对控制器输出信号进行选择的系统

这类系统含有取代控制器和正常控制器，两者的输出信号都送至选择器。在生产正常状况下，选择器选出能适应生产安全情况的控制信号送给控制阀，实现对正常生产过程的自动控制。当生产工艺情况不正常时，选择器也能选出适应生产安全状况的控制信号，由取代控制器取代正常控制器的工作，实现

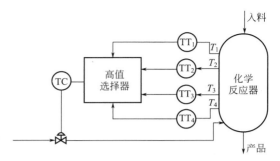

图 5-35　反应器峰值温度自动选择控制系统

对非正常生产过程下的自动控制。一旦生产状况恢复正常，选择器则进行自动切换，仍由原正常控制器来控制生产的正常进行。

三、选择性控制系统的设计

（1）深入了解工艺

选择性控制方案是异常工况时的安全软保护措施，只有深入了解工艺，才能确定当工况由正常变为异常时的保护性措施，工况由异常变为正常时的控制系统的切换方法，才能设计出合理的选择性控制系统。

（2）控制阀的选择

原则与简单控制系统相同，其开关形式也是从安全考虑。

（3）控制规律的选择

正常工况下，正常控制器用 PI 或 PD 作用；异常时，取代控制器用比例作用，且比例度要求尽量小。

（4）控制器积分饱和问题

如果选择性控制系统有两个控制器，那么在两个控制器中总有一个处于开环状态。不论哪一个控制器处于开环状态，只要有积分作用都有可能产生积分饱和现象。这是由于长时间存在偏差，致使控制器的输出将达到最大或最小极限值的缘故。积分饱和现象使控制器不能及时反向动作而暂时丧失控制功能，而且必须经过一段时间后才能恢复控制功能，这将给安全生产带来严重影响。

一般而言，积分饱和产生的条件一是控制器具有积分控制规律；二是控制器输入偏差长期得不到校正。针对上述情况，为防止积分饱和，通常采用下列方法。

① 外反馈法：是指控制器在开环状态下不选用控制器自身的输出作反馈，而是用其他相应的信号反馈以限制其积分作用的方法。

② 积分切除法：是指控制器具有 PI-P 控制规律，当控制器被选中时，具有 PI 控制规律，一旦处于开环状态，立即切除积分功能，只具有比例功能，这是一种特殊设计的控制器。若用计算机进行选择性控制，只要利用计算机的逻辑判断功能，编制出相应的程序即可。

③ 限幅法：是指利用高值或低值限幅器，使控制器的输出信号不超过工作信号的最高值或最低值。至于应该使用高限器还是低限器，则要根据具体工艺来定。当控制器处于开环待命状态时，控制器由于积分作用会使输出逐渐增大，则要用高限器；反之，则

用低限器。

第七节 其他控制系统简介

目前在生产过程控制领域，已普遍采用了具有智能控制单元的分布式控制系统（DCS）。为了充分发挥智能控制单元的功能，世界各国在加强建模理论、辨识技术、优化控制、最优控制、高级过程控制等方面进行研究。推出了从实际工业过程特点出发，寻求对模型要求不高、在线计算方便、对过程和环境的不确定性有一定适应能力的控制策略和方法。例如，预测控制、推理控制、解耦控制、鲁棒控制、自适应控制、智能控制等新型控制系统。本节将对这些控制系统作一简要介绍。

一、预测控制

预测控制（Prediction Control）的基本出发点与传统的 PID 控制不同，PID 控制是根据过程当前的和过去的输出测量值和设定值的偏差来确定当前的控制输入。而预测控制不但利用当前的和过去的偏差值，而且还利用预测模型来预估过程未来的偏差值。这种类型的控制系统，是采用工业过程中较易得到的对象的脉冲响应或阶跃响应曲线，将它们在采样时刻的数值作为描述对象动态特性的信息，构成预测模型，然后据此确定控制量的时间序列，使未来一段时间中被控量与期望轨迹之间的误差最小，而且这种"优化"过程是反复在线进行的，即它能以滚动优化确定当前的最优控制策略。因此，从基本思想上看，预测控制优于 PID 控制。

目前常见的几种预测控制有：模型预测启发控制（MPHC）、模型算法控制（MAC）、动态矩阵控制（DMC）、广义预测控制（GPC）和内部模型控制（IMC）等。

二、推理控制

在实际工业生产中，常常存在这样一些情况，即被控过程的输出量不能直接测量或难以测量，因而无法实现反馈控制；或者被控过程的扰动也无法测量，也不能实现前馈控制。在这种情况下，采用控制辅助输出量的办法间接控制过程的主要输出量，这就是推理控制（Inference Control）的主要思路。

推理控制是利用数学模型由可测信息将不可测的输出变量推算出来实现反馈控制；或将不可测的扰动推算出来以实现前馈控制。

假若不可测的是被控变量，只需要采用可测的输入变量或其余辅助变量即可推算出来，这是推理控制中最简单的情况，习惯上称这种系统为"采用计算机指标的控制系统"，如热焓控制、内回流控制、转化率控制等。

对于不可测扰动的推理控制，是利用过程的辅助输出，如温度、压力、流量等测量信息，来推断不可直接测量的扰动对过程主要输出（如产品质量、成分等）的影响，然后基于这些推断估计量来确定控制输入，以消除不可直接测量的扰动对过程主要输出的影响，改善控制品质。

三、解耦控制

在一个生产装置中，往往需要设置若干个控制回路，来稳定各个被控变量。在这种情况下，任意一个控制变量的变化将会引起几个被控量的变化；几个回路之间，可能相互关联、相互耦合、相互影响，一个回路的控制作用发生变化，也会影响到其他回路被控变量发生变化，这就构成了存在耦合的多变量控制系统。

这种耦合产生了一些不希望有的影响，在严重的情况下，可以导致各控制回路无法工作。减少与解除耦合最简单的方法就是正确匹配被控变量与操纵变量。如果最好的变量匹配也得不到满意的控制效果，那么，对于快速回路（如流量回路），在整定控制器的参数时，可以把一个或更多的控制器加以特殊的整定，使两个控制回路的工作频率错开，以减小系统间的关联程度，甚至可以将次要控制回路的控制器取无穷大的比例度，即取消该控制回路。对于慢速成分回路（如液位回路），不适合采取参数特殊整定的方法，就必须进行解耦控制（Decoupling Control），即在控制器输出端与执行器输入端之间，串接一个解耦装置，使其中任意一个控制量的变化只影响其配对的那个被控变量，而不影响其他控制回路的被控量。这样，就把多变量耦合控制系统分解为若干个相互独立的单变量控制系统。

四、鲁棒控制

一个控制系统的模型往往是在忽略了一些次要影响的基础上建立的，模型与实际系统的特性总存在差别，这种差别就是模型的不确定性。

鲁棒控制（Robust Control）常指在对象变动、模型误差，以及外部干扰等影响很强的情况下的控制技术。其任务就是设计一个固定控制器，使得相应的闭环系统在指定不确定性扰动作用下仍能维持预期的性能，或相应的闭环系统在保持预期的性能前提下，能允许最大的不确定性扰动。

根据鲁棒控制研究时基于模型的不同，系统鲁棒性研究方法主要有两类：研究对象是闭环系统的状态矩阵或特征多项式的，一般用代数方法；研究是从系统的传递函数或传递函数矩阵出发的，常采用频率域的方法。

在通常的鲁棒控制过程中，控制器的特性不会变化，主要的特性是很坚固的，甚至连细微的调整也不需要，这是称为鲁棒特性的主要标志，但对于处理变动较大的对象会感到困难。

五、自适应控制

与鲁棒控制的特点正好相反，"自适应"的含义就是改变自己的行为以适应新的环境，自适应控制器就是改变其控制作用以适应过程动态的改变或环境的扰动。自适应控制（Adaptive Control）是一种可以根据观测到的情况变化，随时调整控制器的参数，以适应其特性的变化，保证整个系统的性能指标，达到令人满意结果的控制方法。

自适应控制系统有两个特点，一是控制的过程具有某种不确定性（即过程的特性有某些未知或不确定的部分）；二是控制系统的适应能力表现为控制系统的不确定性不断减弱。一个自适应控制系统至少应具有一个测量或估计环节、具有衡量系统控制效果好坏的性能指标、具有自动调整控制规律或控制器参数的能力。

自适应控制系统主要有简单自适应控制系统、模型参考型自适应控制系统和自校正自适应控制系统三种类型。

六、智能控制

智能控制（Intelligent Control，IC）是引入人工智能（Artificial Intelligence，AI）的控制，是人工智能与自动控制两者的结合。人工智能是指智能机器所执行的通常与人类智能有关的功能，如判断、推理、证明、识别、感知、理解、设计、思考、规划、学习和问题求解等思维活动。人工智能的内容很广泛，有不少内容可用于控制，当前最主要的有专家系统、模糊控制和人工神经网络控制三种形式。它们可以单独应用，也可以与其他形式结合起来；可以用于基层控制，也可用于过程建模、操作优化、故障检测、计划调度和经营决策等不同层次。

专家系统（Expert System）主要是指智能计算机程序系统，其内部含有大量的某个领域专家水平的知识与经验，能够利用人类专家的知识和解决问题的经验方法来处理该领域的高水平难题。专家系统的基本功能取决于它所含有的知识，因此，有时也把专家系统称为基于知识的系统（Knowledge-Based System）。

模糊控制（Fuzzy Control）是把人的丰富经验加以总结，把凭经验所采取的措施变成相应的控制规则，对复杂的工业过程进行自动控制的一种行之有效的控制方法。它把操作规则、控制规则等用"IF...THEN..."的形式来表示，并通过模糊推理（Fuzzy Inference，Fuzzy Reasoning）来确定操作量。

神经控制（Neuro Control）是利用微电子技术来模拟人脑思维的一种控制方法，具有较强的适应和学习功能，比较适用于具有不确定性或高度非线性的被控对象。

模糊、神经控制都是利用了人类大脑所具有的灵活机智的信息处理机能，从而有可能实现用传统的控制方法不可能得到的一些特性，但二者有本质的区别。前者反映大脑"逻辑推理"的能力，而后者则侧重"认识"能力。若把两者的特长相融合，采用不同的方法和思路去实现同一目的时，在解决工程难题上会有积极的意义，并且可以达到出乎意料的、殊途同归的效果。但必须指出的是，对于这些方法的理论分析还很不充分，正作为重要课题在进行研究。

第八节　控制流程图识图

在学习了前面相关章节以后，就可以来试着逐步读懂一些有关过程控制的图纸了。作为工程技术人员能读懂图纸至关重要。

一、常规控制流程图的识图

如图 5-36 所示，是一个"脱丙烷塔"带控制点的工艺流程图。参照该图来说明如何识图，识图的基本步骤如下：首先要熟悉工艺流程图，其次再分析控制系统，最后了解自动检测系统。

1. 熟悉工艺流程

控制流程图是在工艺流程图的基础上设计出来的，所以要首先通过工艺流程图来熟悉工艺流程。

图 5-36 中，脱丙烷塔的主要任务是切割 C_3 和 C_4 混合馏分，塔顶轻组分关键是丙烷，塔釜重组分关键是丁二烯。

第一脱乙烷塔塔釜来的釜液和第二蒸出塔的釜液混合后进入脱丙烷塔（T1808），进料中主要含有 C_3、C_4 等馏分，为气液混合状态。进料温度 32℃，塔顶温度 8.9℃，塔釜温度

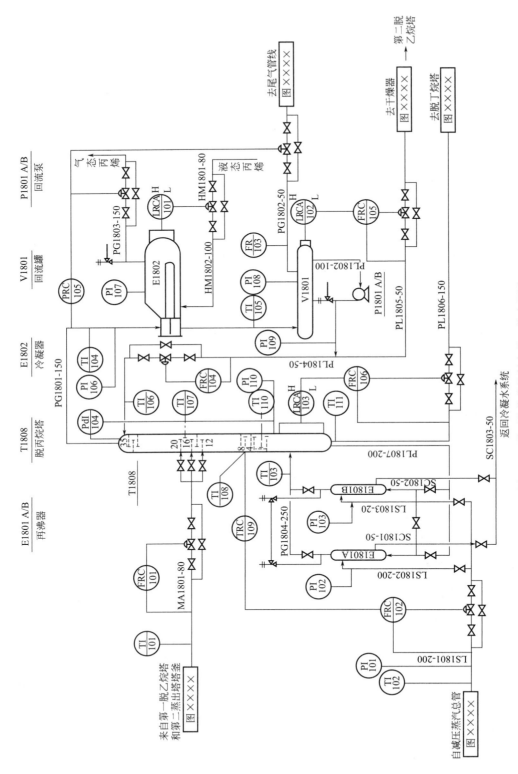

图 5-36 脱丙烷塔带控制点的工艺流程图

72℃。塔内操作压力 0.75MPa（绝压）。采用的回流比约为 1∶13，冷凝器（E1802）由 0℃的液态丙烯蒸发制冷，再沸器（E1801 A/B）加热用的 0.15MPa（绝压）减压蒸汽是由来自裂解炉的 0.6MPa（绝压）低压蒸汽与冷凝水混合制得的。

进料混合馏分经过脱丙烷塔切割分离，塔顶馏分被冷凝器冷凝后送至回流罐（V1801），回流罐中的冷凝液被泵（P1801 A/B）抽出后，一部分作为塔顶回流，另一部分作为塔顶采出送至分子筛干燥器和低温加氢反应器，经过干燥和加氢后，作为第二脱乙烷塔的进料。回流罐中的少量不凝气体通过尾气管线返回裂解气压缩机或送至火炬烧掉。塔釜中釜液的一部分进入再沸器以产生上升蒸汽，另一部分作为塔底采出送至脱丁烷塔继续分离。

2．分析自动控制系统

要想了解控制系统的情况，应该借助于控制流程图和自控方案来说明。这里仅就控制流程图进行说明。

图 5-36 中共有七套控制系统。其中，主要回路是"TRC-109、FRC-102 提馏段温度与蒸汽流量串级控制系统"。主变量是提馏段温度，副变量是加热蒸汽流量，FRC-102 为副回路，对加热蒸汽流量进行控制；TRC-109 为主回路，对提馏段温度进行控制。当加热蒸汽压力波动不大时，通过"主/串"切换开关可使主控制器的输出直接去控制执行机构，实现主控。其余六个控制系统作为主回路"TRC-109、FRC-102 提馏段温度与蒸汽流量串级控制系统"的辅助回路，如下所示。

FRC-101——进料流量均匀控制系统，用于控制脱丙烷塔的进料流量。

LRCA-102、FRC-105——回流罐液位与塔顶采出流量的串级均匀控制系统，用于对回流罐液位和塔顶采出流量进行均匀控制。FRC-105 为副回路，LRCA-102 为主回路，并具有液位的上、下限报警功能。

LRCA-103、FRC-106——塔釜液位与塔底采出流量的串级均匀控制系统，用于对塔釜液位和塔底采出流量进行均匀控制。

以上三套均匀控制系统，不仅能使塔釜液位和回流罐液位保持在一定范围内波动，而且也能保持塔的进料量、塔顶馏出液和塔釜馏出液流量平稳、缓慢地变化。基本满足各塔对物料平衡控制的要求。

PRC-105——脱丙烷塔压力控制系统。它以塔顶气相出料管中的压力为被控变量，冷凝器出口的气态丙烯流量为操纵变量构成单回路控制系统，以维持塔压稳定。PRC-105 除了控制气态丙烯控制阀外，还可控制回流罐顶部不凝气体控制阀，这就构成了塔顶压力的分程控制系统。当塔顶馏出液中不凝气体过多，气态丙烯控制阀接近全开，塔压仍不能降下来时，压力控制器就使回流罐上方的不凝气体控制阀逐渐打开，将部分不凝气体排出，从而使塔压恢复正常。

LRCA-101——冷凝器液位控制系统，它以液态丙烯流量为操纵变量，以保证冷凝器有恒定的传热面积和足够的丙烯蒸发空间。

FRC-104——回流量控制系统，目的是保持脱丙烷塔的回流量一定，以稳定塔的操作。

3．了解自动检测系统

① 温度检测系统：TI-101、TI-103、TI-104、TI-105、TI-106、TI-107、TI-108 分别对进料、再沸器出口、塔顶、冷凝器出口、塔顶回流、塔中、第七段塔板等各处温度进行检测并在控制室内的仪表盘面进行指示；TI-102、TI-110、TI-111 分别对再沸器加热蒸气、塔釜、塔底采出等处的温度进行检测并在现场指示。

② 压力检测系统：PI-101、PI-102、PI-103、PI-106、PI-107、PI-108、PI-109、PI-110 等，分别对蒸汽总管、再沸器加热蒸汽、塔顶、冷凝器、回流罐、回流泵出口、塔底等处压力进行检测及现场指示。PdI-104 对塔顶塔底压差进行检测并在控制室的仪表盘面进行指示。

③ 流量检测系统：FR-103 对回流罐上方不凝气体排出量进行检测记录。

另外，在本装置中，由于被控的温度、压力、流量、液位等变量都十分重要，所以，在设置控制系统的同时，也设置了这些被控变量的记录功能。

二、计算机控制流程图识图初步

在现代过程控制中，计算机控制系统的应用十分广泛。现仍以脱丙烷塔工艺为基础，以计算机控制中的"分布式控制系统（DCS）"为例，学习读识相关的控制流程图。

图 5-37 是采用分布式控制系统（DCS）进行控制的脱丙烷塔控制流程图的一个局部。

图中　FN——安全栅；

$\mathrm{d}f/\mathrm{d}t$——流量变化率运算函数；

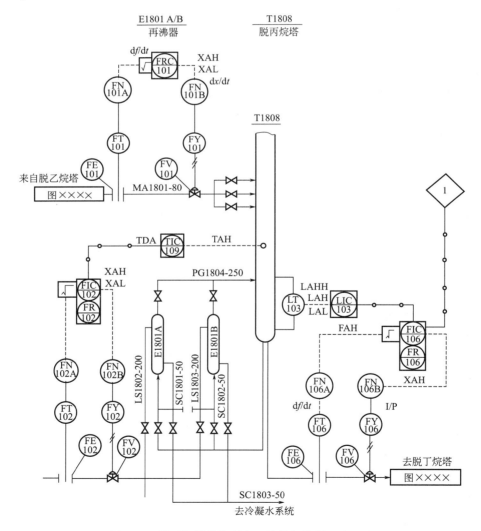

图 5-37　脱丙烷塔带控制点（计算机控制）流程图

  XAH——控制器输出高限报警；

  XAL——控制器输出低限报警；

  dx/dt——控制器输出变化率运算；

  FY——I/P 电气转换器；

  TAH——温度高限报警；

  TDA——温度设定点偏差报警；

  LAH——液位高限报警；

  LAL——液位低限报警；

  LAHH——液位高高限报警。

  图 5-37 中，带方框的集中盘面安装的控制点图标——"计算机控制"，表示正常情况下操作员可以监控；非盘面集中安装图标则中间没有横线的标识——计算机系统的检测、变换环节，则表示正常情况下操作员不能监控。

思考题与习题

  1. 什么是串级控制系统？试画出其典型方块图。图 5-36 中有哪些串级控制系统？

  2. 与简单控制系统相比，串级控制系统有哪些特点？

  3. 串级控制系统最主要的优点体现在什么地方？试通过一个例子与简单系统作比较。

  4. 串级控制系统中的副被控变量如何选择？

  5. 在串级控制系统中，如何选择主、副控制器的控制规律？其参数又如何整定？

  6. 对于图 5-37 所示的反应釜温度与夹套温度串级控制系统。要求：

  （1）画出该系统的方块图，并说明主变量、副变量分别是什么？主控制器、副控制器分别是哪个控制器；

  （2）若工艺要求反应釜温度不能过高，试确定控制阀的气开、气关形式；

  （3）确定主、副控制器的正反作用方式；

  （4）当进料量突然加大时，简述该控制系统的控制过程。

  7. 前馈控制系统有哪些典型结构形式？什么是静态前馈和动态前馈？

  8. 与反馈控制系统相比，前馈控制系统有什么特点？为什么采用前馈-反馈控制系统能较大地改善控制品质？

  9. 比值控制系统有哪些类型？各有什么特点？适用于什么场合？

  10. 双闭环比值控制系统与串级控制系统有什么异同点？

  11. 均匀控制系统的目的和特点是什么？图 5-36、图 5-37 中各有哪些均匀控制系统？

  12. 简单均匀控制系统和简单控制系统有什么异同之处？

  13. 什么是分程控制系统？它区别于一般简单控制系统的最大特点是什么？

  14. 分程控制系统应用于哪些场合？在分程控制系统中，在什么情况下选择同向动作的控制阀？什么情况下选择反向动作的控制阀？

  15. 什么是生产过程的软保护措施与硬保护措施？

  16. 选择性控制系统有哪些类型？各有什么特点？

  17. 选择性系统为什么会出现积分饱和？积分饱和的危害是什么？产生积分饱和的条件是什么？抗积分饱和的措施有哪些？

第六章

分布式控制系统（DCS）

本章介绍 DCS 的概念、特点、构成方式及发展历程，DCS 的硬件体系结构与各部分功能，以及 DCS 的软件体系及组态步骤与方法；介绍和利时公司的一体化过程解决方案，以及国内常见的几家 DCS 产品的结构与特点。

分布式控制系统（Distributed Control System，DCS），国内习惯称为集散控制系统。它是以微处理器为基础的对生产进行集中监视、操作、管理和分散控制的综合性控制系统，综合了计算机、控制、通信和显示技术，其基本思想是分散控制、集中操作、分级管理。

DCS 系统将若干台微机分散应用于过程控制，全部信息通过通信网络由上位管理计算机监控，实现最优化控制。整个装置继承了常规仪表分散控制和计算机集中控制的优点，克服了常规仪表功能单一、人-机联系差以及单台微型计算机控制系统危险性高度集中的缺点。既实现了在线管理、操作和显示三方面集中，又实现了在功能、负荷和危险性三方面的分散，也为正在发展的先进的新型控制系统提供了必要的工具和手段。

过去的 40 多年，DCS 从未停止过发展的脚步，在硬件结构、软件应用和网络协议等方面实现了自身技术发展的更新换代，其控制功能日趋完善，信息处理能力、处理速度都有显著提升，已经成为当今控制系统的主流产品。DCS 系统已经在电力、石油、化工、制药、冶金、建材等众多行业得到了广泛的应用，并且随着计算机技术、控制技术、网络技术等的发展而弥久常新。

第一节 概　　述

一、DCS 系统的构成方式

不同厂家的 DCS 产品，其硬件和软件千差万别，但其基本构成方式大致相同。如图 6-1 所示，DCS 一般分为现场控制级、过程控制级、过程管理级和工厂管理级四级功能层次。对应着这四层结构分别有四层计算机网络，即现场网络 Fnet（Field Network）、控制网络 Cnet（Control Network）、监控网络 Snet（Supervision Network）、管理协调网络 Mnet（Management Network）。

① 现场控制级（Field Control Unit）：随着智能现场设备和现场总线的应用，新一代的

DCS 具有了现场控制的功能。现场控制级承担采集过程数据，对数据进行处理、转换；输出过程操纵命令；进行直接数字控制；进行现场控制级的设备监测和诊断；与过程控制级的数据通信等任务。

② 过程控制级（Process Control Unit）：大部分 DCS 都采用分散的控制站和 I/O 模块或卡件组成过程控制级。过程控制级是 DCS 的核心，其主要功能是采集过程数据，对数据进行处理、转换；监视和存储数据；实现连续、批量或顺序控制的运算；输出过程操纵命令；进行设备的自诊断等。

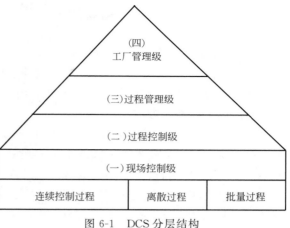

图 6-1 DCS 分层结构

③ 过程管理级（Process Management Unit）：以中央控制室的操作员站为主，配以工程师站、打印机等外部设备。过程管理级以操作监视为主要任务：把过程参数的信息集中化，对各个现场控制站的数据进行收集，并通过简单的操作，进行工程量的显示、各种工艺流程图的显示、趋势曲线的显示以及改变过程参数（如设定值、操纵变量、报警状态等信息）；实现对生产过程的集中操作和统一管理。另一个任务是兼有部分管理功能：进行数据通信、系统组态，优化过程控制。

④ 工厂管理级（Plant Management Unit）：它是 DCS 系统的最高层。其主要功能是进行优化控制；对主要数据进行显示、存储和输出；根据市场需求、各种与经营有关的信息因素和生产管理的信息，做出全面综合性经营管理决策，规定并协调各级任务。

DCS 采用的分层结构，使信息一方面自下而上逐渐集中，同时又自上而下逐渐分散，使其便于实现系统功能分散、危险分散、提高可靠性、强化系统应用灵活性、降低投资成本、便于维修和技术更新等功能目的。

二、 DCS 的特点

分布式控制系统采用以微处理器为核心的"智能技术"，凝聚了计算机的最先进技术，成为计算机应用最完善、最丰富的领域。它采用标准化、模块化和系列化设计，与传统的模拟电动仪表相比，具有连接便利、采用软连接的方法容易变更、显示方式灵活、显示内容丰富、数据存储量大等优点；与集中数字计算机控制系统相比，具有操作监视方便、控制回路分散、功能分散等优点。其特点主要表现在以下几个方面：

① 实现分散控制：DCS 将控制与显示分离，现场过程受现场控制单元控制，每个控制单元可以控制若干个回路，完成各自功能。各个控制单元又有相对独立性，一个控制单元出现故障仅仅影响所控制的回路而对其他回路无影响。各个现场控制单元本身也具有一定的智能，能够独立完成各种控制工作。

② 实现集中监视、操作和管理，具有强大的人机接口功能：分布式控制系统中的操作站与现场控制单元分离。操作人员通过显示器和操作键盘可以监视现场部分或全部生产装置乃至全厂的生产情况，按预定的控制策略通过系统组态组成各种不同的控制回路，并可调整回路中任一常数，对工业设备进行各种控制。显示器屏幕显示信息丰富多彩，除了类似于常

规记录仪表显示参数、记录曲线外，还可以显示各种流程图、控制画面、操作指导画面等，各种画面可以切换。

③ 采用局部网络通信技术：DCS 的数据通信网络采用工业局域网络进行通信，传输实时控制信息，进行全系统综合管理，对分散的过程控制单元和人机接口单元进行控制、操作管理。大多数分散型控制系统的通信网络采用光纤传输，通信的安全性和可靠性大大地提高，通信协议向标准化方向发展。

④ 系统扩展灵活，安装调试方便：由于 DCS 采用模块式结构和局域网络通信，因此用户可以根据实际需要方便地扩大或缩小系统规模，组成所需要的单回路、多回路系统。在控制方案需要变更时，只需重新组态编程，与常规仪表控制系统相比省了换表、接线等工作。

⑤ 丰富的软件功能：分布式控制系统可完成从简单的单回路控制到复杂的多变量最优化控制；可实现连续反馈控制；可实现离散顺序控制；还可实现监控、显示、打印、报警、历史数据存储等日常全部操作要求。用户通过选用 DCS 提供的控制软件包、操作显示软件包和打印软件包等，达到所需的控制目的。

⑥ 采用高可靠性的技术：高可靠性是 DCS 发展的生命，当今大多数 DCS 的 MTBF（Mean Time Between Failure）达 10 万小时以上，MTTR（Mean Time To Repair）一般只有 5min 左右。除了硬件工艺以外，广泛采用冗余、容错等技术也是保证 DCS 高可靠性的主要措施。在硬件设计上，各级人机接口、控制单元、过程接口、电源、通信接口、内部通信总线和系统通信网络等均可采用冗余化配置。在软件技术上，则广泛采用了容错技术、故障的智能化自检和自诊断等技术，以提高系统的整体可靠性。

三、DCS 的发展概况

自 20 世纪 70 年代中期，Honeywell 推出第一套 DCS——TDC-2000 至今，DCS 已经有 40 余年的历史。如今，受信息技术（网络通信技术、计算机硬件技术、嵌入式系统技术、现场总线技术、各种组态软件技术、数据库技术等）突飞猛进发展的影响，以及用户对先进的控制功能与管理功能需求的增加，各 DCS 厂商纷纷提升其 DCS 系统的技术水平，并不断丰富其内容，提高其产品性能。DCS 产品大致分为以下几代：

第一代 DCS 产品：通常将 20 世纪 70 年代推出的先期系统称为第一代 DCS，当时 DCS 产品的类型有：Honeywell 公司的 TDC-2000；Taylor 公司的 MOD3；Foxboro 公司的 SPECTRUM；横河公司的 CENTUM；西门子公司的 TELEPERM；肯特公司的 P400 等。虽然第一代产品处于 DCS 的初创阶段，但这些系统已经包括了 DCS 的三大组成部分，即数据通信系统、分散的过程控制装置和操作管理装置三大组成部分。同时也具有了 DCS 的基本特点，即集中操作管理、分散控制。

第二代 DCS 产品：随着半导体技术、显示技术、控制技术、网络技术和软件技术等高新技术的发展，分布式控制系统也得到了快速的发展。各公司在 20 世纪 80 年代中期推出的系统称为第二代 DCS，代表产品有 Honeywell 公司的 TDC-3000；横河公司的 CENTUM-XL；Taylor 公司的 MOD300；Bailey 公司的 NETWORK-90；西屋公司的 WDPF；ABB 公司的 MASTER 等。第二代产品处于 DCS 的飞速发展时期，系统的功能得到进一步扩大或者增强。例如控制算法的扩充；常规控制与逻辑控制、批量（Batch）控制相结合；过程操作管理范围的延伸及功能增添；显示屏分辨率的提高及色彩的增加；多处理器的应用等。而第二代系统最主要的特点是引入了局域网（Local Control Network，LCN），扩大了通信范围，提高了通信速率。

第三代 DCS 产品：20 世纪 90 年代中期推出的系统称为第三代 DCS。一般把美国 Fox-boro 公司在 1987 年推出的 I/A S 系统作为第三代 DCS 的标志产品。紧随其后，各 DCS 厂商也纷纷推出了各自的第三代系统。例如，Honeywell 公司带有 UCN 网的 TDC-3000；横河公司带有 SV-NET 网的 CENTUM-XL；Bailey 公司的 INFO-90 等。第三代产品主要是增加了上层网络，增强了系统的网络通信功能，解决了第二代产品中存在的，不同厂商产品不能进行数据通信的难题，克服了第二代系统在应用过程中出现的自动化信息孤岛等弱点，为用户提供了更广阔的应用场所。

第四代 DCS 产品：20 世纪 90 年代末期至 21 世纪初推出的系统称为第四代 DCS。随着对控制和管理要求的不断提高，第四代分布式控制系统以管控一体化的形式出现。产品有 Honeywell 公司的 TPS；横河公司的 CENTUM-CS；Foxboro 公司的 I/A S 50/51 系列控制系统；和利时公司的 HOLLiAS 系统等。第四代 DCS 最显著的特点就是"信息化"和"集成化"，这一代产品能够提供系统、全面、准确、实时的装置运行信息的综合平台，而且对于各种软件功能或各个组成部分采用第三方集成的方式，在信息的管理、通信方面具有了综合的解决方案。

随着分布式控制系统的几代变迁，系统的功能不断完善，系统从简单的自动化信息孤岛发展成开放的、与外部系统相互连接的网络系统，可靠性、互操作性等性能都得到不同程度的提高。如今，DCS 发展的趋势表现为：系统小型化和微型化；现场检测变送仪表智能化；现场总线标准化；通信网络标准化；DCS 与 PLC（Programmable Logic Control）、SCADA（Supervisory Control And Data Acquisition）等的相互渗透；系统软件智能化、管控一体化等。目前，Honeywell 公司已经对第四代之后的产品 ExperionPKS（Process Knowledge System）过程知识系统进行了升级，推出了 ExperionPKS 高度集成虚拟化环境 HIVE（Highly Integrated Virtualization Environment），这是一种全新的工业控制系统工程和维护方案。

第二节　DCS 的硬件体系结构与功能

DCS 的种类繁多，但系统的基本构成相似，通常由数据通信系统、分散的过程控制装置（简称控制站）和操作管理装置（包括工程师站、操作员站、服务站、打印机等）三大部分组成。

一、DCS 的数据通信系统

DCS 的数据通信系统是将系统中的控制站（Control Station，CS）、工程师站（Engineering Station，ES）、操作员站（Operator Station，OS）、服务站（Server Station）等设备连成一个局域网（LAN），借助于计算机网络，使这些设备之间能够进行信息、控制命令的传输与发送，以及这些设备可以与外部设备之间交换信息。DCS 的数据通信使系统在实现分散控制的同时，还能够达到集中监视、集中管理和资源共享的目的。

一般来说，DCS 数据通信系统采用的网络与普通的通信系统网络并没有本质区别。DCS 采用的网络系统也是全数字化的，数据在各个设备之间，借助传输介质，以 1 和 0 的二进制信息流串行地进行传输。而另一方面 DCS 所进行的是工业过程控制，因此其通信系统又具有其特殊的一面。

1. DCS 数据通信系统的网络拓扑结构

在计算机控制网络中,抛开网络中的具体设备,将工作站、服务器等网络单元抽象为"点",将网络中的电缆等通信介质抽象为"线",这样从拓扑学(Topology)的观点观察计算机通信网络系统,就形成了点和线组成的几何图形,从而抽象出了网络系统的具体结构。

因此,计算机通信网络的拓扑结构,是指网络中的各台计算机以及设备之间相互连接的方式。DCS 通信网络在结构上多种多样,目前,常普遍采用的有星型、环型和总线型三种结构形式,如图 6-2 所示。

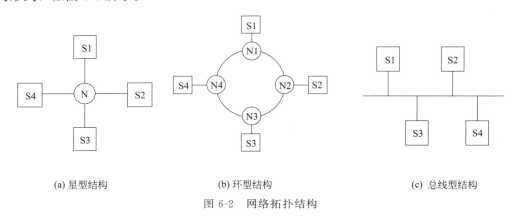

(a) 星型结构　　　　　　　　(b) 环型结构　　　　　　　　(c) 总线型结构

图 6-2　网络拓扑结构

星型结构网络又称主-从系统,也称集中控制,是将分布于各处的多个站(S1~Sn)连到处于中心位置的中央节点(N)上,任何两个站的通信都要通过中央节点,由中央节点来选择哪个节点占用介质发送信息。这种连接方式的中央节点(N)一般都是智能设备,为微型计算机或大型工作站,称为主站,它承担处理网络设备之间的网络通信指挥任务。其他各站(S1~Sn)为从属设备或称从机,是指现场智能变送器、可编程控制器、单回路控制器以及各种现场控制单元插板等。在星型结构的网络系统中,网络中主站的程序设计采用独立访问每个从属设备的方式,来实现主设备和被访问从属设备之间的数据传送,从属设备之间不能够直接通信。如需在从属设备之间传送信息时,必须首先将信息传送到网络主站,由主站充当中间桥梁的作用,在确定了传送对象后,主站再依次把该信息传送给指定的从属设备。这种结构系统简单直观,具有整体控制网络通信的优点。缺点是整个系统内的通信全部依赖主站,使得中央节点负荷较重,造成中央节点比较复杂。另外,中央节点的故障将造成系统通信中断。因此,这类系统为了提高网络的可靠性,常采取中央节点冗余的方法,采用辅助的后备网络主站,以便在主机发生故障时仍能保证正常运行。

环型结构网络中每个站都是通过节点(或称中继器)连接到环形网上,所有的节点共享一条物理通道,信息沿单方向围绕环路进行循环,按点对点方式传输。由一个工作站发出的信息传递到相邻的下一节点,该节点对信息进行检查,若不是信息目的站,则依次向下一节点传递,直至到达目的站。目前 DCS 一般采用的是双向环,这种双向环具有自愈功能,即它能在断点处自动环回,可以解决单向环可靠性差的问题。另外,为了避免某节点故障会阻塞信息通路,环型网各节点应有旁路措施。

总线型结构网络,又称主-主系统或同等-同等系统,也称分散控制。此系统网上所有节点都通过硬件接口直接连到一条公共通信线路上,每个网络设备都有要求使用并控制网络的权力，能够发送或访问其他网络设备的信息。这类网络通信方式往往称为接力式或令牌式系统。网络的控制权力可以看作是一个到另一个设备的依次接力或令牌式地传递。总线型网络具有易于扩充、可靠性高的特点。但因为总线为所有站共同使用，为避免发送冲突，应规定介质访问控制协议来分配信道，以保证在任一时刻只有一个节点发送信息。

2. DCS 数据通信系统的网络通信协议

一个数据通信系统由报文、发送设备、接收设备、传输介质和通信协议（Protocol）五部分组成。而其中的通信协议是控制数据通信的一系列规则。发送与接收设备都要按相同的通信协议工作，如同两个谈话的人使用同一种语言一样。

在通信网络中，信息要从发送设备迅速、正确地传递到接收设备。但是，由于挂在网上的计算机或设备可能出自不同的生产厂家，型号也不尽相同，硬件和软件上的差异给通信带来困难。因此，在网络中应有一系列供全网"成员"共同遵守的有关信息传递的人为约定，以实现正常通信和共享资源，这就是通信网络协议或称规范，其最好的组织方式是层次结构模型。因此，计算机网络层次结构模型与各层协议的集合被定义为计算机网络体系结构。在计算机网络的发展过程中，许多制造厂商均发表了各自的网络体系结构以支持本公司的计算机产品的联网，但其通用性差，不便于不同厂商的网络产品进行互联。

为此，国际标准化组织（ISO）于 1977 年成立了专门机构研究该问题。不久，他们就提出了一个试图使各种计算机在世界范围内互联成网的标准框架，这就是著名的开放系统互联参考模型 OSI/RM（Open System Interconnection/Reference Model），简称为 OSI。OSI参考模型由七层组成，从下至上分别为：物理层（Physical）、数据链路层（Data Link）、网络层（Network）、传输层（Transport）、会话层（Session）、表示层（Presentation）及应用层（Application）（详细介绍请参阅有关资料）。每一层完成一项通信子功能，并且下层为上层提供服务。分层结构具有易于理解和灵活的特点，更重要的是，OSI 模型使得不兼容系统之间的通信是透明的。这样就形成了网络体系结构的国际标准，使得任何两个遵守 OSI协议的系统可以相互连接。

DCS 所使用的网络协议，通常为四层及以下各层协议。在 DCS 的通信网络中，物理层和链路层常用的网络协议是以太网（Ethernet）网络协议；在网络层常采用 IP（Interconnection Protocol）的网络协议；在传输层常采用 TCP（Transport Control Protocol）传输控制协议。而 IEEE802 协议提供了局域网的最小基本通信功能。

3. DCS 通信网络的特点

与一般办公用局域网相比较，DCS 通信网络具有如下特点：

① 具有快速实时的响应能力。DCS 的应用对象是工业生产过程，其主要通信信息为实时的过程和操作管理信息。所以其响应时间应在 0.01~0.5s，高优先级信息对网络存取时间则小于 10ms。

② 可靠性高。DCS 主要应用于流程工业，而流程工业生产过程是连续运行的，通信系统的中断将引起停产，甚至引发生产事故，因此 DCS 通信系统采用 1:1 冗余方式。另外DCS 通信系统采用了各种措施，如各种信号调制技术、光电隔离技术等来抗击工业现场存在的各类干扰，具有可靠性高的特点。

③ 互操作性好。DCS 采用的网络应该符合开放系统互联的标准，使得不同厂家的 DCS产品能够互相连接，进行通信。特别是随着现场总线的推广应用，不同厂家 DCS 系统的现场总线，应该能与其他厂家的符合现场总线标准的智能变送器、执行器和其他仪表进行通

信，实现互操作性。

DCS通信网络的传输介质与一般网络相同，为双绞线、同轴电缆和光纤。通常在通信距离较近的场合，如控制室，采用屏蔽双绞线；距离较远时采用光纤。

二、DCS 的过程控制装置

DCS 的过程控制装置，又叫控制站（CS），包含在图 6-1 所示的过程控制级中，是过程控制级乃至整个 DCS 的核心。控制站具有多种功能，集连续控制、顺序控制、批量控制及数据采集功能于一体。

过程控制装置所包括的硬件和软件因 DCS 的厂家不同而不同，也因 DCS 所控制的对象不同而不同。不过若从其功能来说，大致情况如下：

1. 控制站的硬件构成

控制站一般是标准的机柜式机构，柜内由电源、总线、I/O 模件、处理器模件等部分组成。一个现场控制站中的系统结构如图 6-3 所示。

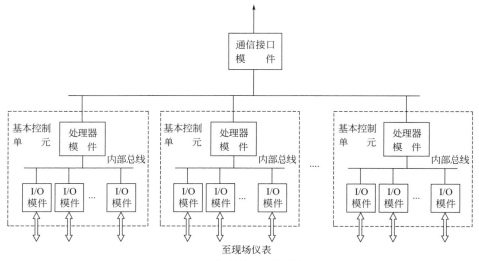

图 6-3 控制站的系统结构

（1）机柜

机柜用来安装控制站的所有硬件设备。一般在机柜的顶部装有风扇组件，其目的是带走机柜内部电子部件所散发出来的热量；机柜内部设若干层模件安装单元，上层安装处理器模件和通信模件，中间安装 I/O 模件，最下边安装电源组件。机柜内还设有各种总线，如电源总线、接地总线、数据总线、地址总线、控制总线等。机柜一般采用国际通行的尺寸，具有完善的接地装置及防静电措施，具有防潮、防腐蚀及安全保护性能。

（2）电源

一般应采用冗余配置。现场控制站的电源不仅要为柜内供电，还要为现场检测器件提供外供电源。这两种电源必须互相隔离，不可共地，以免干扰信号通过电源回路耦合到 I/O 通道中去。对于流程工业控制，还应设置备用交流不间断电源 UPS（Uninterruptible Power System），在 220V AC 主电源中断的情况下，由 UPS 对系统供电。

（3）总线

一个现场控制站中的系统结构如图 6-3 所示，包含一个或多个基本控制单元。基本控制单元之间，通过控制网络 Cnet 连接在一起，Cnet 网络上的上传信息通过通信模块，送到监控网络 Snet，同理 Snet 的下传信息，也通过通信模块和 Cnet 传到各个基本控制单元。在每一个基本控制单元中，处理器模块与 I/O 模块之间的信息交换由内部总线完成。内部总线可能是并行总线，也可能是串行总线。近年来，多采用串行总线。

DCS 中所常用的总线有 Intel 公司的系统总线 MULTIBUS（IEEE796 标准）、"EOROCARD"标准的 VME 总线（IEEE1014 标准）和 STD 总线（IEEEE961 标准）。

（4）I/O 模件

即 Input/Output 通道。它将来自过程对象的被测信号通过输入模件，送入现场控制站，然后按一定的算法进行数据处理，并通过输出模件向执行设备送出控制或报警等信息。

通常 DCS 中的过程 I/O 通道有模拟量输入（AI）通道、模拟量输出（AO）通道、数字量（也称开关量）输入（DI）通道及数字量输出（DO）通道等。

① 模拟量输入（AI）通道：把从控制对象检测得到的时间连续模拟信号（如温度、压力、流量、液位、pH 值、浓度等）变换成二进制的数字信号，然后经接口送入计算机（检测通道）。

模拟量输入（AI）通道一般由端子板、信号调节器、A/D 插板、柜内连接电缆等组成。

② 模拟量输出（AO）通道：把从计算机输出的数字信号转换成相应的模拟量信号输出，控制执行器动作。

模拟量输出（AO）通道一般由 D/A 插板、输出端子板和柜内连接电缆等组成。

③ 数字量输入（DI）通道：把从控制对象检测得到的数字码、开关量、脉冲量或中断请求信号经过输入缓冲器在接口的控制下送给计算机（检测通道）。输入信号可能是交流电压信号、直流电压信号或干接点。

数字量输入（DI）通道一般由端子板、DI 模板和柜内连接电缆等组成。

④ 数字量输出（DO）通道：把从计算机输出的数字信号通过接口输出数字信号、脉冲信号或开关信号，用于控制电磁阀、继电器、指示灯、声音报警器等只具有开、关两种状态的设备。

数字量输出（DO）通道一般由端子板、DO 模板和柜内连接电缆等组成。

目前，I/O 模件的发展趋势更为智能化。AI 和 AO 的组合装模件，具有多回路数字控制器的功能。这就使得原本由控制站 CPU 承担的工作进一步分散，不仅节省主 CPU 的机时，从而提高了工作速度，使其有更多的时间进行更为复杂的控制运算，而且系统的可靠性也进一步得到了提高。

（5）处理器模件

它是一个与 PC 兼容的高性能的工业级中央处理器，是现场控制站的核心部件，用来完成控制或数据处理任务。主要承担本站的部分信号处理、控制运算、与上位机及其他单元的通信等任务，并可以执行更为复杂先进的控制算法，如自整定、预测控制、模糊控制等。

目前，DCS 系统普遍采用的是 Power PC 构架 CPU，是具备带 ECC（Error Checking and Correcting）校验功能的 64 位 RISC（Reduced Instruction Set Computer）芯片。时钟频率已达 $333\sim800\text{MHz}$，数据处理的工作周期为 $0.01\sim1\text{ s}$。

DCS 的处理器模件一般采用双处理器结构，采取双 CPU 协同处理控制站任务，可以用热备份方式冗余使用。在出现故障时能够自动无扰切换，并保证不会丢失数据，大大地提高了系统的可靠性。

2. 控制站的软件功能

现场控制站的主要功能有 6 种，即数据采集功能、DDC 控制功能、顺序控制功能、信号报警功能、打印报表功能、数据通信功能。

① 数据采集功能：对过程参数，主要是各类传感器、变送器的模拟信号进行数据采集、变换、处理、显示、存储、趋势曲线显示、事故报警等。

② DDC 控制功能：包括接收现场的测量信号，进而求出设定值与测量值的偏差，并对偏差进行 PID 控制运算，最后求出新的控制量，并将此控制量转换成相应的电流送至执行器驱动被控对象。

③ 顺序控制功能：通过来自过程状态输入输出信号和反馈控制功能等状态信号，按预先设定的顺序和条件，对控制的各阶段进行顺序控制。

④ 信号报警功能：对过程参数设置上限值和下限值，若超过上限或下限则分别进行越限报警；对非法的开关量状态进行报警；对出现的事故进行报警。信号的报警是以声音、光或 CRT 屏幕显示颜色变化来表示。

⑤ 打印报表功能：定时打印报表；随机打印过程参数；事故报表的自动记录打印。

⑥ 数据通信功能：完成分散过程控制级与集中操作监控之间的信息交换。

3. 控制站的接地系统

控制站在上电调试和正式投运前，必须按照其接地要求完成接地系统的安装，并测试合格。良好的接地系统能够保证：当进入控制站的信号、供电电源或控制站内部设备本身出现问题时，可以迅速将过载电流导入大地；为进入控制站的信号电缆提供屏蔽层，消除电子噪声干扰，并为整个控制系统提供公共信号参考点；防止设备外壳的静电荷积累，避免造成人员的触电伤害及设备的损坏。

一般情况下，现场控制站的接地系统包括：保护地、屏蔽地和系统地。

① 保护地，又叫机壳地（CG，Cabinet Grounding）：它是为了防止设备外壳的静电荷积累、避免造成人身伤害而采取的保护措施。

② 屏蔽地，又叫模拟地（AG　Analog Grounding）：它可以把信号传输时所受到的干扰屏蔽掉，以提高信号质量。进入现场控制站的弱电信号电缆的屏蔽层应做屏蔽接地。

③ 系统地（SG　System Grounding）：在现场控制站中，就是 I/O 级设备的 24V DC 或 5V DC 的工作电源地，是为 DCS 电子系统提供可靠性和准确性的参考点。

在特殊场合和行业，还有本安地、防雷击接地。在石化和其他防爆系统中必须要求本安接地。现场控制机柜内的 I/O 级设备用于这类场合时，如果 I/O 设备本身不具备本安特性，就必须考虑加安全栅。安全栅的本安地是单独的接地系统。对于齐纳安全栅，本安地要求与系统 24V 电源负端等电位。接地系统如图 6-4 所示。

三、操作管理装置

操作管理装置配有技术手段先进、功能强大的计算机系统及各类外部装置，通常采用较大屏幕、较高分辨率的图形显示器和工业键盘，计算机系统配有较大存储容量的硬盘或软盘，另外还有功能强大的软件支持，确保工程师和操作员对系统进行组态、监视和操作，对生产过程实行高级控制策略、故障诊断、质量评估等。

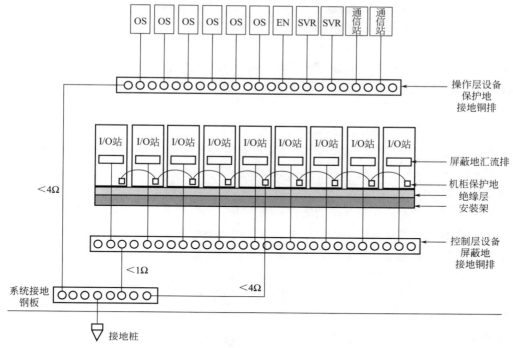

图 6-4　接地系统示意图

　　操作管理装置，有时又称为操作站。主要包括：面向操作人员的操作员操作站（操作员站）、面向监督管理人员的工程师操作站（工程师站）、监控计算机及层间网络连接器（Gate Way）。一般情况下，一个 DCS 系统只需配备一台工程师站，而操作员站的数量则需要根据实际要求配置。操作管理装置包含在图 6-1 所示的过程管理级中。

　　1. **操作员站**（Operator Station）

　　DCS 的操作员站是处理一切与运行操作有关的人-机界面功能的网络节点，其主要功能就是使操作员可以通过操作员站及时了解现场运行状态、各种运行参数的当前值、是否有异常情况发生等，并可通过输出设备对工艺过程进行控制和调节，以保证生产过程的安全、可靠、高效、高质。

　　操作员站由 IPC 或工作站、工业键盘（或称操作员专用键盘）、大屏幕图形显示器和操作控制台组成，这些设备除工业键盘外，其他均属通用型设备。目前 DCS 一般都采用 IPC 来作为操作员站的主机及用于监控的监控计算机。

　　操作员键盘通常采用具有防水、防尘能力，有明确图案（或名称）标志的薄膜键盘。它是一种根据系统的功能用途及应用现场的要求进行设计的专用键盘，这种键盘侧重于功能键的设置、盘面的布置安排及特殊功能键的定义。操作键根据其功能可以分为：系统功能键、控制调节键、翻页控制键、光标控制键、报警控制键、字母数字键、可编程功能键、用户自定义键。

　　由于 DCS 操作员的主要工作基本上都是通过显示器、工业键盘完成的，因此，操作控制台必须设计合理，使操作员能长时间工作不感吃力。另外在操作控制台上一般还应留有安放打印机的位置，以便放置报警打印机或报表打印机。

　　作为操作员站的图形显示器均为彩色显示器，且分辨率较高、尺寸较大。

打印机是 DCS 操作员站的不可缺少的外设。一般的 DCS 配备两台打印机，一台为普通打印机，用于生产记录报表、报警列表和系统运行状态信息打印；另一台为彩色打印机，用来拷贝流程画面。

操作员站的功能是在生产装置正常运行时，对工艺进行监视和运行操作。主要监视画面有：总貌画面、分组画面、点画面、流程图画面、趋势曲线画面、报警显示画面及操作指导画面等。

2. 工程师站 (Engineering Station)

工程师站是对 DCS 进行离线的配置、组态工作和在线的系统监督、控制、维护的网络节点。其主要功能是提供对 DCS 进行组态，配置工具软件即组态软件，并通过工程师站及时调整系统配置及一些系统参数的设定，使 DCS 随时处于最佳工作状态之下。

对系统工程师站的硬件没有什么特殊要求，由于工程师站一般放在计算机房内，工作环境较好，因此不一定非要选用工业型的机器，选用普通的微型计算机或工作站就可以了，但由于工程师站要长期连续在线运行，因此其可靠性要求较高。目前，由于计算机制造技术的巨大进步，使得 IPC 的成本大幅下降，因而工程师站的计算机也多采用 IPC。

有的 DCS 单独配备一个工程师站。多数系统的工程师站和操作员站合在一起，仅用一个工程师键盘，起到工程师站的作用。

其他外设一般采用普通的标准键盘、图形显示器，打印机也可与操作员站共享。

工程师站的功能主要包括对系统的组态功能及对系统的监督功能。

组态功能：工程师站的最主要功能是对 DCS 进行离线的配置和组态工作。在 DCS 进行配置和组态之前，它是毫无实际应用功能的，只有在对应用过程进行了详细的分析、设计并按设计要求正确地完成了组态工作之后，DCS 才成为一个真正适合于某个生产过程使用的应用控制系统。

系统工程师在进行系统的组态工作时，可依照给定的运算功能模块进行选择、连接、组态和设定参数，用户无须编制程序。

监督功能：与操作员站不同，工程师站必须对 DCS 本身的运行状态进行监视，包括各个现场 I/O 控制站的运行状态、各操作员站的运行情况、网络通信情况等。一旦发现异常，系统工程师必须及时采取措施，进行维修或调整，以使 DCS 能保证连续正常运行，不会因对生产过程的失控造成损失。另外还具有对组态的在线修改功能，如上、下限定值的改变，控制参数的修整，对检测点甚至对某个现场 I/O 站的离线直接操作。

3. 监控计算机 (Supervising Computer)

DCS 在过程操作管理这一层，当被监控对象较多时还配有监控计算机。监控计算机又称上位计算机，亦称管理计算机，是 DCS 的主计算机。它功能强、速度快、存储容量大。通过专门的通信接口与高速数据通路相连，综合监视系统的各单元（过程控制单元、数据采集单元、显示单元），管理全系统的所有信息。也可用高级语言编程，实现复杂运算、工厂的集中管理、优化控制、后台计算以及软件开发等特殊功能。

4. 网间连接器 (GW：Gate Way)

当操作管理装置需要与上下层网络交换信息时还需配备网间连接器。网间连接器是局部网络与其子网络或其他工业网络的接口装置，起着通信系统转换器、协调翻译器或系统扩展器的作用，如连接 PLC 组成的子系统或上一代分布式控制系统等。

第三节 DCS 的软件体系与组态方法

一、DCS 的软件体系

DCS 的软件体系包括：计算机系统软件、应用软件（过程控制软件）、通信管理软件、组态生成软件、诊断软件，如图 6-5 所示。其中系统软件与应用对象无关，是一组支持开发、生成、测试、运行和程序维护的工具软件。DCS 的应用软件基本构成是按照硬件的划分形成的，分为现场控制站应用软件和操作站应用软件两大部分。其中现场控制站应用软件包括：过程数据的输入/输出、实时数据库、连续控制调节、顺序控制和混合控制等多种类型的控制软件；操作站应用软件包括：历史数据存储、过程画面显示和管理、报警信息的管理、生产记录报表的管理和打印、人机接口控制等。

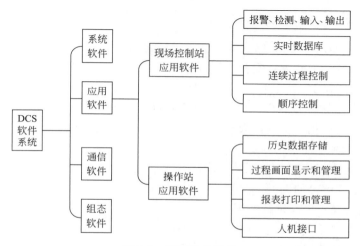

图 6-5 DCS 软件体系

1. 现场控制站的软件系统

现场控制站的软件大多采用模块化设计，其结构如图 6-6 所示，它主要包括数据巡检模块、控制算法模块、控制输出模块、网络通信模块以及实时数据库五个部分。现场控制单元的 RAM 是一个实时数据库，起到中心环节的作用，在这里进行数据共享，各执行代码都与它交换数据，用来存储现场采集的数据、控制输出以及某些计算的中间结果和控制算法结构等方面的信息。

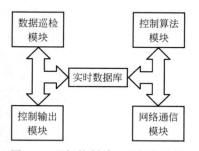

图 6-6 现场控制单元的软件结构

控制站的软件具有高可靠性和实时性。由于控制站一般不设人机接口，所以其软件具有较强的自治性，即软件的设计应保证不发生死机，且具有较强的抗干扰能力和容错能力。

2. 操作站的软件系统

DCS 中的工程师站和操作员站必须完成系统的开发、生成、测试和运行等任务，这就需要相应的系统软件支持，这些软件包括操作系统、编程语言及各种工具软件等。

① 操作系统：DCS 采用实时多任务操作系统，其显著特点是实时性和并行处理性。所

谓实时性是指高速处理信号的能力，这是工业控制所必需的；而并行处理特性是指能够同时处理多种信息，它也是 DCS 中多种传感器信息、控制系统信息需要同时处理的要求。此外，用于 DCS 的操作系统还应具有如下功能：按优先级占有处理机的任务调度方式、事件驱动、多级中断服务、任务之间的同步和信息交换、资源共享、设备管理、文件管理和网络通信等。

② 操作站配置的应用软件：在实时多任务操作系统的支持下，DCS 系统配备的应用软件有：编程语言，包括汇编、宏汇编以及 FORTRAN、COBOL、BASIC 等高级语言；工具软件，包括加载程序、仿真器、编辑器、调试程序（DEBUGER）和链路程序（LINKER）等；诊断软件，包括在线测试、离线测试和软件维护等。

③ 操作站上运行的应用软件：一套完整的 DCS，其操作站上运行的应用软件应完成如下功能：实时/历史数据库管理、网络管理、图形管理、历史数据趋势管理、记录报表生成与打印、人机接口控制、控制回路调节、参数列表、串行通信和各种组态等。

二、DCS 的组态方法

组态（Configuration）的意思就是多种工具模块的任意组合。它的含义是使用工具软件对计算机及软件的各种资源进行配置，使计算机或软件按照预先设置的指令，自动执行指定任务，满足使用者的要求。

DCS 的监控组态软件为用户提供了高可靠性实时运行环境和功能强大的开发工具。组态软件的使用者是自动化工程设计人员，组态软件可以使使用者在生成适合自己需要的应用系统时，只要利用 DCS 提供的组态软件，将各种功能软件进行适当的"组装连接"（即组态），可极为方便地生成满足控制系统要求的各种应用软件，不需要修改软件程序的源代码。下面是组态软件主要解决的问题：

① 如何与现场设备之间进行数据采集和数据交换。

② 如何将采集到的数据与上位机图形界面的相关部分连接。

③ 怎样进行实时数据的在线监测。

④ 怎样进行数据报警界限和系统报警。

⑤ 如何进行实时数据的存储、历史数据的查询。

⑥ 如何进行各类报表的生成和打印输出。

⑦ 怎样使应用系统稳定可靠地运行。

⑧ 怎样才能拥有良好的与第三方程序的接口，方便数据共享。

监控组态软件在当今的计算机控制系统中扮演着越来越重要的角色，采用组态技术的计算机控制系统最大的特点是从硬件设计到软件开发都具有组态性，因此系统的可靠性和开发速度提高了，而开发难度却下降了。现在较大规模的控制系统，几乎都采用这种编程工具。分布式控制系统组态功能的应用方便程度、用户界面友好程度、功能的齐全程度是影响一个系统是否受用户欢迎的重要因素。

计算机控制系统的组态功能包括硬件组态（又称配置）和软件组态。

1. DCS 的硬件组态

硬件组态是根据系统规模及控制要求选择硬件，包括通信系统、人机接口、过程接口和电源系统的选择，DCS 与下位设备及上位机通信接口的选择，上位机及分布式控制系统控制单元的选择（现场控制站的个数、分布、现场控制站中各种模块的确定）等。

进行硬件组态时，应综合考虑各方面的因素。首先要满足系统的控制要求，选择性能价格比最佳的配置；其次，还应考虑它在未来的定位；另外，还应考虑操作人员的易操作性、系统的易维护性等。

2. DCS 的软件组态

DCS 应用软件组态是在系统硬件和系统软件的基础上，用软件组态方式将系统提供的功能块连接起来达到过程控制的要求。

下面以和利时公司的 HOLLiAS-MACSV6 系统为例，来详细阐述 DCS 软件的组成、功能及组态流程。

（1）MACSV6 系统软件的组成及功能

HOLLiAS-MACSV6 系统的软件主要包括：工程师离线组态软件、操作员在线监控软件和其他组件及工具。

工程师离线组态软件运行于工程师站，有工程总控主界面、图形编辑工具和控制器算法组态软件 AutoThink。

工程总控主界面用来部署和管理整个 DCS 系统，工程总控集成了工程管理、项目管理、数据库编辑、用户组态、节点组态、流程图组态、总貌图组态、控制分组态、参数成组组态、专用键盘组态、区域管理、用户自定义功能、报表组态、编译、下装等功能。

图形编辑工具生成在线操作的流程图和界面模板，该软件针对不同行业提供了丰富的符号库，以方便用户绘制美观实用的界面，它还支持用户自定义符号库。

AutoThink 集成了控制器算法的编辑、管理、仿真、在线调试以及硬件配置功能，控制算法组态的核心是创建程序型 POU（Program Organization Unit），采用合适的 POU 语言（一般为 CFC 或 FBD）编写它的运算内容，在编程时，对变量进行数据读、写操作，用变量传递运算结果，将某些变量值送到输出模块去作为控制现场设备动作的指令，或者不输出变量而仅将变量值传递到上层操作员站监控用。AutoThink 支持 IEC61131-3 中规定的 ST（结构化文本 StructuredText）、LD（梯形图 LadderDiagram）、SFC（顺序功能表图 SequentialFunctionChart）、CFC（连续功能图 ContinuousFunctionChart）四种语言。

操作员在线监控软件即运行于操作员站的监视和控制的软件，操作员在线完成实时数据采集、动态数据显示、过程自动控制、顺序控制、高级控制、报警和日志检测、监视、操作，可以对数据进行记录、统计、显示、打印等处理。

其他组件及工具简介如下。OPC 客户端：完成与遵循 OPC 协议的第三方通信功能。仿真启动管理：仿真模拟运行现场控制站、历史站和操作员在线。离线查询：该工具可按日期查询系统的趋势、报警、日志等历史数据，以帮助用户分析系统运行情况或事故原因。操作员在线配置工具：可配置操作员在线的默认信息，包括域号、初始页面路由信息等。版本查询工具：可查询当前安装的 MACS6 软件的所有文件的版本信息。查看授权信息：提供分类查看授权信息、完成软件授权的功能。HSRTS 工具：升级控制器 RTS 程序。

（2）MACSV6 工程师组态软件的一般使用步骤

组态软件的使用步骤即描述如何建立一个简单完整的工程的基本步序。具体组态流程如图 6-7 所示。

在系统组态并下装完成后，便可以运行程序，按照第四章第五节的控制器参数整定方法对系统进行在线调试和投运。

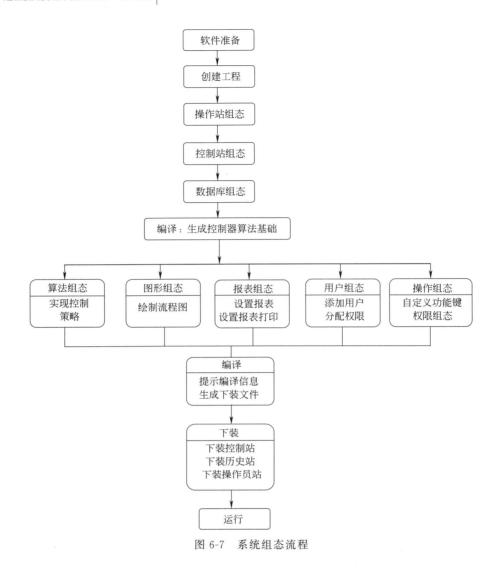

图 6-7 系统组态流程

第四节 和利时一体化过程解决方案

过去的 40 多年，DCS 从未停止过发展的脚步，在硬件结构、软件应用和网络协议等方面实现了自身技术发展的更新换代，其控制功能日趋完善，信息处理能力、处理速度都有显著提升，已经成为当今控制系统的主流产品。如今，智能制造已经成为整个行业发展的方向。互联网技术高速发展，在推动社会经济转型的同时，也带来了很多新的业务模式。

和利时自创立之初就担负着中国制造国产化的责任，作为民族自动化企业的领军者，专注于自动控制、信息化、工业互联网、大数据、智慧城市等方面的技术研究和应用探索，并大力发展基于工业互联网的智能工厂数据集成平台，成为业内领先的两化融合一体化解决方案供应商，这里仅介绍和利时的一体化过程解决方案。

和利时过程解决方案如图 6-8 所示，其中包括 Level1/2 过程控制层的和利时 DCS 系统 HOLLiASMACS-K、Level3 的和利时过程先进应用、Level4 的企业管理层应用及工业云端应用平台。

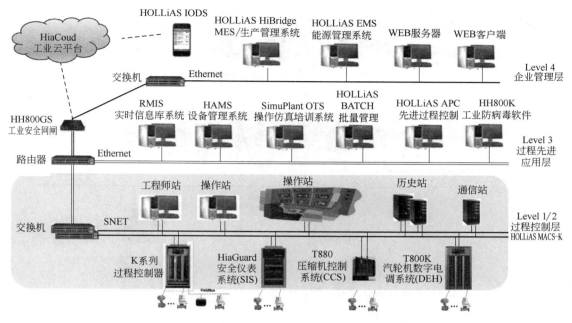

图 6-8 和利时的一体化过程解决方案

一、Level1/2 过程控制层 HOLLiAS MACS-K

过程控制层即 MACS-K 系统，该系统采用冗余 Profibus-DP 现场总线实现主控与智能 IO 卡和其他智能设备之间的链接和信息传送，采用主、从站间轮询的通信方式。适应多种通信介质（双绞线、光纤以及混合方式），双绞线最大通信距离 1.2km，单模光纤最大通信距离 10km，具有完善的诊断功能。

1. MACS-K 系统网络结构组成

MACS-K 系统的网络架构由三部分组成，从上到下依次为管理网（MNET）、系统网（SNET）、控制网（CNET）。其中系统网和控制网都是冗余配置，管理网为可选网络。系统网络架构如图 6-9 所示。

（1）管理网络（MNET）

由 100/1000M 以太网络构成，用于控制系统服务器与厂级信息管理系统（RealMIS 或者 ERP）、INTERNET、第三方管理软件等进行通信，实现数据的高级管理和共享。管理网络层为可选网络层。

（2）系统网络（SNET）

由 100/1000M 高速冗余工业以太网构成，用于工程师站、操作站、现场控制站、通信控制站的连接，完成现场控制站的数据下装。可快速构建星型、环型或总线型拓扑结构的高速冗余的安全网络，符合 IEEE802.3 及 IEEE802.3u 标准，基于 TCP/IP 通信协议，通信速率 100/1000Mbps 自适应，传输介质为带有 RJ45 连接器的 5 类非屏蔽双绞线。

（3）控制网络（CNET）

采用冗余现场总线与各个 I/O 模块及智能设备连接，首次同时支持星型网络和总线型网络。

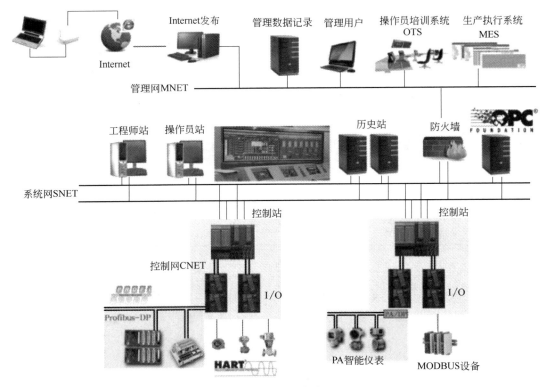

图 6-9 系统网络架构图

实时、快速、高效地完成与现场通信任务，符合 IEC61158 国际标准（国标：JB/T 10308.3—2001/欧标：EN50170，即 PROFIBUS-DP 通信协议），传输介质为屏蔽双绞线或者光缆。

在 MACS-K 系统中，控制器通过冗余的 IO-BUS 总线与 I/O 设备进行通信，I/O 设备将采集的温度、压力、流量、液位等数据传输给控制器，控制器按照预先组态好的控制策略处理数据，并将结果通过 I/O 模块转换为输出控制信号送给执行机构，进行过程量的调节，将过程变量控制在一定的范围内。同时所有必要的数据将传递给上层（HMI）进行显示和存储，并将用户的操作指令传递到下层控制器。

IO-BUS 模块可以实现网络的星型拓扑连接。K 系列 IO-BUS 模块最多支持三级级联，其扩展方式如图 6-10 所示。

2. 系统网、控制网节点功能说明

系统网的网络节点主要由工程师站、操作员站、历史站（选配可兼系统服务器）、控制站等部件组成；而控制网的网络节点由控制单元（主控单元）和 I/O 单元构成。

（1）工程师站

工程师站运行相应的组态管理程序，对整个系统进行集中控制和管理，用于完成系统组态、修改及下装等，主要功能如下。

① 控制策略组态（包括系统硬件设备、数据库、控制算法）；

② 人机界面组态（包括图形、报表）；

③ 相关系统参数的设置；

④ 现场控制站的下装和在线调试；

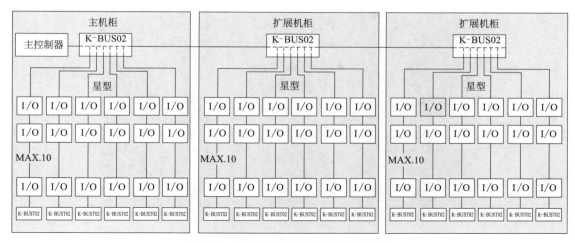

图 6-10 IO-BUS 星型网络拓扑连接图

⑤ 操作员站人机界面的在线修改。

在工程师站上运行操作员站实时监控程序后，可以把工程师站作为操作员站使用。

（2）操作员站

操作员站运行相应的实时监控程序，对整个系统进行生产现场的监视和管理，主要功能如下。

① 各种监视信息的显示、查询和打印，主要有工艺流程图显示、趋势显示、参数列表显示、报警监视、日志查询、系统设备监视等。

② 通过键盘、鼠标或触摸屏等人机设备，通过命令和参数的修改，实现对系统的人工干预，如在线参数修改、控制调节等。

（3）现场控制站

它是 DCS 系统实现数据采集和过程控制的前端，主要完成数据采集、工程单位变换、开闭环策略控制算法、过程量的采集和控制输出、系统网络将数据和诊断结果传送到系统监控网，并有完整的表征 I/O 模件及 MCU 运行状态提示灯。

现场控制站由主控单元、I/O 单元、电源单元、现场总线和专用机柜等部分组成，如图6-11 所示。主控单元是控制网的中央处理单元，主要承担本站的部分信号处理、控制运算、与上位机及其他单元的通信等任务。I/O 单元用于信号采集与转换、工程单位变换、模块和通道级故障诊断，通过冗余的 I/O 总线送给主控制器单元。

历史站（选配可兼系统服务器） 用于完成系统历史数据服务和与工厂管理网络交换信息等。

（4）其他

此外，还有交换机、路由器、以太网卡和网线等网络设备。

3. 项目与域

和利时 DCS 系统架构是基于"多域管理（MDM）"概念的。整个系统根据位置、功能和受控过程的特点被分为相对独立的子系统，每一个都称为一个"域"，各个域的数据也相对独立。这种结构不仅有利于系统组态，也便于系统的扩展和重建。每一个域（即子系统）都可被单独实施和调试，而不影响其他域。需要扩展新的域时将所需节点直接连到交换机上即可。

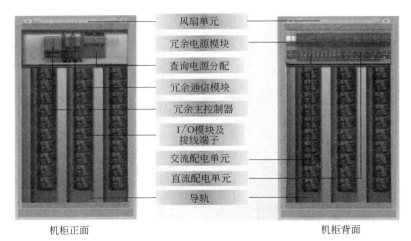

图 6-11 现场控制站

对于一个大型的系统，可以通过项目和域，将其分为若干部分，以便于管理、维护和运行。其中，项目是比域大一个级别的范畴，一个项目中可以包含多个工程，每个工程的域号都不相同，项目与项目之间不进行数据交换。一个域对应数据库总控中的一个工程，它归属于某一个项目，由独立的服务器、系统网络和多个现场控制站组成，完成相对独立的采集和控制功能。同一个项目内的域与域之间可以互相访问数据，可以在同一操作员站对各个域进行监控，对一个域的组态、编译和下装不会影响其他域的在线运行。

一个域对应一个工程，必须给工程分配所属项目和域号，否则无法进行编译。系统最多可以创建 32 个项目，每个项目最多可以添加 15 个工程，域号范围为 0～14。域号可以修改，但同一个项目内域号不能重复，系统默认保留 15 号域作为离线查询使用。MACS 架构是基于"多域管理（MDM）"概念的，域的相关介绍如下。

（1）域的定义

域是一组站点的集合，一个项目可以包含一个或多个域，每个域有一个唯一的编号，一个域对应一个独立的工程。一个域内包含 64 个控制站，每个控制站有一个唯一的编号，但不同域内允许有相同编号的站号。通过域号和站号可以定位一个控制站。一台物理计算机可以加入多个域，它仍然只有一个编号，但具有多个域号，这台计算机必须是操作站，控制器不允许加入多域。

操作站可以接收它加入的域的数据，可以向这个域内发送指令。对于未加入的域，它没有这个权限。控制器可以直接向另一个域的控制器请求数据，但仅限于请求数据，不能发送指令。

（2）域结构的优势

域可以实现大型联合装置之间的独立性和信息共享；域间相对独立，每个域自成系统，危险分散。域间可相互监视，联网后构成一个整体，信息共享，通信快速、稳定。不同的域可以分批投入使用，后加入的域可以在不停车情况下以搭积木的方式无缝并入。域内全由工业系统构成，无外来系统，安全可靠。域外通过网关同外部联系，防止黑客病毒影响。

（3）域的划分

实际生产系统中，域是指整个系统根据位置、功能和受控过程的特点被分为相对独立的子系统，通常每个相对独立的子系统划分为一个域，域结构如图 6-12 所示。

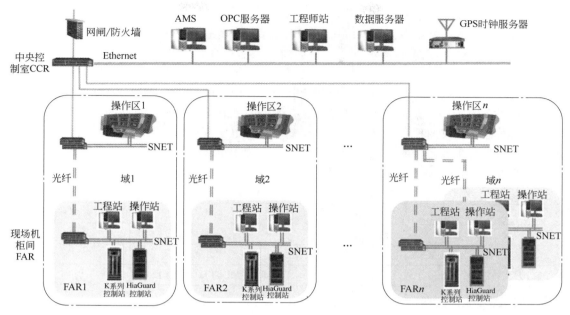

图 6-12　域结构图

　　域的一个重要功能是隔离网络流量，网络上最占带宽的实时数据仅限于每个域内传播，不同域之间没有大量实时数据包的传送。域的划分还涉及安全、网络、操作权限等因素。

　　L2 层装置按 LAN 划分，所以每个 LAN 的监控层（过程控制网）是相对独立的，互不影响，不同 LAN 网络在这一层次互不相连。

　　数据的统一收集和管理以及数据的共享在 L3 层交换机上完成。

　　监控层设备有操作站、工程师站等，主要分布在中央控制室（CCR），部分分布在现场机柜间（FAR）。

　　（4）域地址设置

　　域地址的范围为 0～14，通过拨码开关 DN 的前 5 位进行设置；其中第 1 位为最低位，第 5 位为最高位。5 位拨码开关的数值从高位到低位排列，组合成一个二进制数，对应的十进制数就是域地址。

　　十进制域地址 $=K_5\times2^4+K_4\times2^3+K_3\times2^2+K_2\times2^1+K_1\times2^0$

　　其中，$K_i=0$ 表示第 i 位拨码开关拨到 ON 位置，$K_i=1$ 表示第 i 位拨码开关拨到 OFF 位置（i：0～5）。

　　例如，域地址＝13，13＝8＋4＋1，转换成二进制为 1101，如图 6-13 所示，域地址拨码开关定义如表 6-1 所示。

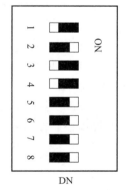

图 6-13　域地址
设置示例

表 6-1　域地址拨码开关定义

序号	说明（ON＝0，OFF＝1）	序号	说明（ON＝0，OFF＝1）
1	域地址第 1 位	5	域地址第 5 位
2	域地址第 2 位	6	不使用
3	域地址第 3 位	7	掉电保持开关，ON 为有效
4	域地址第 4 位	8	不使用

（5）域的通信

域内、域间通信都采用点对点（P-P 结构）的单播方式，操作站可以直接访问本域任何控制器。物理上就是面向连接的 TCP 以及面向数据报文的 UDP 连接。

域内通信的数据主要包括实时数据和控制指令。历史站以及直接通信的操作站周期向控制站节点发送实时数据的获取命令，控制站节点根据命令做相应的控制以及反馈。历史站除了与控制层有通信，与操作员通信站节点也有通信，主要体现在对历史站的数据获取。

域间通信通常有两种实现方法：通过设置域间引用变量，实现跨域的点对点访问；通过相关设置和组态实现多域的相互监视，此方法要求使用的软件版本一致。MACS-K 系统能力指标如表 6-2 所示。

表 6-2　MACS-K 系统能力指标

参数	指标	参数	指标
每个项目支持的域数量	15	最大区域级数	10
每个域支持的控制站数量	64	最大区域数	255
每个域支持的操作站数量	64	工程协同组态用户的最大数量	8
域间通信支持的引用变量数	3000		

4. MACS-K 系统的时钟同步

整个 MACS-K 系统采用向同一个 GPS 系统（或北斗）对齐的方法实现时钟同步，时钟服务器接收来 GPS 校时时钟信号，并采用广播对时包经现场控制站的所有网络设备进行对时的方法，将服务器的时钟对齐。为防止出现时钟越走越慢的情况，校时时需要补偿校时包在网络上的传输延时。

若 GPS 出现故障（或没有 GPS 系统），则系统按照主服务器的时钟进行任务的调度和工作。由时钟服务器根据自己的时钟周期性地在 SNET 广播发送校时包，各操作员站收到校时包后修改本地时钟，各现场控制站的主、从两个主控单元分别独立接收校时包，然后对本地的时钟进行修改。各 I/O 模块上各有一个时间计数器用于记录每分钟内的毫秒数（该计数器每毫秒加 1）。作为现场控制站主控制器的主控单元在每个整分钟的时刻点向控制网络（CNET）上广播对时帧。各 I/O 模块收到对时帧后将各自的时间计数器清零，从而实现一个现场控制站内各 I/O 模块间的时钟同步。

时钟同步系统支持多种输出信号，例如可以使用以太网网络信号（NTP）。NTP 网络时间服务与串行报文对时相比，具有服务范围广、对时精度高、授时对象多和协议支持性好等特点；可以无需第三方软件，直接利用计算机的各种操作系统的内核自动进行时间服务；在一个网络中，只需一台网络时间服务器便可实现网络中的计算机的自动校时任务。

MACS-K 系统本身具有内部时钟同步，能够实现整个系统的时钟同

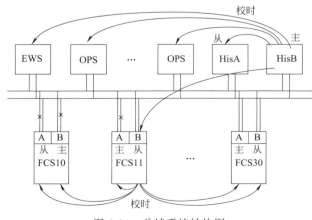

图 6-14　单域系统结构图

步向内部时间服务器对准。MACS-K 系统单域时钟同步示意图如图 6-14 所示，多域时钟同步系统采取自动选择"最小号域"的校时服务器给其他域的历史站校时。

二、Level3 过程先进应用层

每个 DCS 域都连到冗余的 L3 层交换机，建立 DCS 公共网。通过 L3 层交换机进行跨域的少量数据交换。L3 层交换机上的节点主要有防病毒服务器、全局工程师站、全局历史站、全局操作员站、调度站、AMS 管理站、APC 及 Batch 服务器、时间服务器等。

系统网采用实时工业以太网与工程师站/操作员站连接，构建星型高速冗余的安全网络，符合 IEEE802.3 及 IEEE802.3u 标准，通信速率 100/1000Mbps 自适应，传输介质为带屏蔽 RJ45 连接器的 5 类双绞线或光纤。

系统网络采用和利时自己的可靠的基于以太网的 DRTE 工业以太网协议。该协议成功地解决了标准以太网的 CSMA/CD 总线访问机制无法解决的因网络碰撞所引起的非确定实时问题和病毒防御问题，充分利用了以太网的通用、高宽带等特性，具有天然的安全性。

该网络可分成若干个域，每个域对应一套或者几套装置。每个域使用 2 层交换机连接，与控制相关的工程师站、操作员站、AMS 服务器、OPC 服务器、历史站等均连接在这个域，主要用于 DCS 控制通信以及 OPC 等数据采集。

对智能交换机端口进行优先级配置，与控制器连接端口配置为高优先级，与操作站和服务器连接端口配置为次优先级。同时在交换机设置禁止广播通信，抵御多波通信和单波通信风暴等能力，保证在任何情况下操作站均可与控制器保持通信。

如今，智能化设备在工业现场应用普遍，智能化设备也是未来智能工厂建设的基础，所以过程先进应用层中的设备管理系统 HAMS 也将应用越来越广泛，下面着重介绍 HAMS 系统的结构、功能及使用，简单介绍 APC 及 OTS。

1. 设备管理系统 HAMS

HAMS 设备管理系统以 HART、FF 和 Profibus 等总线协议为基础，以国外先进设备集成技术 EDDL（Electronic Device Description Language，电子设备描述语言）和 FDT/DTM（Field Device Tool/Device Type Manager，现场设备工具/设备类型管理器）技术为手段，集数据采集和数据分析于一体，提供在线组态、远程诊断、标定管理和预测性维护等一体方案，全面提升工厂的有效性。HOLLIAS 设备管理系统网络结构示意图如图 6-15 所示。

HAMS 系统十个主要功能描述如下。

（1）数据通信功能

连接到 DCS 系统的 HART、DP、PA 仪表，通过和利时 HART 协议的 I/O 卡件以及 DP、PA 协议的 link 模块建立连接采集信号数据进入 HAMS 系统，可不配备其他任何额外的数据采集配件。

HAMS 设备维护预测管理系统能自动识别总线上的所有智能设备，建立与现场智能仪表的连接。可采集设备中的实时数据（包括生产厂商、设备型号、量程上下限、名称、系列号、软件版本、地址、仪表位号、仪表规格等），提供参数的上传和下载功能，实现设备信息的读取和修改。而且提供对离线设备的配置和修改，并能够将离线组态结果保存到数据库中，一旦设备上线通过下载参数便可将离线保存的组态结果下载到仪表中。

（2）仪表设备操作日志记录

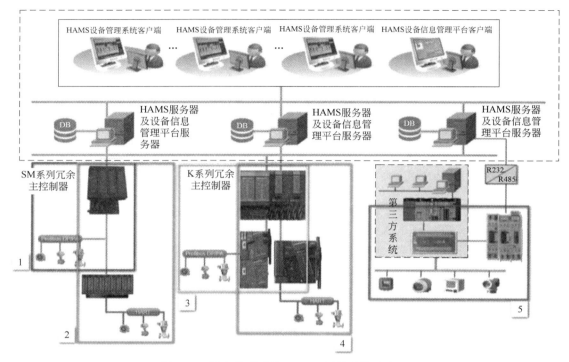

图 6-15 设备管理系统 HAMS 网络结构示意图

　　HAMS 系统支持存取所有设备组态和校验操作信息，通过 AMS 设备维护预测管理系统可对现场设备的所有参数进行更新和修改，并自动记录所有的维护、校验、组态变化和诊断过程，同时记录每次操作或事件产生的时间、操作用户、操作原因和操作对象等，并能提供快速查询定位功能，便于历史事件和操作的追溯。

　　（3）动态台账管理

　　可对系统连接的智能仪表自动建立台账并填写可读取的设备信息，同时支持手动输入的方式对台账信息进行补充和完善，确保台账信息的完整性。设备台账除了提供基本的设备信息外，如设备编号、生产厂商、型号、安装位置、投运时间、检修周期和设备状态等，还可以提供维护检修信息、操作日志、链接的文档图片以及设备维护记录的统计分析结果等，而且支持各种信息字段的扩展和预留。

　　（4）维护计划的自动编制

　　HAMS 设备维护预测管理系统根据设备的诊断故障等级和重要程度，自动编制周、月、年维护计划，维护人员根据自动编制的维护计划及时对故障诊断异常设备进行维护和检修，避免故障设备在线运行对生产带来的影响和损失。

　　（5）设备完好率计算与评价

　　对故障设备实施的维护信息均可在 HAMS 设备维护预测管理系统进行记录保存，并且可针对故障设备进行维修的次数、频率及常见故障进行统计分析，帮助维修人员及策略者全面了解仪表的运行总体状况以及老化趋势分析，从而为工厂制定维修策略提供依据。

　　（6）故障诊断与监测

　　智能仪表提供自诊断功能，HAMS 设备维护预测管理系统采用轮询方式自动读取HART 仪表的诊断状态结果。HAMS 在运行的设备状态监视图形中，能够实时显示当前设备的状态，包括当前设备的运行情况，当设备运行异常时，显示异常标志。

设置对关键设备进行状态监视，一旦设备诊断出现状态异常，HAMS 设备维护预测管理系统的报警监视模块会接收该报警事件并利用声音、颜色等进行提醒，且数据库自动记录该报警事件。对于提供 DTM 格式的仪表，可通过厂家提供的 DTM 获取详细的设备运行健康状况用于指导维护人员对仪表故障的排查。

支持设计校验方案，仅需输入校验点数、校验范围、校验精度等，则能自动生成校验方案。支持建立校验计划，同时提供校验前/校验后图形记录，校验前后的校验误差结果，自动记录历史校验结果，并根据校验数据形成标准格式的标定报告，同时提供校验历史报告和历史趋势曲线供操作员判断设备的老化程度。

（7）模板方式

设备管理系统应能采用模板方式建立或传送仪表组态显示数据，可自动对应不同类型智能设备，完整地显示仪表数据和诊断状态。

（8）用户管理

设备管理系统应具有用户管理功能，可以设置不同权限的用户和密码，保证操作管理的安全。HART 设备中的有效数据可以在 DCS 系统上引用。对现场出现故障的 HART 设备，能在操作画面上显示，并且可生成对应的故障报表。

（9）非智能设备管理

对非智能设备，可采用人工输入的方式建立仪表管理档案。

（10）与第三方系统进行连接

OPC（OLE for Process Control，用于过程控制的 OLE）是为了连接数据源（OPC 服务器）和数据的使用者（OPC 应用程序）之间的软件接口标准。HAMS 中 OPC 提供的数据为物理网络中所有仪表设备的参数信息。支持本地和远程 OPC Client 访问，OPC Client 只能读取 OPC Server 端的数据，不能写入数据。OPC 接口部分实现 OPC2.0 规范定义的所有接口，AMS 与第三方设备连接方案如图 6-16 所示。

在图 6-16 中，智能仪表通过 MTL 或者 P＋F 多路转换器剥离出 HART 信号，经过 RS485/RS232 到 HAMS 设备服务器。如果智能仪表和 HAMS 服务器距离远，需要通过网桥连接到 HAMS 服务器。

2. HOLLiAS APC 先进控制系统

工业现场中总是存在一些关键回路由于被控对象相互耦合严重、惯性大、滞后长、干扰强烈等原因，传统的"PID 反馈＋前馈"式单回路控制结构调节效果有限。随着 APC 优化控制在复杂工业领域的广泛应用，使企业生产有了很好的解决方案。

HOLLiAS APC 是和利时开发的面向工业过程的先进控制软件，能够处理工业过程中多变量、强耦合、大时滞、带约束等复杂的过程控制问题。HOLLiAS APC 通过 OPC 接口可以直接同现有的 DCS 连接，对实际生产过程实施在线优化控制，可以帮助企业提高产品质量，实现节能减排目标，提高经济效益。软件应用领域主要包括水泥、化工、电力等行业。如图 6-17 所示为 HOLLiAS APC 系统架构图。

HOLLiAS APC 软件包所包含主要软件及其功能如下。

HOLLiAS SAP 数据采集：数据采集软件主要实现了对现场设备中的实际数据点进行

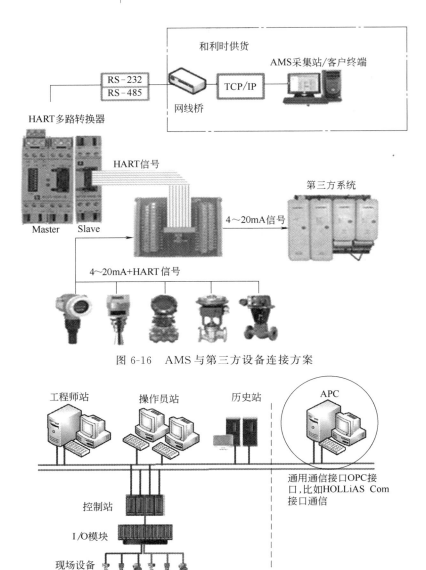

图 6-16 AMS 与第三方设备连接方案

图 6-17 APC 系统架构图

数据采集的功能，采集的数据供后面系统辨识使用。

HOLLiAS SysID 模型辨识：系统辨识软件的主要用途为对现场采集的过程对象输入输出数据进行一系列的数学运算与处理，获取能够反映被控对象输入输出对应关系的数学模型，并保存为相应的模型文件，供后续的分析和控制所用。

HOLLiAS APC 优化控制：优化控制软件是面向工业过程的先进控制软件，能够处理工业过程中多变量、强耦合、大时滞、带约束等复杂的过程控制问题。

3. HOLLiAS SimuPlant OTS 仿真培训系统

SimuPlant OTS 仿真培训系统是采用国内领先的过程模拟仿真技术，将设备工作原理算法化，根据工艺流程结构搭建数学模型。前台的用户操作指令传送到后台的数学模型中，经数学模型的运算实时表征出各个工艺数据的真实值，借此反馈出操作与工艺现象之间的关系，让参加培训的学员不到现场也能够掌握真实设备工作原理，培养学员对常见工艺设备的操作技能和职业技能。SimuPlant OTS仿真培训系统的主要作用如下。

操作员培训：加深工艺理解，提高操作技能，减少人为失误，保证生产安全；

自动化培训：提高技术人员的DCS系统使用和维护技能，保障DCS稳定运行；

事故演习：制定事故预案，提高事故应变能力，避免人员伤亡和财产损失；

工艺参数调整：探索最佳运行方法，改进工艺参数，达到最佳的经济效果；

控制策略调整：可脱离真实系统进行控制策略的试验，调整控制策略；

先进控制与优化辅助：为先进控制与优化提供测试和实验平台，降低投运风险。

SimuPlant OTS仿真培训系统的技术特点如下。

采用虚拟DCS技术，在仿真系统中使用HOLLiAS MACS软件，使虚拟与真实DCS系统的运行环境保持一致；

与DCS软件无缝连接，两者组态文件可互相拷贝，真正实现实验功能；

多流程分布式计算，计算稳定、快速，适用于大规模流程工业仿真；

图形化自动建模技术，建模过程简单、高效，模型易维护；

采用国际通用物性库，有几万种物性组分，随着实验验证不断修正，提高计算准确性；

物性方程种类丰富，根据不同工况可灵活选择。

三、Level4 企业管理层

企业管理层对应的是管理网 MNET，包括 HOLLiAS HiBridge MES 生产管理系统、HOLLiAS EMS 能源管理系统、WEB 服务器和 WEB 客户端等。

1. HOLLiAS HiBridge MES 生产管理系统

制造执行系统 MES（Manufacturing Execution Systems）是位于上层的企业资源计划系统 ERP 与底层的工业过程控制系统之间的面向厂（车间）级的计算机管理信息系统。它以生产制造为核心，以提高整个企业的生产经营效益为目的。MES 通过强调制造过程的整体优化来帮助企业实施完整的闭环生产，同时也为敏捷制造企业的实施提供了良好的基础。MES 在企业生产整体优化中起到两方面的作用：一是把业务计划的指令传达到生产现场；二是收集生产过程中大量的实时数据并将生产现场的信息处理和上传。在石油化工行业对应于 MES 层次功能的就是通常所说的生产管理系统。

HOLLiAS Bridge 是和利时于 2000 年自行开发的生产管理系统、面对过程工业的制造执行系统（MES）。由于各种行业的特殊性，各行业的 MES 也有很大的差异性，和利时可以为化工、电力、石化、建材、冶金、钢铁、制药、造纸等行业提供一条龙服务，从需求调研、产品设计、二次开发、工程实施至后期维保，提供整套服务流程。同时，和利时在行业应用过程中积累了丰富的经验，提炼出各种行业的应用模型，提供适合各个不同行业的解决方案，为用户提供增值服务，通过信息创造价值。HOLLiAS Bridge 已在全国各种行业有将近 300 个现场在使用。HOLLiAS Bridge 完全适合于石油化工行业的生产管理系统需求。

HOLLiAS Bridge 系统自上向下分为六个层次：人员整合层、信息整合层、应用整合层、核心平台层、采集与数据中心层和过程控制层，如图 6-18 所示。

在 HOLLiAS Bridge 系统层次结构中，人员整合层通过统一的门户，采用灵活严格的权限设置，使企业内外的用户都能在这个平台上进行业务操作，实现全面的协作。信息整合

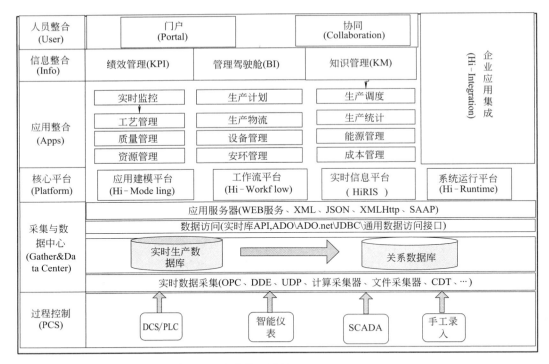

图 6-18　生产管理系统 HOLLiAS Bridge

层整合企业的所有有效信息，为管理层提供决策支持。应用整合层基于 SOA 模式，由 HOLLiAS MES 的标准应用模块组成，可以根据企业需求灵活配置。生产管控平台层由应用建模平台、工作流平台和系统运行平台组成，是整个系统的核心组成部分和运行基础。该平台具有开放性和可扩展性，能满足企业不断扩展的业务需求。生产数据中心层使用和利时的 RMIS 系统，由实时数据库、关系数据库、数据访问服务组成。

2. HOLLiAS EMS 能源管理系统

能源管理系统（HOLLiAS EMS）是 MES 系统的一个应用模块，企业有时也作为一个单独的系统来实施。能源管理系统简单来说就是一个可以对生产企业的能源消耗，如水、气（汽）、风和电的使用过程数据进行检测、记录、分析和指导的信息管理系统。这个系统可以实时监控企业各种能源的详细使用情况，能为节能降耗提供直观科学的依据，能帮助企业查找能耗弱点，促进企业管理水平的进一步提高及运营成本的进一步降低，使企业能够合理使用能源，控制浪费，达到节能减排、节能降耗、再创效益的目的。

国内外先进企业的成功实践说明，利用先进的能源管理系统（Energer Management System，EMS）进行能源管理，对能源生产和输配的统一调度，优化能源介质平衡，减少跑、冒、滴、漏，提高能源利用率，以及加强能源设备事故应急处理等都是十分有效的。通过建立网状能源计量体系，全面监控企业能源消耗及管网运行情况，可实现能源监测和计量自动化，达到信息共享、自动数据处理和分析的目标。通过能源的管理和考核，挖掘节能潜力，可提高能源利用率，促进企业节能降耗增效。

能源管理中心建设是个持续改进的过程，典型的过程是进行能源计划，能源使用，发现能源在生产与消耗过程中的问题，进行节能改进（包括节能管理与节能改造）。这个过程有时称为 PDCA（Plan-Do-Check-Act）过程，是一个周而复始、不断提高能源的转换效率和使用效率的过程。每个过程都是通过实时监控能源使用情况，进行有效的能源调度，对能源的生产与消耗进行统计分析，为能源下一步计划提供依据。

四、HiaCloud 工业云平台

HiaCloud（HollySys Intelligent Automation Cloud）和利时智能自动化云平台是 OT（Operational Technology）技术与新一代 ICT（Information Communication Technology）技术深度融合的产物，它针对企业数字化转型，聚焦于生产运行中的痛点，以平台化的理念和技术手段，深度挖掘各类生产数据大融合的价值，支撑企业持续变革与创新。

HiaCloud 由工业智能网关、工业 iPaaS 平台（Industrial PaaS）和工业 SaaS 应用三部分构成，如图 6-19 所示。工业智能网关实现与机器设备、控制系统、各类既有应用软件的数据和服务对接转换，完成连通与上云工作。iPaaS 包括基本的服务发现与管理、数据处理与存储、批量与流式计算等基础服务，面向工业系统应用的模型、数据、分析、运营和安全服务，以及用于快速业务构建的对象建模、应用开发 API 接口和工具套件。工业 SaaS 服务包括基本共性的生产可视化、数据分析和移动应用，以及第三方合作伙伴或用户利用 Hia-Cloud 提供的开放 SDK、API 接口、工具套件构建出的专业和特殊 APP 应用。考虑到当前大多数工业企业有数据归属方面的安全需求，HiaCloud 既支持公有云部署，也支持企业本地私有云或虚拟化轻量级部署。

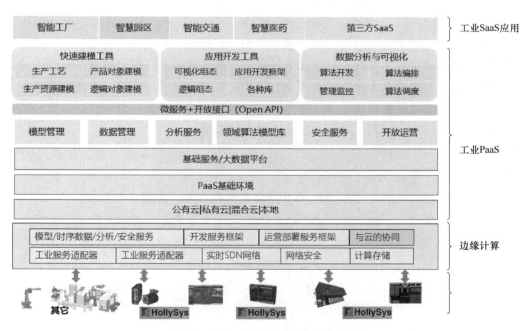

图 6-19　HiaCloud 工业云平台的构成

1. 和利时 HiaCloud 标准化开发范式

HiaCloud 致力于建立一套标准化的工业云应用开发范式，它以开放的工业数据和业务运行平台为基础，以虚拟工厂动态模型为核心，采用数据驱动服务的方式，实现物理空间与信息空间的双向映射、交互和反馈。

① 一套标准体系：遵循工业对象标识、工厂模型描述、信息与服务交换协议等业界的标准；

② 一套开发环境：面向非软件专业的领域人员，提供虚拟工厂快速建模工具、行业组件库（人、设备、物料、产品、工艺、业务逻辑等）、行业模板、应用开发模板、模拟仿真工具等；

③ 一套运行环境：提供统一的弹性运行框架，支持分布式计算和灵活的部署方式，包括工业数据中间件、工业现场信息交换引擎、虚拟工厂模型运行引擎、规则引擎、计算引擎、工作流引擎、大数据引擎和可视化引擎；

④ 一套运营环境：多租户管理、资源分配、开发维护、商业运维和安全管理等。

遵循 HiaCloud 标准化的工业云开发范式，企业可以快速建立起基于数据自动流动的状态感知、实时分析、科学决策、精准执行的闭环赋能体系，贯通产品需求设计、生产制造、应用服务之间的数字鸿沟，实现生产资源高效配置、运行效率持续优化、工业软件敏捷开发。

2. 和利时 HiaCloud 在流程工业智能工厂的应用

和利时 HiaCloud 工业云平台可广泛应用于流程工业智能工厂、离散制造业智能工厂和运营服务行业的智慧化运营，成为企业数字化转型与持续改进和创新的支撑平台。

传统企业信息系统采用分层的普渡模型，自下而上依次是设备层、仪表层、控制层、执行层、资源层，是面向功能的分层方式，数据流通以单向为主，但不顺畅、不全面、不实时。原因是各类数据被束缚在功能层级和模块内部、数据缺乏自描述和发现机制，使得数据广泛共享变得极度困难且实效性差，也就是所说的数据孤岛现象。用户的新需求不能快捷实现，特别是当前企业内建有大量的各类安全、防护、监测、环保、质检、诊断等系统，这些系统运行中实时产生大量的异构、非结构化数据，但只能供各自系统内部使用，无法共享出来让更多的应用去使用，挖掘多维大数据融合的更大价值。

流程工业智能工厂的核心是确保生产的连续、安全、高效和绿色运行。HiaCloud 用做企业的智能生产监管平台，建立起与实际工厂对应的数字化虚拟工厂，DCS 及其他各类生产监控系统通过工业安全网闸、网关将现场数据实时、准确、全量上传到 HiaCloud 中，用现场真实数据驱动虚拟工厂的运行，利用工业大数据实时分析和机器学习技术得到装备运行和工艺过程的最佳运行参数和方案，提高企业生产的综合效率和效益，降低能源消耗和污染物的排放。另外，结合工业物联网对设备运行状态的诊断数据，可实现生产设备的预测性维护，提高生产设备运维水平，减少非计划停机事件的发生。建立现代生产型服务，HiaCloud 可将设备、系统、生产的运行工艺、参数和状态开放出来，提供给专业数据分析、工艺优化、工厂设计的机构，形成良好的共生、共享生态。HiaCloud 工业云在流程工业智能工厂的应用如图 6-20 所示。

和利时是中国工业自动化行业的领军企业之一，始终致力于为流程工业、离散制造和运营服务行业提供国产自主的自动化产品和系统，已经为火电、石化、化工、冶金、市政、食品、制药等行业提供了上万套的一体化过程解决方案。

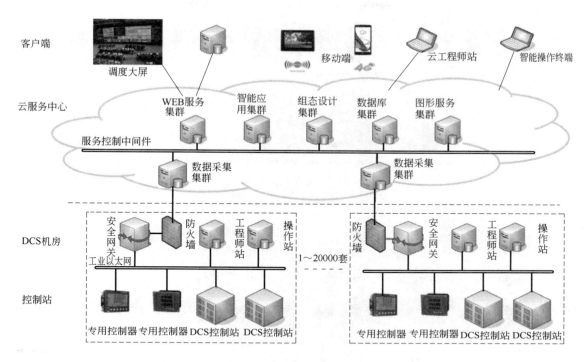

图 6-20　HiaCloud 工业云在流程工业智能工厂的应用

第五节　常见分布式控制系统简介

在 DCS 问世至今的 40 余年中，计算机技术、网络技术的发展可以说是日新月异，几乎每天都有新的产品投放市场。对于工业控制系统来说，不管宣称自己的系统是第几代，也不管其结构如何复杂，但其基本结构还是相对稳定的，一套系统至少可以运行 15 年以上。从本质上来说，DCS 的结构一般可以归结为通信系统、过程控制装置和操作管理装置三大基本部分。下面介绍几种我国常见的 DCS 产品。

一、Honeywell 公司的 Experion PKS 系统及其升级产品

美国 Honeywell 公司自 1975 年在世界范围内推出了第一套以微处理器为基础的分布式控制系统 TDC-2000 以来，相继推出了 TDC-3000、TDC-3000^{X}、TPS、PlantScape 和 Experion PKS 系统。图 6-21 是 Experion PKS 系统的结构图。

Experion PKS 系统基于 Honeywell 出色的自动化和控制平台硬件，并采用重新设计的创新技术，继承了传统 DCS 的优点，同时又融合新的技术突破，它是一体化的混合控制系统，是第四代 DCS 控制系统的代表。它的开放安全结构中包括新增的嵌入式电脑安全技术，以防止在控制层发生拒绝服务攻击和消息泛滥。此外，Experion PKS 系统的自动备份和恢复功能，是其他竞争对手望尘莫及的。另外为改善系统可用性，霍尼韦尔本次发布的产品中包括集成式解决方案，自动实现复杂的程序，改善操作人员的效率。Experion PKS 系统拥有以下先进特征。

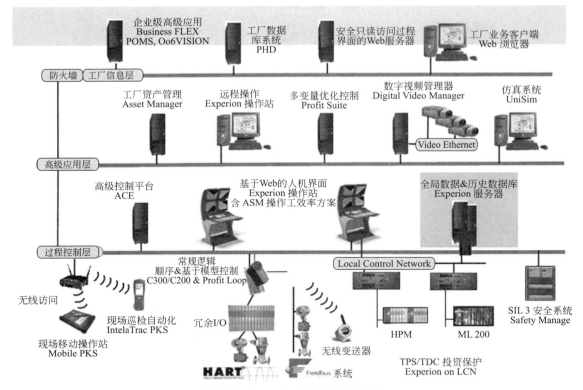

图 6-21　Experion PKS 系统结构图

① 自主知识产权的开放 HMI 平台技术（HMI Web Technology）；

② 先进的报警监控环境（Next Generation Alarm Monitoring Environment）；

③ 混合控制（Hybrid Control）；

④ 一站式组态系统（One-Stop Configuration Environment）；

⑤ 方便的应用控制平台 ACE（Application Control Environment）；

⑥ 仿真环境 SCE（Simulation Control Environment）；

⑦ 模块配置灵活（Scalable History Architecture）；

⑧ 多种 I/O 选择（I/O Options）；

⑨ 支持 FF（Foundation Fieldbus）；

⑩ 开放的信息访问与应用集成（Information Access and Application Integration），支持以下开放接口：OPC，ODBC；

⑪ 网络应用编程接口 API（Network Application Programming Interface）；

⑫ 基于服务器（Server-based）的 API（C/C++，FORTRAN，Visual Basic Automation Model）；

⑬ 微软的 Excel 数据交换（Microsoft Excel Data Exchange）。

目前，霍尼韦尔公司已经对 Experion PKS 进行了一次升级，于 2019 年 6 月推出了 Experion®过程知识系统（PKS）高度集成虚拟化环境（HIVE）。Experion PKS HIVE 包括三个要素：IT HIVE、I/O HIVE 和 Control HIVE，均可单独或组合地配合客户现有的系统和基础设施使用。

Experion PKS IT HIVE 集中了多达 80％的传统项目工程中常用的 IT 基础架构，将 IT 运算从现场转移至后台，为客户提供无缝运营体验，有效降低项目交付和生命周期成本，更好地利用技能，在整个企业中推动一致性的物理和网络安全管理。

Experion PKS I/O HIVE 将 I/O（输入/输出）转移到现场，任何控制器都可对其进行访问，采用独立的物理控制器并分配负载，使其如单个控制器呈现，以消除复杂性。提供了灵活的 I/O（输入/输出）和控制分配，使控制系统成为过程设备的自然扩展，有利于实现模块化和并行项目执行。

Experion PKS Control HIVE 独特地采用了控制容器，可实现控制硬件平台、控制位置和控制工程设计的灵活性目标准化，其可支持多个物理控制器运行，能自动平衡负载，从而大幅简化工程设计。

Experion PKS HIVE 采用了霍尼韦尔 LEAP™ 项目执行原则，通过软件和网络来解除控制应用程序与物理设备，以及控制器与物理 I/O 之间的联系，从而通过更简单的模块化构建方式在更短的时间内以更低的成本和风险来设计和部署控制系统。该解决方案还革新了控制系统在其生命周期内的维护方式，将服务器的日常管理转移到一个集中的数据中心，通过专家和建立的协议来降低网络安全风险，使工厂的工程师能更加前瞻性地优化其控制系统。

二、ABB 公司的 Industrial^{IT} 系统及其扩展系统

ABB 公司的 Industrial^{IT} 系统使工业技术和信息技术相结合，构建了以属性目标平台为基础的、开放的应用系统，其体系结构如图 6-22 所示。

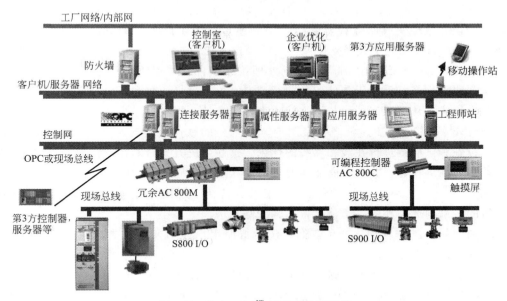

图 6-22 Industrial^{IT} 系统的体系结构

Industrial^{IT} 的中文含义可直接理解为工业^{IT} 系统，它可将工厂和工艺流程中使用较多的自动化产品（电动机、传动、机器人、控制器、保护装置、电力系统等）及影响企业多方面业务（市场营销、设计、制造、质量、财务、完成订单、后勤服务等）的有关系统进行集成，从而使这些过程实现动态的和实时的信息交换。

ABB Industrial^{IT} 将技术策略与商务策略相结合使电气自动融入了具有事实标准的商务计划系统，使自动化达到新水平。Industrial^{IT} 作为 ABB 自动化系统的发展在工业资产和信息技术之间建立了实时、无缝的集成，从而为企业每个环节的所有负责人员提供了必要、充分的信息，以便及时决策、提高生产率、优化资产、提高企业效益。

该系统以控制网络为核心，向下连接现场总线网络，向上连接工厂管理网络。它可以同时支持多种现场总线、OPC 等开放系统标准，形成了从现场控制到高层经营管理的一体化信息平台。通过一系列的 IT 组态软件构成全集成的综合自动化管理系统，从基础自动化到业务流程、从工厂设计到运行维护以及从基础管理到生产监控。

Operate^{IT}——提供生产过程关键信息的显示和操作的硬件和软件，支持人工触发或事件触发，可以设在现场，也可以设在控制室，使企业内每一用户获得既能上网又能统一所有用户界面的优势。这个集成的软件环境具有真正的基于目标的结构，使企业内的信息交换实时和无缝。

Control^{IT}——工业自动化和控制组件，支持逻辑控制和回路调节，专用控制算法和综合控制软件。Control^{IT} 无缝地将基于过程的信息集成到完全开放的应用中，并结合世界上已被接受的工业标准改善过程控制。可大可小的、独立于平台的产品为增强现有系统功能而提供了进入信息技术环境的途径。

Engineer^{IT}——执行工厂整个生命周期的有效工程，包括 Engineering Studio、Control-Builder、Fieldbus Builder 以及其他一些有效工具。Engineer^{IT} 显著改善从设计到实施到安装到调试和运行的资产生命周期方向，以及从现场设备到控制系统到商务系统的生产操作方向两种信息流的集成。

Inform^{IT} Information Manager——通过获取原始数据、将数据转换成信息、将信息转换成过程知识并最终变成商务智慧的途径使制造过程的生产力得到提高。该组件与 Operate^{IT} Process Portal 无缝集成来支持操作工的操作。

Produce Batch——综合配方管理和批处理控制软件。可以组态、进行监视和控制多产品与多生产线的生产；提供无与伦比的包括调度、电子批量记录和历史数据在内的批量生产过程的高度集成，从而保证了批与批之间生产操作一致，提高批量生产质量和生产力。

Optimize^{IT}——实现工厂资产生命周期全面优化的软件。实现对现场仪表、控制系统、企业基础设施和供应链进行在线和离线的优化。这些解决方案目的在于从商务管理的角度实现制造业资产的可视化，并根据商业需要和资产状况实现制造能力的优化。

Integrate^{IT}——在线运行组件和工具，有效支持新应用开发或集成已有功能。Support^{IT} 用户支持的一系列产品和服务，包括备件、维修和培训等。

Consult^{IT}——工作自动化产品咨询，包括帮助用户成功计划、执行并详细实施 Industrial^{IT} 的技术和经验等。

Field^{IT}——用来实现从现场到董事会办公室的现场设备、网络设备和软件的信息集成。

Industrial^{IT} 系统是一个典型的采用"自顶向下"设计方式形成的系统，这样的系统比较注重标准，特别是有关信息技术（即 IT）的标准。在统一的标准构架上集成各个方面的产品，这也是很多有计算机系统背景的公司所采取的方法。用这种方法形成的系统具有开放性好、适用性强及功能完善的特点。而它要着重解决的问题，是在不同行业应用时，要针对行业特点进行专门的开发，这样才能够充分满足应用需求。

Industrial^{IT} 扩展自动化 800xA 系统是一款利用 Industrial^{IT} 架构，在一个完全冗余、可

靠的环境中进行集成的系统。系统 800xA 将传统自动化系统的范畴扩展到过程控制之外，以帮助用户提高能源效率、资产效用、节能以及操作员效率。通过 ABB Industrial^{IT} 产品和系统解决方案实施的全方位过程自动化系统，系统涵盖连续和批量控制应用软件的操作和组态，符合 FDA 21 CFR 第 11 部分的应用软件法规，融合信息技术及数十年成功交付、安装运行的经验和专有知识，并在此基础上得到进一步开发。

Industrial^{IT} 800xA 系统具备一系列基本功能，包括：

◇ 核心系统（Core System）；

◇ 操作（Operation）；

◇ 工程技术（Engineering）；

◇ 控制和 I/O（Control and I/O）；

◇ 信息管理（Information Management）；

◇ 生产管理（Production Management），包括批量管理（Batch Management）和制造管理（Manufacturing Management）；

◇ 资产优化（Asset Optimization）；

◇ 现场设备管理（Device Management）；

◇ 安全（Safety）。

除此之外，Industrial^{IT} 800xA 系统还提供以下产品：

◇ PROFIBUS 网络设备；

◇ FOUNDATION Fieldbus（FF）网络设备；

◇ 对过程工程工具 Intergraph INtools 的集成；

◇ Real Time Production Intelligence（Real TPI）；

◇ 培训仿真（IndustrialIT Training Simulator）。

Industrial^{IT} 系统 800xA 扩展了传统自动化系统原有的范围—超越过程控制—达到现今商业市场提升生产力的需求。有史以来，800xA 这个系统第一次在系统平台上实现了完美的统一：各领域的用户，不管是操作员、维护人员、工程师、销售员、工厂管理者，都能在同一种界面访问、咨询和享用公司资源。800xA 系统工程环境创建的自动化扩展对象（属性对象技术），提供了一个独一无二具有开发、配置、复用生产应用控制方案的环境基础，能持续改进生产应用方案，并可预测应用结果。

在 2017 年德国汉诺威工业博览会上，ABB 展示了其业界领先的 ABB Ability^{TM} 数字化解决方案。如今，ABB Ability^{TM} 数字化解决方案已达 210 余种，主要包括：针对依靠工厂和系统进行绩效管理的行业解决方案；面向流程工业的控制系统；面向机器人、电动机与机械设备的远程监测服务；用于建筑、海上平台和电动汽车充电基础设施的控制解决方案；以及满足数据中心能源管理和远洋船队航线优化等需求的专业领域的解决方案。在今天的数字时代，这些解决方案通过工业互联网构建数字互联设备、系统与服务，从而大幅提升生产力，降低维护成本，并节省高达三分之一的能耗。

三、西门子 SIMATIC PCS 7 及其升级产品

通过全集成自动化（TIA）理念，西门子为所有过程自动化应用在一个单一平台上提供了统一的自动化技术，从输入物流，包括生产流程或主要流程以及下游流程，直到输出物流。这种统一的自动化技术更是促进了所有公司运作的优化，包括企业资源规划（ERP）

级、管理执行系统（MES）级、过程控制级直到现场级。

作为全集成自动化体系的过程控制，SIMATIC PCS 7 采用了 TIA 系列甄选的标准硬件和软件部件。其统一的数据管理、通信和组态功能，为用于过程工业、制造业以及综合工业（包括连续/批量/分散生产的混合，例如玻璃工业或制药工业）所有领域的先进、面向未来和经济的自动化解决方案，提供了一种开放式的平台，其体系结构如图 6-23 所示。

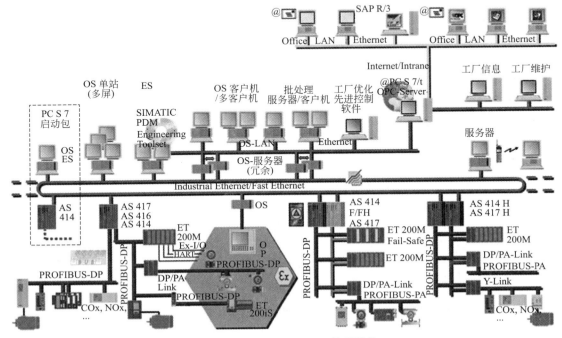

图 6-23　SIMATIC PCS 7 体系结构

在过程工业和综合工业，辅助流程和物流的自动化通常由运动控制系统和 SIMATIC 部件实现，而主要流程由 SIMATIC PCS 7 过程控制系统实现。

在全集成自动化（TIA）网络内，SIMATIC PCS 7 不仅可以处理标准过程工程任务，而且还可以实现生产现场的辅助流程（例如罐装、包装）或输入/输出物流（例如原材料分配、贮存）的自动化。

通过将自动化级连接到 IT 环境，可以实现过程数据在公司范围内用于运营、生产流程和业务流程的评价、规划、协调和优化。该系统还充分考虑了分布式、全球性公司的需求。

基于最先进 SIMATIC 技术的领先设计以及模块化和开放式的架构，一致性实施工业标准以及 I&C 功能和高性能，SIMATIC PCS 7 过程自动化系统可以实现工厂的各个寿命周期以及各个方面的高性价比实施和经济运行：包括规划、工程设计、调试、培训、操作、维护、维修、扩建以及改进。在过程控制中 SIMATIC PCS 7 系统表现出了高性能和高可靠性、简单和安全的操作以及简便最大化等特点。

用户将通过可预见的开发、实施和寿命周期成本，减少工程要求和过程优化手段的使用，以及快速应对需求变化的灵活性和标准 SIMATIC 部件的优点，从全集成自动化和 SIMATIC PCS 7 过程控制系统中广泛受益。

（1）横向集成

横向集成意味着 SIMATIC 产品系列的通用和标准硬件/软件部件可以用于整个生产流

程，包括输入物流、主要和辅助流程，直到输出物流。SIMATIC PCS 7 的基本部件包括 HMI 系统、自动化系统、通信网络、分布式 I/O 以及工程工具和 SIMATIC 模块化系统，并可通过稳定的标准接口可由系统工程或 OEM 设备客户化，或通过丰富的西门子自动化与驱动集团产品进行扩展。由此可为客户带来只有作为业界领先者并大量成功应用的 SIMATIC 才能提供的诸多优点，包括：较低的硬件和工程成本；经过认证的质量和稳定性；系统部件的简单、快速确定和选型；低的备件成本；备件和扩展部件的交货期非常短；可在全世界采购；以及节约物流、维护和培训成本等。

（2）纵向集成

纵向集成的特点是统一而透明的数据通信，包括 ERP 级、MES 级、控制级和现场级。这表征为自动化技术和信息技术的日臻融合，并在公司范围内信息网络的建设过程中设立标准。由此可实现整个生产流程的模块化和标准化，显著增加生产的灵活性。SIMATIC PCS 7 在公司范围内的纵向集成包括两个方面：在公司范围内信息网络中的集成和现场系统的集成。

使用 SIMATIC PCS 7 实现横向集成和纵向集成，使用符合国际标准数据交换模式（例如以太网、TCP/IP、OPC 或 @aGlance）的接口，SIMATIC PCS 7 过程控制系统可以无缝集成在公司范围内的信息网络中，由此可以随时随地利用过程数据，例如：ERP（企业资源规划）；IS（管理信息系统）；MES（制造执行系统）；先进过程控制；通过因特网进行诊断和远程维护。

通过用于 SIMATIC PCS 7 操作员站和 @PCS 7 部件的 OPC 接口，可以简单访问 IT 环境。SIMATIC PCS 7 操作员站既可以作为一个 OPC 服务器使用，用作 Windows IT 应用程序的数据源，也可以作为一个 OPC 客户机，访问 OPC 服务器的应用数据。

使用 @PCS 7 服务器和相应的 Web@aGlance/IT 客户机，可以通过工厂网或因特网实现全局在线监控。除此之外，处理 @aGlance 接口的主机信息系统也可以使用 @PCS 7 连接到 SIMATIC PCS 7。

（3）现场系统的集成

SIMATIC PCS 7 基于 Profibus 技术，将分布式现场系统集成在过程控制系统中。智能化现场设备既可以直接连接到 Profibus，也可以连接到安装在远程 I/O 机架中的 HART 接口模板，并可冗余配置。传统的现场设备和 HART 现场设备更适宜使用 ET 200 系列分布式 I/O 连接到 Profibus。通过 Profibus 现场总线，现场设备可以直接连接应用于 Ex zones 0、1 或 2。SIMATIC PCS 7 和智能化现场设备之间的通信更是基于国际标准和规范，例如 IEC61158。

使用 Profibus 可以将变速驱动系统、电动机管理部件以及电气执行机构直接集成在 SIMATIC PCS 7 中，并还可将本地操作员终端集成在现场中，即使是危险工况。

通过使用通信标准，例如 Profibus 和 HART，不但可以稳定使用 SIMATIC PCS 7，而且还可以在全集成自动化理念下使用第三方的部件，例如通过 CP 341 在 ET 200M 中使用 Modbus 连接。

Profibus 部件也可以用于将具有 AS-i 接口的简单传感器和执行机构或 EIB（欧洲安装总线）楼宇自动化部件连接到系统。

使用 SIMATIC PDM 过程设备管理器（可本地使用或集成在 SIMATIC PCS 7 过程控制系统的中央工程系统中），可以在整个工厂内通过 Profibus 或 HART 接口，对自动化部件和现场设备进行参数化、调试、诊断或维护。基于 PNO（Profibus International）国际标准和规范，例如 EDDL 技术，可以将现场设备简单地集成到 SIMATIC PDM 中。

2019 年 4 月，西门子在汉诺威工业博览会上，推出了过程行业首个完全基于 Web 的控制系统 SIMATIC PCS neo，该控制系统与 SIMATIC PCS7 一脉相承，采用了与 PCS7 相同的硬件平台和应用架构，是 PCS7 的升级产品。

SIMATIC PCS neo 基于 Web 的编程组态使得不同地点的工程师，仅仅依靠手机或 iPad 就可以协同进行 DCS 编程组态。基于清晰的职责和分级授权管理模式，用户只需要一个账号和密码，以及授信证书，项目的每个成员可以随时随地通过任意终端以 Web 访问的形式进入 neo 的平台直接进行操作，而无需安装客户端。所有项目成员使用的是统一的数据库，每个用户可以使用独立的会话完成各自的工作。这些工作成果可以发布并共享给其他人，SIMATIC PCS neo 可以自动保持项目所有数据的一致性。通过集中的、面向对象的数据管理，可确保所有参与者始终可以访问并获得一致的数据信息，这将支持用户在工程和运营领域开展基于 Web 的跨区域合作，从而帮助用户大大提高正确决策的速度和效率。

SIMATIC PCS neo 提供了直观便捷的图形用户界面，其操作屏幕分为菜单区、导航和工作区，使用直观而且方便。用户只需通过点击鼠标，即可访问每一个应用子程序。通过 SIMATIC PCS neo 的软件平台，用户可以方便、随时地在工程组态、监视与控制视图之间切换。面向对象数据管理模式能够帮助企业在整个工厂生命周期内提高生产的效率和质量。

SIMATIC PCS neo 采用了灵活的开放式系统架构设计，结合 CMT/EMT 这种模块化的理念，以及批量部署的特点，让工程组态变得更高效、更灵活。对专业化的集成商和 OEM 厂商提供的第三方设备，neo 通过 MTP 通用标准的设计理念，无需特别组态，就让第三方设备的集成变得更加方便，帮助用户轻松实现"即插即用"。基于最大化的可扩展性，从小型工艺模块到超大型工厂都可采用该软件系统的控制技术。

随着 IT 与 OT 不断融合，以及网络技术快速迭代，如何满足并维持过程控制系统的所有安全要求成了过程企业面临的一大挑战。SIMATIC PCS neo 用发展的眼光应对信息安全新挑战，提出了一套完整的"纵深防御"理念，融入了 Web 安全的各种策略，例如引入 SSL 网络传输加密技术、数字证书验证技术等。此外，SIMATIC PCS neo 的软件开发生命周期遵循安全编码原则，完全符合 IACS 安全标准，并已经获得了基于 IEC62443-3-3 标准的 TÜV 证书。将来可能出现的任何基于网络的安全技术，都可以方便地嵌入 SIMATIC PCS neo 系统中，这也是将 SIMATIC PCS neo 称为面向未来的系统的原因之一。

作为生产过程自动化领域的计算机控制系统，传统的 DCS 仅仅是一个狭义的概念。如果以为 DCS 只是生产过程的自动化系统，那就会引出错误的结论，因为现在的计算机控制系统的含义已被大大扩展了，它不仅包括过去 DCS 中所包含的各种内容，还向下深入到了现场的每台测量设备、执行机构，向上发展到了生产管理、企业经营的方方面面。传统意义上的 DCS 现在仅仅是指生产过程控制这一部分的自动化，而工业自动化系统的概念，则应定位到企业全面解决方案，即 totalsolution 的层次。只有从这个角度上提出问题并解决问题，才能使 DCS 系统真正起到其应有的作用。分布式控制系统将适应各种过程控制需要，取得更好的技术和经济效益。

思考题与习题

1. 什么是 DCS？其特点是什么？

2. DCS 的硬件体系主要包括哪几部分？各有什么功能？

3. DCS 软件系统由哪些部分组成？各部分的主要功能是什么？

4. DCS 的组态主要包括哪些内容？

5. DCS 的通信网络形式主要有哪几种？它们各有什么特点？

6. 简述 DCS 的调试内容。

7. DCS 系统在投运前应具备哪些条件？

8. 简述 Experion PKS 系统的特点及构成。

9. 简述 Industrial[IT] 系统的特点及构成。

10. 简述 MACS6 系统的特点及构成。

11. 简述 SIMATIC PCS7 的通信网络结构及其特点。

第七章 ▶▶▶

典型过程的控制

本章介绍锅炉、化学反应器、精馏塔、流体输送设备和传热设备的工艺流程，重点阐述这几种典型设备的过程控制方案与实施。

实现生产过程的自动化，其首要任务就是要确定系统的控制方案。而要确定出一个好的控制方案，需要自控和工艺人员的共同努力。他们必须深入了解生产的工艺过程，按照工艺过程的内在机理，结合典型生产单元的操作过程，探讨、寻求最优的控制方案。在实际生产单元中，过程设备种类繁多，控制方案也因对象的不同而异。本章以锅炉设备、化学反应器、精馏塔、流体传送设备、传热设备这几种典型装置或过程为例，通过对典型过程控制的分析，从对象特性和控制要求出发，讨论不同过程控制的要求和实现方法。

第一节　锅炉的过程控制

锅炉是电力、化工、炼油等工业的重要动力设备。由于锅炉设备所使用的燃料种类、燃烧设备、炉体形式、锅炉功能和运行要求的不同，锅炉有各种各样的流程。常见的锅炉设备主要工艺流程如图 7-1 所示。

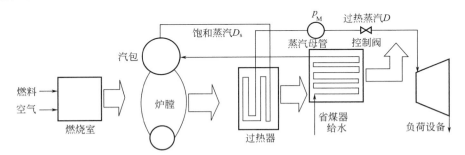

图 7-1　常见锅炉设备主要工艺流程图

由图可知，燃料和热空气按一定比例进入燃烧室燃烧，产生的热量传给蒸汽发生系统，产生饱和蒸汽 D_s。然后经过热器，形成一定温度和压力的过热蒸汽 D，汇集至蒸汽母管。压力为 p_M 的过热蒸汽，经负荷设备控制阀供给生产负荷设备使用。与此同时燃烧过程中产生的烟气，将饱和蒸汽变成过热蒸汽后，经省煤器预热锅炉给水和空气预热器预热空气，最后经引风机送往烟囱排入大气。

　　锅炉设备的主要任务是根据负荷的需求，提供质量合格（压力、温度等）的蒸汽，为此生产过程的各个工艺参数必须严格控制。大型锅炉是一个复杂的被控装置，它的被控变量和操纵变量繁多且相互关联，属于一个多变量耦合对象。根据其耦合程度的疏密分为几个独立的控制区域，分别采用单变量系统（变量关联弱）或多变量耦合系统控制（变量关联强）。锅炉设备控制主要有：汽包水位控制系统、过热蒸汽控制系统、锅炉燃烧控制系统。

一、汽包水位控制

　　锅炉运行时，汽包水位过高，影响汽水分离效果，蒸汽带液会使用汽设备结垢造成效率降低和设备损坏；汽包水位过低，在负荷较大调整不及时的情况下，可能导致锅炉烧坏和爆炸。因此，汽包水位是锅炉运行的主要指标。

　　锅炉汽包水位控制系统的任务是：使给水量和锅炉蒸发量相平衡，使锅炉汽包水位维持在工艺规定的范围之内。

　　影响汽包水位的因素主要有：蒸汽负荷变化干扰、给水量的调节。

1. 汽包水位的动态特性

　　① 蒸汽负荷（蒸汽流量）对水位干扰的动态特性：蒸汽负荷对水位的阶跃干扰的动态特性如图 7-2 所示。当蒸汽用量突然增加，必然在瞬时间导致汽包压力的下降，引起汽包内水的沸腾加剧，水中气泡迅速增加，将整个水位抬高，出现"假液位"现象。随着汽水混合物中气泡容积与负荷相适应达到稳定之后，水位才反映出物料的不平衡而开始下降。对 $100\sim230t/h$ 的中、高压锅炉，蒸汽负荷变化 10%，"假液位"的变化可达 $30\sim40mm$。设计或应用都必须认真对待。

　　② 给水流量对水位调节的动态特性：水位在给水流量阶跃变化量作用下的动态特性如图 7-3 所示。当突然加大给水量，给水量立即大于蒸发量，水位并不立即上升，而是出现一段起始惯性段。原因是大量低温水进入系统，吸收一部分热量，使蒸发强度减弱，进水先要填补气泡减少让出的空间，直至水位下的气泡容积变化平稳之后，水位才随着进水量的增加而上升。起始惯性段的纯滞后时间约为 $15\sim100s$，水温越低纯滞后时间越长。

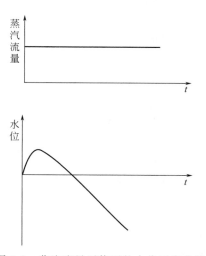

图 7-2　蒸汽流量干扰下的水位反应曲线

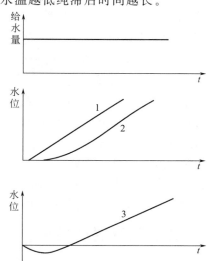

图 7-3　给水量干扰下的水位反应曲线

1—不考虑气泡容积变化的水位特性；2——一般惯性水位特性；3—惯性段较严重的水位特性

2. 单冲量控制系统

图 7-4 所示为单冲量控制系统。这里的冲量一词指的是变量，单冲量即汽包水位（被控变量），操纵变量是给水流量，属典型的单回路定值控制系统。系统适用于负荷稳定、停留时间长、操作压力不高的锅炉，应用时还需要配备一些联锁报警装置，确保安全生产。

单冲量汽包水位控制系统存在的问题是：给水系统出现给水泵压力发生波动、给水流量变化干扰时，控制作用缓慢，有可能影响水位。产生的偏差较大时，再控制给水量已不及时了。负荷突然增大，因系统不能识别"假水位"现象，造成给水量不增加反而减少，存在水位反而降低更多的严重危险隐患。

解决上述问题的方案是，将蒸汽流量变化、给水流量变化引入到系统中来，即采用双冲量和三冲量的控制方案。

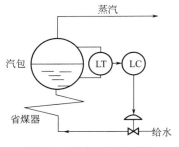

图 7-4 单冲量控制系统

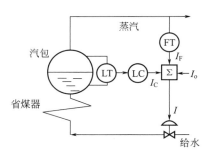

图 7-5 双冲量控制系统

3. 双冲量控制系统

将蒸汽负荷变化作为一个冲量引入系统，使系统能按负荷变化来进行校正，比只按水位进行调整要及时得多，假液位现象对汽包水位影响可以得到有效抑制。汽包水位、蒸汽负荷变化量双冲量控制系统如图 7-5 所示。被控变量汽包水位的信号，由系统输出端返回输入端，构成了反馈回路；蒸汽流量的引入对控制阀按流量变化的干扰量进行校正，具有前馈作用。前馈作用对其他干扰无克服能力，其他干扰由反馈回路抑制。双冲量控制系统是一个前馈-反馈复合控制系统。

4. 三冲量控制系统

汽包水位的双冲量控制系统还有两个弱点：一是控制阀的工作特性不是线性时，要达到对蒸汽流量动态补偿比较困难；二是给水系统干扰不能及时调整。为此引入微分环节进行动态前馈补偿，解决第一个问题；引入给水流量信号作为第三个冲量构成负反馈闭环控制给水流量，解决第二个问题。水位是主冲量，蒸汽、给水为辅助冲量，三冲量控制系统可看做是前馈-串级控制组成的复合系统（如图 7-6 所示）。

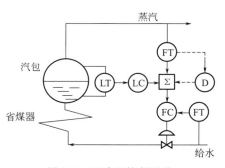

图 7-6 三冲量控制系统

二、过热蒸汽温度控制

蒸汽过热系统包括一级过热器、减温器、二级过热器。过热蒸汽温度控制的任务是维持过热器出口温度在允许的范围内，保持过热器的管壁温度不超过允许的工作温度。

过热蒸汽温度受较多因素影响，如蒸汽流量、燃烧工况、引入过热蒸汽的热焓（即减温水流量）、流经过热器的烟气温度和流速等。在各种扰动影响下，汽温控制过程的动态特性都有较大的时滞和惯性。要使控制系统能够满足工艺要求，必须选择好操纵变量和合理的控制方案。

图 7-7 是以减温水流量作为操纵变量的过热汽温串级控制系统，通常由于控制通道的时滞和时间常数都较大，单回路控制系统不能满足生产对控制的要求。过热汽温串级控制系统是将减温器后的汽温信号送至副控制器，因此主汽温能提前发现减温水的扰动，并使副控制器及时动作，在减温水的扰动未及影响到主汽温时即被消除；主汽温信号送给主控制器，当主汽温因受扰动而偏离设定值时，主控制器动作，改变副控制器的给定信号，使副控制器随之动作，控制调节阀，最后达到主汽温控制在允许值范围。

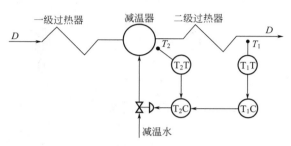

图 7-7　过热汽温串级控制系统

三、燃烧过程的控制

1. 燃烧过程的控制任务

锅炉燃烧系统的自动控制与燃料种类、燃烧设备以及锅炉形式等有密切关系。燃烧过程的控制任务相当多，首先要使锅炉出口蒸汽压力稳定。因此，当负荷扰动使蒸汽压力变化时，需要控制燃料量（或送风量）使其稳定。第二是保证燃料燃烧的经济性。在保证蒸汽压力稳定的条件下，要使燃料消耗量最少，燃烧尽量完全，效率最高，为此燃料量与空气量（送风量）应保持一个合适的比例，烟道气中的含氧量应保持一定的数值。第三要保持炉膛的微负压恒定（-20～-80Pa）。负压太小甚至正压，会造成烟气或火焰外冒，影响设备和人身安全；负压太大，冷空气进入炉膛太多，热能流失增加，热效率降低。另外，在安全保护系统上应该考虑燃烧嘴背压过高时，可能使燃料流速过高而脱火；燃烧嘴背压太低又可能回火。

2. 蒸汽压力控制和燃料与空气比值控制

蒸汽压力的主要扰动是蒸汽负荷的变化与燃料量的波动。当蒸汽负荷及燃料量波动较小时，可以采用蒸汽压力来控制燃料量的单回路控制系统；而当燃料量波动较大时，可以采用蒸汽压力对燃料量的串级控制系统。

燃料流量是随蒸汽负荷而变化的，作为主流量与空气流量（副流量）组成单闭环比值控制系统，使燃料与空气保持一定比例，是燃料燃烧良好的基本保证。

图 7-8 是以蒸汽压力控制器的输出，作为燃料量单闭环控制回路和空气流量单闭环控制回路共同的设定值，燃料量的输出跟随蒸汽压力。由于燃料量控制器的给定值是蒸汽压力，蒸汽压力又是空气流量控制器的给定值，不难理解通过控制器的设定可以保证燃料量和空气流量的合适比例关系，且可以克服蒸汽压力变化时燃料量和空气流量控制不同步的问题。

图 7-9 是锅炉燃烧过程控制的一个实例，蒸汽压力控制器为反作用（压力上升输出减小，压力降低输出增大），设有低值选择器 LS 和高值选择器 HS。正常工况蒸汽压力控制器的输出（蒸汽压力控制器的输出低于空气流量变送值）通过低值选择器 LS 送到流量控制器作给定值，构成以燃料量为内环的串级控制系统工作；燃料流量变送值（蒸汽压力控制器的

输出低于燃料流量变送值)通过高值选择器 HS 送到空气量控制器作给定值,构成燃料量与空气量的单闭环比值控制系统工作。当蒸汽负荷增大压力下降时,蒸汽压力控制器的输出通过高值选择器 HS,先加大空气量,待蒸汽压力控制器的输出低于空气流量变送值后,开始加大燃料量。反之,蒸汽负荷减小压力上升时,通过低值选择器 LS,先减燃料量,后减空气量,保证燃烧完全。图 7-9 系统是对图 7-8 系统的改进和完善,引入了选择控制的理念。

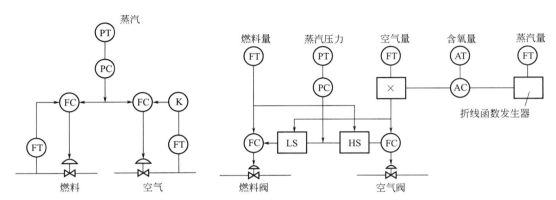

图 7-8　燃烧过程的基本控制方案　　　　图 7-9　完善的烟气中含氧量的闭环控制系统

3. 燃烧过程的烟气含氧量控制

图 7-9 中还标出了燃烧过程的烟气含氧量控制环节。燃料与空气比值控制不能保证燃烧的经济性(即两流量的动态最优比值),燃料流量测量的准确性、燃料质量的变化、蒸汽负荷的大小都会影响燃料量和送风量间的最优比值,对此应该寻找一个能直接衡量经济燃烧的参量指标。

理论和实践表明,锅炉的热效率(经济燃烧)主要通过烟气成分(氧气、二氧化碳、一氧化碳等)和烟气温度反映。一般情况下可以用烟气中的含氧量作为直接衡量经济燃烧的指标,把正常负荷下烟气含氧的最优值设定为含氧量成分控制器的给定值,这个控制环节可以保证锅炉在正常负荷下的热效率最优。实际锅炉运行中,负荷经常变动,可以蒸汽量作输入、蒸汽流量与含氧量之间的最优关系为函数,输出作为含氧量成分控制器的给定值,为含氧量成分控制器构造最优给定值发生器,保证不同负荷下的最优。

4. 锅炉负压控制与安全保护系统

典型锅炉负压控制与安全保护系统如图 7-10 所示。

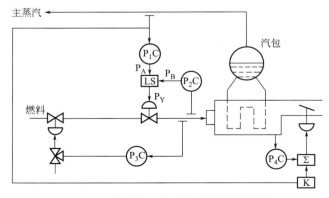

图 7-10　炉膛负压与安全保护控制系统

① 炉膛负压前馈-反馈控制系统:炉膛负压采用控制引风量的单回路控制系统,对负荷变化较大时的负压波动调整缓慢。因为负荷变化后,燃料与送风量均先变化,待炉膛负压产生偏差时引风控制器才能去控制,使引风量调整滞后送风量调整,造成较大负压波动。为此将反映负荷变化的蒸汽压力作为前馈信号,构成前馈-反馈控制系统,

保证负压调整及时，负压波动较小，如图 7-10 所示，K 为静态前馈放大系数。炉膛负压一般控制在－20Pa 左右。

② 防脱火选择控制系统：在燃烧嘴背压正常状态下，由控制燃料阀，维持锅炉出口蒸汽压力稳定；当燃烧嘴背压出现过高状态时，燃烧嘴背压控制器输出下降（低于蒸汽压力控制器输出）通过低选器 LS 控制（关小）燃料阀，使背压下降，防止脱火事故发生。

③ 防回火联锁保护系统：当燃烧嘴背压出现过低状态时，P_3C 下限接点接通，LS 至控制阀的通路切断，燃料上游阀将关闭，防止回火现象的发生。

第二节　化学反应器的过程控制

化学反应器是化工生产中的重要设备之一，它在生产过程中的操作状况是影响产品产量、质量的关键。由于反应器在结构、物料流程、反应机理和传热情况的差别，对过程控制的需求也有较大差别。因此，了解化学反应器的分类方式与控制，熟悉化学反应器的典型控制方案是必要的。

一、化学反应器的分类方式与控制

① 按照反应器的进、出物料的状况，可分为间歇式和连续式两大类。间歇式反应器通常应用于生产批量小、反应时间长或在反应的全过程对反应温度有严格的程序要求的场合。间歇式化学反应器的控制一般采用时间程序控制的方式。连续式化学反应器是工业化大生产常用形式，为了保持良好工况，希望反应器内的关键工艺参数（温度、成分、压力等）稳定，通常采用定值控制。

② 按照物料流程的排列，可分为单程型和循环型两大类。当反应转化率和产率足够高时，采用物料通过反应器后产物不再循环和再次反应的单程排列方式，如图 7-11（a）所示。当反应速度比较慢、平衡常数较低情况下，物料一次通过反应器的转化很不完善，则必须将反应产物进行分离，把未反应的物料与新鲜反应物混合后，再进入反应器反应，这就是循环型流程，如图 7-11（b）所示。单程型反应系统常用的控制参数有温度、进料浓度、进料流量和热量增减四个；循环型反应系统较单程反应系统的控制参数增加了一个循环量，以保持物料平衡。

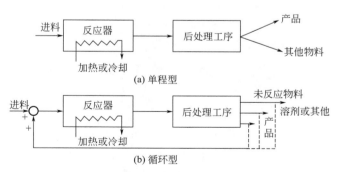

图 7-11　反应器的两种物料流程

③ 按照反应器的结构形式，可分为釜式 [图 7-12（a）]、管道式 [图 7-12（b）]、塔式 [图 7-12（c）]、固定床 [图 7-12（d）] 和列管反应器 [图 7-12（e）] 等多种形式。单体釜式反应器物料按一定流量连续进入釜内，反应物在釜内经历一定的停留时间，反应产物连续由釜

内流出。按照釜内热效应情况（放热或吸热）和工艺要求，载热体进入夹套进行冷却或加热。在聚合反应的过程中，不同聚合深度需要不同的温度，可将几个釜串联运用，各釜控制一个温度。釜式反应器可控因素有进料温度、进料浓度、引发剂添加量、停留时间和釜内温度等。釜式反应器是一个分布参数对象，当釜内搅拌充分时可以作为集中参数对象处理。管道式反应器结构简单，通常也用加热和冷却来解决反应的热效应，管内不同点的温度和浓度都不同，是个典型分布参数对象（工程上常处理为集中参数对象）。大型管道式反应器控制困难，应以计算机解耦控制系统处理。塔式反应器的机理与管道式反应器相近，不同点是塔式反应器存在一定的逆向混合。固定床反应器和裂管式反应器都是采用固相催化剂进行气-固相反应的设备，是分布参数对象（工程上处理为集中参数对象）。控制过程要注意防止催化剂中毒、活性衰老和破损等问题。

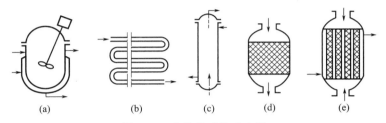

图 7-12　几种典型的反应器

为了增加反应物之间的接触、强化反应，可以将固相悬浮于流体（气相或液相）之中，形成图 7-13 所示的流化床和移动床反应器。流态化的沸腾状态由流体流速调节，是获得良好反应效果的关键。移动床式反应器内的催化剂悬浮于气相中（催化剂自上而下移动），使它经常有部分催化剂送入再生塔中活化，循环使用。这些反应器需要控制的参数有反应温度、气流速度、催化剂藏量、器内压力、反应器与再生器间的压差等。通常可以用反应器温度作主被控变量、夹套冷却剂温度作副被控变量的串级控制系统对其进行控制。对控制复杂、要求高效低耗的大型反应器应选择计算机过程控制系统解决。

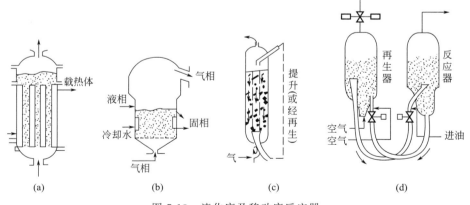

图 7-13　流化床及移动床反应器

④ 按照反应器的传热情况，可分为绝热式和非绝热式两大类。当反应的热效应大时，必须对反应器进行加热或冷却，则采用非绝热式；当反应的热效应不大时，可采用绝热式。吸热反应的对象对温度变化具有自衡性，便于控制；放热反应的对象对温度变化无自衡性，开环情况下是不稳定的。控制要结合具体对象研究方案。

二、化学反应器的典型控制方案

反应器控制方案一般要从质量指标、物料平衡、约束条件三方面加以考虑。质量指标是反应器反应转化率、产品质量、产量直接或间接的反映，通常是被控变量；物料平衡是保证反应正常、转化率高的基础，它主要指反应器内参与反应和催化反应的物料平衡；约束条件首先是从反应器操作安全性的角度设定，其次从反应器正常生产的工艺保障条件设定。这是反应器过程控制方案的选择与应用原则。

下面以釜式反应器和固定床反应器的控制为例来讨论化学反应器的控制方案。

1. 釜式反应器的控制

釜式反应器在化学工业中应用十分普遍，除广泛用作聚合反应外，在有机染料、农药等行业中还经常采用釜式反应器来进行碳化、硝化、卤化等反应。

反应温度的测量与控制是实现釜式反应器最佳操作的关键问题，下面主要针对温度控制进行讨论。

① 控制进料温度：图 7-14 是这类方案的示意图。物料经过预热器（或冷却器）进入反应釜。通过改变进入预热器（或冷却器）的加热剂量（或冷却剂量），可以改变进入反应釜的物料温度，从而达到维持釜内温度恒定的目的。

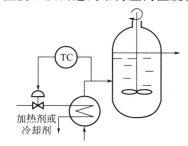

图 7-14 控制进料温度方案

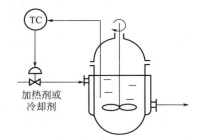

图 7-15 改变传热量控制方案

② 改变传热量：由于大多数反应釜均有传热面，以引入或移去反应热，所以用改变传热量多少的方法就能实现温度控制。图 7-15 为一带夹套的反应釜。当釜内温度改变时，可用改变加热剂（或冷却剂）流量的方法来控制釜内温度。这种方案的结构比较简单，使用仪表少，但由于反应釜容量大，温度滞后严重，特别是当反应釜用来进行聚合反应时，釜内物料黏度大，热传递较差，混合又不易均匀，就很难使温度控制达到严格要求。

③ 串级控制：针对反应釜滞后较大的特点，可采用串级控制方案。根据进入反应釜的主要扰动的不同情况，可以采用釜温与加热剂（或冷却剂）流量串级控制（见图 7-16）、釜温与夹套温度串级控制（见图 7-17）及釜温与釜压串级控制（见图 7-18）等。

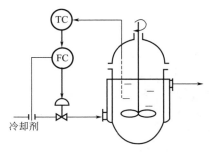

图 7-16 反应釜串级控制方案之一

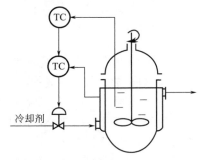

图 7-17 反应釜串级控制方案之二

2. 固定床反应器的控制

固定床反应器是指催化剂床层固定于设备中不动的反应器，流体原料在催化剂作用下进行化学反应以生成所需反应物。

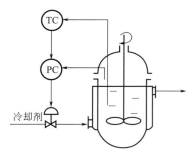

图 7-18 反应釜串级控制方案之三

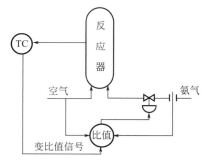

图 7-19 改变进料浓度控制方案

固定床反应器的温度控制十分重要。任何一个化学反应都有自己的最适宜温度。最适宜温度综合考虑了化学反应速度、化学平衡和催化剂活性等因素。最适宜温度通常是转化率的函数。

温度控制首要的是要正确选择敏点位置，把感温元件安装在敏点处，以便及时反映整个催化剂床层温度的变化。多段的催化剂床层往往要求分段进行温度控制，这样可使操作更趋合理。常见的温度控制方案有下列几种。

① 改变进料浓度：对放热反应来说，原料浓度越高，化学反应放热量越大，反应后温度也就越高。以硝酸生产为例，当氨浓度在 9%～11% 范围内时，氨含量每增加 1% 可使反应温度提高 60～70℃。图 7-19 是通过改变进料浓度以保证反应温度恒定的一个实例，改变氨和空气比值就相当于改变进料的氨浓度。

② 改变进料温度：改变进料温度，整个床层温度就会变化，这是由于进入反应器的总热量随进料温度变化而改变的缘故。若原料进反应器前需预热，可通过改变进入换热器的载热体流量，以控制反应床上的温度，如图 7-20 所示，也有按图 7-21 所示方案用改变旁路流量大小来控制床层温度的。

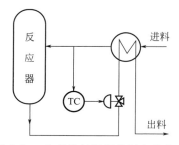

图 7-20 改变进料温度控制方案之一

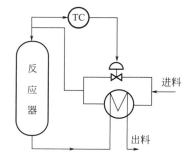

图 7-21 改变进料温度控制方案之二

③ 改变段间进入的冷气量：在多段反应器中，可将部分冷的原料气不经预热直接进入段间，与上一段反应后的热气体混合，从而降低了下一段入口气体的温度。图 7-22 所示为硫酸生产中用 SO_2 氧化成 SO_3 的固定床反应器温度控制方案。这种控制方案由于冷的那一部分原料气，少经过一段催化剂层，所以原料气总的转化率有所降低。另外一种情况，如在合成氨生产工艺中，当用水蒸气与一氧化碳变换成氢气时，为了使反应完全，进入变换炉的水蒸气往往是过量很多的，这时段间冷气采用水蒸气则不会降低一氧化碳的转化率。

图 7-23 所示为这种方案的原理图。

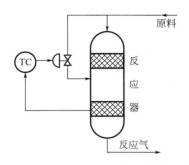

图 7-22　改变段间进入的冷气量控制方案之一

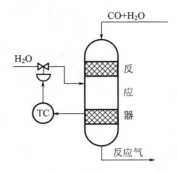

图 7-23　改变段间进入的冷气量控制方案之二

第三节　精馏塔的过程控制

一、概述

精馏过程是一个传质过程，也是传热过程。精馏过程的目的是将混合液中各组分进行分离，并达到规定的纯度。精馏过程多用于半成品或成品的分离和精制，是生产上的重要环节。随着石油和化学工业的飞速发展，要求分离的组分增多，产品的纯度提高，对精馏基础设备和控制设备也提出了更高的要求。精馏塔的组成示意图如图 7-24 所示。

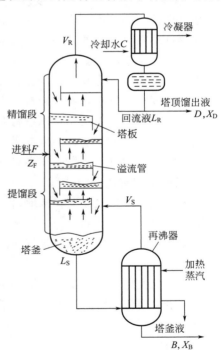

图 7-24　精馏塔的组成示意图

精馏塔进料入口以下至塔底部分称为提馏段，进料口以上至塔顶称为精馏段。塔内有若干层塔板，每块塔板上有适当高度的液层，回流液经溢流管由上一级塔板流到下一级塔板，蒸汽则由底部上升，通过塔板上的小孔由下一塔板进入上一塔板，与塔板上的液体接触。在每块塔板上同时发生上升蒸汽部分冷凝和回流液体部分汽化的传热过程。更重要的还同时发生易挥发组分不断汽化，从液相转入汽相，难挥发组分不断冷凝，由汽相转入液相的传质过程。整个塔内，易挥发组分浓度由下而上逐渐增加，而难挥发组分浓度则由上而下逐渐增加。适当控制好塔内的温度和压力，则可在塔顶或塔底获取人们所期望的物质组分。

精馏塔是精馏过程的核心设备，它是一个多参数输入输出对象。它的通道很多，动态响应缓慢，内在机理复杂，参数之间相互关联，控制要求通常很高。人们在长期的研究和生产实践中，积累了众多的相对成熟的控制方案，并借助信息、检测等技术发展，通过对具体工艺特性的分析研究和实验，不断推动精馏塔的过程控制的进展。

1. 精馏塔的控制要求

质量、能耗、安全是企业的基本要求，由于能耗涉及问题较多，故精馏塔的控制要求仅从质量、安全两方面考虑。

① 保证质量指标：混合物分离的纯度是精馏塔控制的主要指标。在精馏塔的正常操作中，一般应保证在塔底或塔顶产品中至少有一种组分的纯度达到规定的要求，其他组分也应保持在规定的范围内，为此，应当取塔底或塔顶产品的纯度作为被控变量。但由于这种在线实时检测产品纯度有一定困难，因此，大多数情况下是用精馏塔内的"温度或压力"来间接反映产品纯度。

② 保证平稳操作：为了保证精馏塔的平稳操作，首先必须把进塔之前的主要可控扰动尽可能克服掉，同时尽可能缓和一些不可控的主要扰动。例如，对进塔物料的温度进行控制、进料量的均匀控制、加热剂和冷却剂的压力控制等。再就是塔的进出物料必须维持平衡，即塔顶馏出物与塔底采出物之和应等于进料量，并且两个采出量的变化要缓慢，以保证塔的平稳操作。此外，控制塔内的压力稳定，也是塔平衡操作的必要条件之一。

③ 保证正常操作：规定某些参数的极限值为保证正常操作的约束条件。例如，对塔内气、液两相流速的限制，流速过高易产生液泛，流速过低会使塔板效率大幅下降。又如再沸器的加热温差不能超过"临界"值。有些情况报警装置是必要的。

2. 精馏塔控制的干扰因素及基本对策

精馏塔控制的干扰因素有：进料流量的波动，进料组分的变动，进料温度和状态的波动，加热剂或蒸汽压力的波动，冷却剂或冷却水进口温度及阀前压力的波动。进料流量与进料组分的波动是塔的主要干扰。

进料组分多数变化和缓。为了降低进料流量波动的干扰，通常多采用均匀控制进料方案。进料温度和状态对塔操作影响很大，为了维持塔的热量平衡和稳定操作，在单相进料时要用温度控制。当出现两相状态进料时，应该采用热焓恒定代替进料温度恒定。对加热剂和冷却剂的温度、压力干扰，一般都采用局部稳定的方法。

采取空气冷却时，气候变化和昼夜温差对塔的操作影响甚大，多采用内回流控制方法。

3. 精馏塔控制的参数选取

根据被控变量选取原则，选取塔顶产品成分、塔底产品成分、回流罐液位、塔底液位参数为被控变量。塔顶产品成分、塔底产品成分是控制要求的直接指标。在成分测量困难时可采用灵敏点温度、温差、双温差等为间接指标。回流罐液位、塔底液位是工艺控制要求的直接指标。

灵敏点温度作为间接指标的根据是，对于一个二元混合物，在一定压力下，沸点与成分之间存在单值对应关系。压力恒定，塔板温度就间接反映了成分；温差是对灵敏点温度作为间接指标时塔压波动影响的修正；双温差进一步克服了进料组分变化、负荷变化引起塔板的压降变化的影响。

根据操纵变量选取原则，选取塔顶产品流量、塔底产品流量、回流量及再沸器加热蒸汽量为操纵变量。

二、精馏塔控制的基本方案

精馏塔的控制方案众多，但总体上分成两大部分进行控制，即提馏段的控制和精馏段的控制。其中大多以间接反映产品纯度的温度作为被控变量，依此设计控制方案。

1. 精馏塔提馏段的温度控制

采用以提馏段温度作为衡量质量指标的间接变量，以改变加热量作为控制手段的方案，如图 7-25 所示，为精馏塔提馏段温度控制方案之一。

该方案以提馏段塔板温度为被控变量，以再沸器的加热蒸汽量为操纵变量，进行温度的定值控制。除了这一主要控制系统外，还有五个辅助控制回路，分别介绍如下。

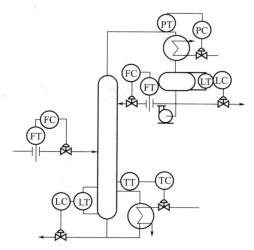

① 塔釜的液位控制回路——通过改变塔底采出量的流量，实现塔釜的液位定值控制。

② 回流罐的液位控制回路——通过改变塔顶馏出物的流量，实现回流罐液位的定值控制。

③ 塔顶压力控制回路——通过控制冷凝器的冷却剂量维持塔压的恒定。

④ 回流量控制回路——对塔顶的回流量进行定值控制，设计时应使回流量足够大，即使在塔的负荷最大时，也能使塔顶产品的质量符合要求。

图 7-25 精馏塔提馏段的温度控制方案

⑤ 进料量控制回路——对进塔物料的流量进行定值控制，若进料量不可控，可采用均匀控制系统。

上述的提馏段温度控制方案，由于采用提馏段的温度作为间接质量指标，因此，它主要反映的是提馏段的产品情况。提馏段的温度恒定后，就能较好地保证塔底产品的质量，所以这种控制方案常用于以塔底采出物为主要产品，对塔釜成分比塔顶馏出物成分要求高的场合。另外，由于采用大回流量，也可保证塔顶馏出物的品质。

提馏段温度控制还有一优点，那就是在液相进料时，控制及时、动态过程较快。因为进料量变化或进料成分变化的扰动首先进入提馏段，采用这种控制方案，能够及时有效地克服干扰的影响。

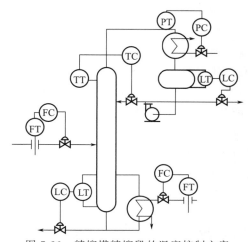

图 7-26 精馏塔精馏段的温度控制方案

2. 精馏塔精馏段的温度控制

采用以精馏段温度作为衡量质量指标的间接变量，以改变回流量作为控制手段的方案，如图 7-26 所示，为常见的精馏段温度控制方案之一。

它以精馏段塔板温度为被控变量，以回流量为操纵变量，实现精馏段温度的定值控制。除了这一主要控制系统以外，该方案还有五个辅助控制回路。对进料量、塔压、塔底采出量与塔顶馏出液的四个控制方案和提馏段温度控制方案基本相同；不同的是对再沸器加热蒸汽流量进行了定值控制，且要求有足够的蒸汽量供应，以使精馏塔在最大负荷时仍能保证塔顶产品符合规定的质量指标。

上述的精馏段温度控制系统，由于采用了精馏段温度作为间接质量指标，它直接影响了精馏段产品的质量状况。因此，当塔顶产品的纯度要求比塔底产品更为严格时，精馏段温度控制无疑是最佳选择。另外，精馏段温度控制对于气相进料引入的扰动，控制及时，过渡过程短，可以获得较为满意的控制质量。

提馏段和精馏段温度控制方案，在精密精馏时，由于对产品的纯度要求非常高，往往难以满足产品质量要求，这时常常采用温差控制。温差控制是以某两块塔板上的温度差作为衡量质量指标的间接变量，其目的是为了消除塔压波动对产品质量的影响。

第四节 流体输送设备的过程控制

在生产过程中，多数物料是以液态或气态方式在管道内作连续输送。泵和压缩机是流体的重要传输设备，泵是液体的输送设备，压缩机是气体的输送设备。流体经泵和压缩机提高压头，克服管道、阀门等中间环节的阻力，实现对流体的传输。

生产过程中对泵和压缩机控制的要求分别是：对输送的流体流量或压力的定量要求；对输送的流体物料与另一种物料成一定比值的要求；对输送的流体物料与其他参数保持一定函数关系的要求；对离心式压缩机防喘振要求和对设备运行的高效节能要求等。

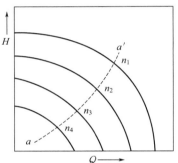

图 7-27 离心泵的特性曲线
aa'—相应于最高效率的工作点
轨迹，$n_1 > n_2 > n_3 > n_4$

泵和压缩机的控制方法比较成熟，流量控制系统一般也是稳定的。

一、泵的控制

1. 离心泵的特性

离心泵的压头是由旋转翼轮作用于液体的离心力而产生的，转速越高，则离心力越大、压头越高。泵的压头 H 和流量 Q 及转速 n 之间的关系，称为泵的特性，大体如图 7-27 所示。

离心泵的特性可以用下列经验公式描述

$$H = K_1 n^2 - K_2 Q^2$$

式中，K_1、K_2 分别为比例常数。

作为控制对象离心泵应该与管道系统是一个整体，因为流量与压头的关系，既与泵的特性有关，也与阀的特性、压头和管路特性有关，有必要从整体压力平衡角度考虑。

管路特性就是管路系统中流体的流量和管路系统阻力的相互关系，如图 7-28 所示。

图中，h_L 表示液体提升一定高度所需的压头，即升扬高度，这项是恒定的；h_P 表示克服管路两端静压差的压头，即为 $(p_2 - p_1)/\gamma$，这项也是比较平稳的；h_f 表示克服管路摩擦损耗的压头，这项与流量的平方几乎成比例；h_V 是控制阀两端的压头，在阀门的开启度一定时，也与流量的平方值成比例，同时，h_V 还取决于阀门的开启度。

设

$$H_L = h_L + h_P + h_f + h_V$$

则 H_L 和流量 Q 的关系称为管路特性，图 7-28 所示为一例。当系统达到平稳状态时，泵的压头 H 必然等于 H_L，这是建立平衡的条件。从特性曲线上看，工作点 C 必然是泵的特性曲线与管路特性曲线的交点。工作点 C 的流量应符合预定要求，它可以通过以下方案来控制。

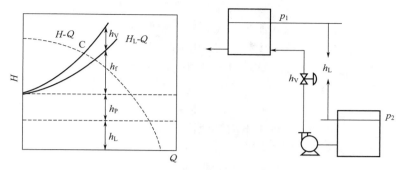

图 7-28 管路特性曲线

2. 离心泵的控制

① 用控制阀在主管道控制流量：这种方案即直接节流控制方案，如图 7-29（b）所示，在离心泵出口管线上安装控制阀，改变阀门开度，从而改变控制阀的压头降 h_V。在图 7-29（a）中曲线交点改变，流量得到控制。这也是一种应用最多的传统方案。

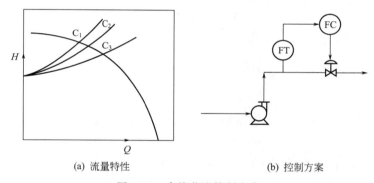

(a) 流量特性   (b) 控制方案

图 7-29 直接节流控制方案

控制阀使用应该注意以下几点。

a. 控制阀通常要装在泵的出口管线上，而不应装在泵的吸入口。当装在泵的吸入口上，泵的入口压力比无阀情况更低，可能使部分液体汽化，使泵的出口压力降低，流量下降，甚至使液体不能输送；在泵入口液体汽化后进入泵内受压重新凝聚，产生冲击，冲蚀翼轮和泵壳，影响泵的正常使用。

b. 控制阀宜安装在检测元件（如孔板）的下游，避免对测量的干扰。

c. 安装在离心泵出口管线上的阀门可以短时间关闭，关闭时泵的输入输出功率都大大下降，但仍高于泵的空载损耗，液体在泵内循环、温度上升。泵在运转状态不易长时间关闭出口阀。

直接节流控制方案的优势是简单易行；问题是控制阀开度越小，流量越小的同时机械效率越低。所以，这种方案不宜使用在排出量低于正常值 30％的场合。

② 用控制阀在回流旁路控制流量：在旁路管线上安装控制阀，以调节旁路回流量的方法控制实际输出流量（图 7-30）。旁路流量控制的优点是方法简单，而且控制阀的口径比主管道流量控制时要小；缺点是回流使泵消耗能量做了无用功，总的机械效率降低。

③ 用泵的转速控制流量：泵的转速控制十分方便，可以用直流电机、交流电机的多种

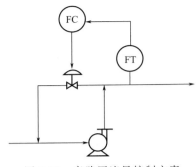

图 7-30　旁路回流量控制方案

调速方法，也可利用改变蒸汽流量的方式调节汽轮机转速，由透平机带动泵转动。泵的流量特性、速度变化时流量特性的变化和负载特性一起用图 7-31 表示。不难看到转速对流量的调整作用（对压头的调整作用），同时应该注意到流量与转速间近于正比的关系。

方案的优点中节能降耗是最突出的，原因是不装控制器使阻力损耗降低，同一流速时压头降低、转速降低；由电动机理论可知功率与转速的平方成正比，使用汽轮机是充分利用蒸汽能源，用泵的转速控制流量是应推广的节能方法。

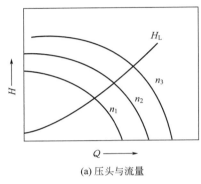

(a) 压头与流量

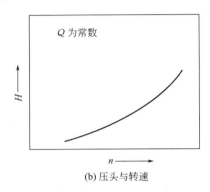

(b) 压头与转速

图 7-31　离心泵压头与流量及转速关系

直接节流控制流量反应快，但能耗较大，生产上多用于流量变化较小的情况；调速控制流量，反应慢，但节省能量。对一些流量大幅度调节并希望反应快时，建议用直接节流控制与调速控制相结合的方法。

3．往复泵的特性与控制

活塞泵、柱塞泵都属于往复泵类性质，其特性如图 7-32 所示，齿轮泵特性也相同。泵的排量只与转速有关，而与出口管线的阻力无关。因此，不能在管线上用节流的方法控制流量。如果将出口阀关闭，有损坏生产设备的危险。

往复泵与离心泵的控制方法的不同是不能使用直接节流控制方法，但可以改变往复泵的冲程，其余控制方法是相同的。

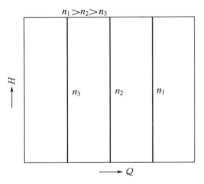

图 7-32　往复泵的特性

二、离心式压缩机的控制

作为气体传输设备的压缩机，按原理分为离心式压缩机和往复式压缩机两类。离心式压缩机比往复式压缩机具有众多的优点：压缩机润滑油不污染输送的气体；控制气量变动范围大；体积小，流量大；容易维护，运行率高；经济性能好。离心式压缩机应用广泛。往复式压缩机一般用于流量小、压缩比高的场合。

离心式压缩机输送气体与泵输送液体不同的是气体的可压缩性和液体的不可压缩性，由此带来控制上的差别。对大型离心式压缩机通常进行气量控制、防喘振控制、并串联运行控制、油系统控制、主轴推力保护控制等，这里仅介绍前两种控制。

1. 离心式压缩机的气量控制

气量（气压）控制仍是离心式压缩机的基本控制，方法与泵大致相同。

① 节流控制：低压、大流量时一般采用蝶阀在其出口端直接控制流量。其他情况，为防止出口压力过高，通常在入口端控制流量。流量降低到额定值的50%～70%以下时，入口端副压过大，压缩机的效率过低，这种情况可以结合旁路调节采用分程控制方案（图7-33）。

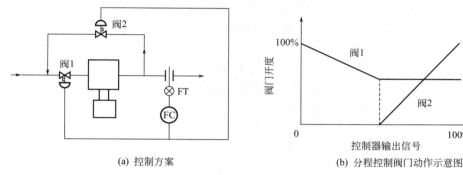

(a) 控制方案　　　　　　　　　(b) 分程控制阀门动作示意图

图 7-33　压缩机分程控制

② 旁路控制：需要注意的是在气体经多级压缩以后，出口与入口压力的压缩比很大的情况下，不宜从末段出口至第一段入口直接旁路。这样做能量消耗过大，对回流控制阀也有不良影响。可以从中间段至第一段入口设置旁路控制，就能满足需要。

③ 调速控制：仍是效率最高的控制方式，同时也对防喘振较为有利。

2. 离心式压缩机的防喘振控制

防止离心式压缩机出现喘振，是离心式压缩机控制的特殊要求。

离心式压缩机在不同转速下，出口压力与入口压力的压缩比 p_2/p_1 与流量 Q 的关系曲线，如图7-34所示。对应一个变量速度 n 的每条曲线都有一个最高点，连接最高点的虚线是一条表征产生喘振的边界曲线。边界曲线的右边区域是稳定的，离心式压缩机具有自衡能力；$\Delta Q/\Delta(p_2/p_1)$ 为正值，压缩比降低，流量增加。边界曲线的左边是喘振区，即不稳定区；不稳的原因是 $\Delta Q/\Delta(p_2/p_1)$ 为负值，流量减小压缩比不升高反而降低，在这个区域离心式压缩机不具有自衡能力。

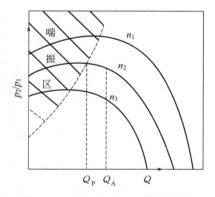

图 7-34　离心式压缩机特性曲线

喘振既是离心式压缩机的固有性质，也是离心式压缩机输气系统的固有特性。易引起喘振的因素还有压缩机吸入气体温度和压力的降低，分子量的增加等。喘振发生时，压缩比 p_2/p_1 忽高忽低，进口气量 Q 忽大忽小，管道内气体忽进忽退，流量计和压力计读数大幅度波动，机身与管路发生振动，人们可以听到周期性的"喘气"声，更严重的会使设备受到损坏。喘振发生过程中，由于压缩比 p_2/p_1 和进口气量 Q 的不稳定变化，使离心式压缩机特性曲线上的点（Q，p_2/p_1）在确定速度 n 对应曲线上"飞动"。

从离心式压缩机的特性曲线可以得到一个明确认识，防喘振控制就是要确定离心式压缩机避开喘振边界线的防喘振安全操作线。由图 7-34 所示可知，只要保证压缩机吸入流量大于临界吸入流量 Q_P，系统就会工作在稳定区，不会发生喘振。

为了使进入压缩机的气体流量保持在 Q_P 以上，在生产负荷下降时，必须将部分出口气从出口旁路返回到入口或将部分出口气放空，保证系统工作在稳定区。

目前工业生产上采用两种不同的防喘振控制方案：固定极限流量（或称最小流量）法与可变极限流量法。

（1）固定极限流量防喘振控制

这种防喘振控制方案是，使压缩机的流量始终保持大于某一固定值，即正常可以达到最高转速下的临界流量 Q_P，从而避免进入喘振区运行。显然压缩机不论运行在哪一种转速下，只要满足压缩机流量大于 Q_P 的条件，压缩机就不会产生喘振，其控制方案如图 7-35所示。压缩机正常运行时，测量值大于设定值 Q_P，则旁路阀完全关闭；如果测量值小于 Q_P，则旁路阀打开，使一部分气体返回，直到压缩机的流量达到 Q_P 为止，这样压缩机向外供气量减少了，但可以防止发生喘振。

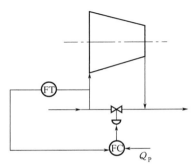

图 7-35　固定极限流量
防喘振控制系统图

固定极限防喘振控制系统应与一般控制中采用的旁路控制法区别开来。主要差别在于检测点位置不一样，防喘振控制回路测量的是进压缩机流量，而一般流量控制回路测量的是从管网送来或是通往管网的流量。

固定极限流量防喘振控制方案简单，系统可靠性高，投资少，适用于固定转速场合。在变转速时，如果转速低到 n_2、n_3 时（图 7-34），流量的裕量过大，能量浪费很大。

（2）可变极限流量防喘振控制

为了减少压缩机的能量消耗，在压缩机负荷有可能经常波动的场合，采用可变极限流量防喘振控制方案。

假如在压缩机吸入口测量流量，只要满足下式即可防止喘振产生

$$\frac{p_2}{p_1} \leqslant a + \frac{bK_1^2}{\gamma} \times \frac{p_{1d}}{p_1} \quad \text{或} \quad p_{1d} \geqslant \frac{\gamma}{bK_1^2}(p_2 - ap_1)$$

式中，p_1 是压缩机吸入口压力，绝对压力；p_2 是压缩机出口压力，绝对压力；p_{1d} 是入口流量 Q_1、Q_P 的压差；$\gamma = \dfrac{M}{ZR}$ 为常数（M 为气体分子量；Z 为压缩系数；R 为气体常数）；K_1 是孔板的流量系数；a、b 为常数。

按上式可构成如图 7-36 所示防喘振控制系统，这是可变极限流量防喘振控制系统。该方案取 p_{1d} 作为测量值，而 $\dfrac{\gamma}{bK_1^2}(p_2 - ap_1)$ 为设定值，这是一个随动控制系统。当 p_{1d} 大于设定值时，旁路阀关闭；当小于设定值时，将旁路阀打开一部分，保证压缩机始终工作在稳定区，这样

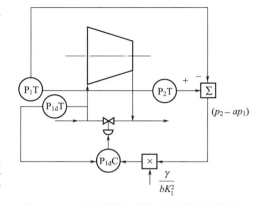

图 7-36　可变极限流量防喘振控制系统图

防止了喘振的产生。

第五节　传热设备的过程控制

工业生产过程中的物料通过加热、冷却来维持工艺要求的温度十分重要，加热、冷却设备即传热设备。传热设备的种类很多，以加热、冷却分类有加热炉、加热器、换热器、再沸器、冷凝器、氨冷器、丙烯冷却器等，以工艺作用分类有蒸馏器、干燥器、蒸发器、结晶器、反应器等。

工业生产中传热过程的目的有：以工艺介质达到规定的温度为目的；以保持反应过程（放热、吸热）在规定温度范围为目的；以工艺介质发生相变化（汽化或冷凝）为目的；以回收热量为目的。从传热过程的局部看，几个目的是孤立的。从传热过程系统、生产过程整体看，几个目的是相关的。

冷、热流体进行热量交换的形式有两大类：一类是无相变情况下的加热或冷却；另一类是在相变情况下的加热或冷却（即蒸汽冷凝给热或液体汽化吸热）。热量的传递方式有热传导、对流和热辐射三种，实际传递过程很少是以一种方式，而是两种或三种复合方式进行。工业生产过程的许多工艺都不允许冷、热两流体直接接触，不允许在传热过程中伴有物质交换，所以普遍采用间壁式传热设备。传热过程是冷、热流体在间壁两侧流动中，热流体的热量通过对流方式（热辐射方式较弱）传给间壁，经间壁传导后，由间壁将热量再以对流方式传给冷流体。

一、传热设备的静态数学模型

对一个已有的设备，研究静态特性的意义是为了搞好生产控制，具体来说，有以下三个作用：

① 作为扰动分析、操纵变量选择及控制方案确定的基础；

② 求取放大倍数，作为系统分析及控制器参数整定的参考；

③ 分析在各种条件下的放大系数 K_o 与操纵变量关系，作为控制阀选型的依据。

传热过程工艺计算的两个基本方程式是热量衡算式与传热速率方程式，它们是构成传热设备的静态特性的两个基本方程式。

1. 热量衡算式

根据流体在传热过程中发生相变与否可分为两种情况。

① 流体在传热过程中发生相的变化，且该流体温度不变，则

$$q = G\lambda$$

式中　q——传热速率；

　　　G——流体发生相变的重量流量（冷凝量或汽化量）；

　　　λ——流体的相变热。

② 流体在传热过程中无相的变化，则

$$q = Gc(\theta_o - \theta_i)$$

式中　c——流体在进、出口温度范围内的平均比热容；

　　　θ_o，θ_i——流体出和进换热器的温度。

总之，热量衡算式表明当不考虑热损失时，热流体放出的热量应该等于冷流体吸收的热

量，其基本形式有如下三种

$$G_1\lambda_1 = G_2\lambda_2 \qquad\text{（两侧流体均发生相变）}$$

$$G_1\lambda_1 = G_2c_2(\theta_{2o}-\theta_{2i}) \qquad\text{（一侧流体发生相变）}$$

$$q = G_1c_1(\theta_{1o}-\theta_{1i}) = G_2c_2(\theta_{2i}-\theta_{2o}) \qquad\text{（两侧流体均无相变）}$$

式中　θ_{1o}，θ_{1i}——冷流体出和进换热器的温度；

　　　　θ_{2o}，θ_{2i}——载热体出和进换热器的温度；

　　　　G_1，G_2——冷流体和载热体的重量流量。

2. 传热速率方程式

热量的传递方向总是由高温物体传向低温物体，两物体之间的温差是传热的推动力，温差越大，传热速率亦越大。传热速率方程式是

$$q = UA_m\Delta\theta_m$$

式中，q 为传热速率，J/h；A_m 为平均传热面积，m^2；$\Delta\theta_m$ 为平均温度差（是换热器各个截面冷、热两流体温度差的平均值），℃；U 为传热总系数，$J/(m^2\cdot℃\cdot h)$。U 是衡量热交换设备传热性能好坏的一个重要指标，U 值越大，设备传热性能越好。U 的数值取决于三个串联热阻（即管壁两侧对流给热的热阻以及管壁自身的热传导热阻）。这三个串联热阻中以管壁两侧对流给热系数 h 为影响 U 的最主要因素，因此，凡能影响 h 的因素均能影响 U 值。

在各种不同情况下 $\Delta\theta_m$ 的计算方法是不同的，需要时可参考有关资料。

二、一般传热设备的控制

一般传热设备在这里是指以对流传热为主的传热设备，常见的有换热器、蒸汽加热器、氨冷器、再沸器等间壁式传热设备。在此就它们在控制中的一些共性作一些介绍。一般传热设备的被控变量在大多数情况下是工艺介质的出口温度，至于操纵变量的选择，通常是载热体流量。然而在控制手段上有多种形式，从传热过程的基本方程式知道，为保证出口温度平稳，满足工艺要求，必须对传热量进行控制，要控制传热量有以下几条途径。

（1）控制载热体的流量

改变载热体流量的大小，将引起传热系数 U 和平均温差 $\Delta\theta_m$ 的变化。对于载热体在传热过程中不起相变化的情况下，如不考虑 U 的变化，从前述热量平衡关系式和传热速率关系式来看，当传热面积足够大时，热量平衡关系式可以反映静态特性的主要方面。改变载热体流量，能有效地改变传热平均温差 $\Delta\theta_m$，亦即改变传热量，因此控制作用能满足要求。而当传热面积受到限制时，要将热量平衡关系式和传热速率关系式结合起来考虑。

对于载热体有相变时情况要复杂得多。例如，对于氨冷器，液氨汽化吸热，传热面积有裕量时，进入多少液氨，汽化多少。即进氨量越多，带走热量越多。不然的话，液氨的液位要升高起来，如果仍然不能平衡，液氨液位越来越高，会淹没蒸发空间，甚至使液氨进至出口管道损坏压缩机。所以采用这种方案时，应设有液位指示、报警或联锁装置，确保安全生产，可以采用图 7-37 所示出口温度与液位的串级控制系统。其实该系统是改变传热面积的方案，应用这种方案时，可以限制液位的上限，保证有足够的蒸发空间。

图 7-38 是控制载热体流量方案之一，这种方案最简单，适应于载热体流量 G_2 稳定的情况。如果载热体流量 G_2 不稳定，载热体上游的压力不平衡，则采取稳压措施使其稳定，或采用温度与流量（或压力）的串级控制系统，如图 7-39 所示。

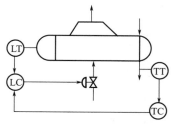

图 7-37 氨冷器出口温度与
液位的串级控制系统

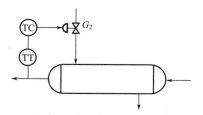

图 7-38 换热器的单回路控制方案

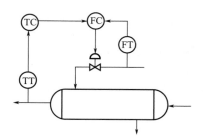

图 7-39 换热器的串级控制方案

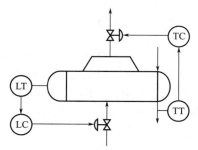

图 7-40 氨冷器控制载热体
汽化温度的方案

（2）控制载热体的汽化温度

控制载热体的汽化温度亦即改变了传热平均温差 $\Delta\theta_m$，同样可以达到控制传热量的目的。图 7-40 所示氨冷器出口温度控制就是这类方案的一例。控制阀安装于氨气出口管道上，当阀门开度变化时，氨气的压力将起变化，相应的汽化温度也发生变化，这样也就改变了传热平均温差，从而控制了传热量。但仅仅这样还不够，还要设置一液位控制系统来维持液位，从而保证有足够的蒸发空间。这类方案的动态特点是滞后小，反应迅速、有效，应用也较广泛。但必须用两套控制系统，所需仪表较多；在控制阀两端氨气有压力损失，增大压缩机的功率。另外，要行之有效，液氨需有较高压力，设备必须耐压。

（3）将载热体分流

当载热体也是工艺介质时，其总流量不允许变动时，可用图 7-41 所示的控制方案，采用三通控制阀来分流，只控制它的分流量，使总流量不变。图 7-41 的控制阀若装在出口处，则用合流阀，一般不用直通阀来分流，这是由于在换热器流体阻力小的时候，控制阀前后压降很小，这样就使控制阀的口径要选得很大，而且阀的流量特性容易发生畸变。

（4）控制传热面积的方案

从传热速率方程式 $q=UA_m\Delta\theta_m$ 来看，使传热系数和传热平均温差基本保持不变，控制换热器的传热面积 A_m 可以改变传热量，从而达到控制出口温度的目的。图 7-42 所示是这种控制方案的一例。其控制阀安装在冷凝液的排出管线上。控制阀开度的变化，使冷凝液的排出量发生变化，而在冷凝液液位以下都是冷凝液，它在传热过程中不起相变化，其给热远较液位上部气相冷凝给热小，所以冷凝液位的变化实质上等于传热面积的变化。

这种控制方案主要用于传热量较小、被控制温度较低的场合。在这种场合若采用控制载热体流量——蒸汽的方法，可能会使冷凝液的排放不连续，从而影响均匀传热。

将控制阀装在冷凝液排出管线上，蒸汽压力有了保证，不会形成负压，这样可以控制工艺介质温度达到稳定。

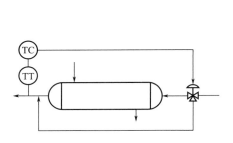

图 7-41　将载热体分流的控制方案

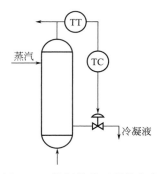

图 7-42　控制传热面积的方案

传热面积改变过程的滞后影响，将降低控制质量，应设法克服。较有效的办法是采用串级控制方案，将这一环节包括在副回路内，以改善广义对象的特性。例如，采用温度对冷凝液的液位串级控制，见图 7-43(a)；或者采用温度对蒸汽流量的串级控制，而且将控制阀仍装在冷凝液排出管线上，见图 7-43(b)。

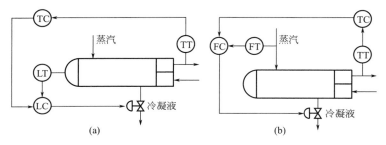

图 7-43　控制阀安装在冷凝液管线上的两种串级控制方案

总的说来，因为传热设备是一个多容量多时滞的分布参数系统，所以在检测元件的安装上需加注意，不论是安装位置上，还是安装方式上，都应该将测量滞后减到最低程度。正因为过程具有这样的特性，在控制器的参数整定过程中，适当引入微分作用往往是有益的。

三、管式加热炉的控制

在生产过程中有各式各样的加热炉，在炼油化工生产中常见的加热炉是管式加热炉。对于加热炉，工艺介质受热升温或同时进行汽化，其温度的高低会直接影响后一工序的操作工况和产品质量，同时当炉子温度过高时会使物料在加热炉内分解，甚至造成结焦，而烧坏炉管。加热炉的平稳操作可以延长炉管使用寿命，因此加热炉出口温度必须严加控制。

加热炉的对象特性一般从定性分析和实验测试获得。从定性角度出发，可看出其热量的传递过程是：炉膛炽热火焰辐射给炉管，经热传导、对流传热给工艺介质。所以与一般传热对象一样，具有较大的时间常数和纯滞后时间。特别是炉膛，具有较大的热容量，故滞后更为显著，因此加热炉属于一种多容量的被控对象。

（1）加热炉的简单控制

加热炉的最主要控制指标是工艺介质的出口温度，此温度是控制系统的被控变量，而操纵变量是燃料油或燃料气的流量。对于不少加热炉来说，温度控制指标要求相当严格，例如允许波动范围为 $\pm(1\% \sim 2\%)$。影响炉出口温度的扰动因素有：工艺介质进料的流量、温度、组分；燃料方面有燃料油（或气）的压力、成分（或热值），燃料油的雾化情况；空气过量情况；燃烧嘴的阻力；烟囱抽力等。在这些扰动因素中有的是可控的，有的是不可控的。为了保证炉出口温度稳定，对扰动因素应采取必要的措施。

如图 7-44 所示为加热炉的温度控制系统示意图，其主要控制系统是以炉出口温度为被控变量、燃料油（或气）流量为操纵变量组成的简单控制系统。其他辅助控制系统有：

① 进入加热炉工艺介质的流量控制系统，如图中 FC 控制系统；

② 燃料油（或气）的总压控制，总压一般调回油量，如图中 P_1C 控制系统；

③ 采用燃料油时，还需加入雾化蒸汽（或空气），为此设有雾化蒸汽压力系统，如图中 P_2C 控制系统，以保证燃料油的良好雾化。

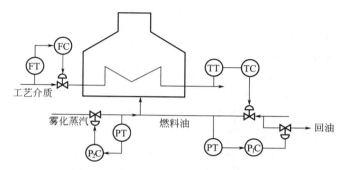

图 7-44　加热炉的温度控制系统示意图

采用雾化蒸汽压力控制系统后，在燃料油阀变动不大的情况下是可以满足雾化要求的。目前炼油厂中大多数是采用这种控制方案。

采用简单控制系统往往很难满足工艺要求，因为加热炉需要将工艺介质（物料）从几十度升温到数百度，其热负荷较大。当燃料油（或气）的压力或热值（组分）有波动时，就会引起炉出口温度的显著变化。采用简单控制时，当传热量改变后，由于传递滞后和测量滞后较大，作用不及时，而使炉出口温度波动较大，满足不了生产工艺的要求。

为了改善品质，满足生产的需要，炼油化工生产中的加热炉大多采用串级控制系统。

（2）加热炉的串级控制系统

由于扰动作用及炉子形式不同，在加热炉的串级控制方案中，可以选用不同被控变量组成不同的串级控制系统，主要有以下方案：

① 炉出口温度对燃料油（或气）流量的串级控制；

② 炉出口温度对燃料油（或气）阀后压力的串级控制；

③ 炉出口温度对炉膛温度的串级控制；

④ 采用压力平衡式控制阀（浮动阀）的控制方案。

如果主要扰动在燃料的流动状态方面，如阀前压力的变化，炉出口温度对燃料油流量的串级控制似乎是一种很理想的方案。但是燃料流量的测量比较困难，而压力测量比较方便，所以炉出口温度对燃料油（或气）阀后压力的串级控制系统应用很广泛。值得指出的是，如果燃烧嘴部分阻塞，也会使阀后压力升高，此时，副控制器的动作将使控制阀关小，这是不适宜的，运行中必须防止这种现象的发生。

当主要扰动是燃料油热值变化时，上述两种串级控制的副回路无法感受，此时采用炉出口温度对炉膛温度串级控制的方案会更好些。但是，选择具有代表性、反应较快的炉膛温度检测点较困难，测温元件及其保护套管必须耐高温。

当燃料是气态时，采用压力平衡式控制阀（浮动阀）的方案颇有特色。这里采用压力平衡式控制阀代替了一般控制阀，节省了压力变送器。压力平衡式控制阀本身兼有压力控制器的功能，实现了串级控制。这种阀不用弹簧、不用填料，所以它没有摩擦，没有机械的间隙，故工作灵敏度高，反应快，能获得较好的效果。

思考题与习题

1. 锅炉水位有哪三种控制方案？说明它们的应用场合。
2. 锅炉水位的单冲量控制存在什么问题？如何解决？
3. 试述锅炉燃烧系统的控制方案。
4. 化学反应器对自动控制的基本要求是什么？
5. 为什么对大多数化学反应器来说，其主要的被控变量都是温度？
6. 如何实现釜式、固定床反应器的温度自动控制？
7. 对精馏塔的控制有哪些基本要求？
8. 精馏塔操作的主要扰动有哪些？
9. 分别叙述精馏塔提馏段温控和精馏段温控的特点与适应场合。
10. 简述加热炉的控制方案。

附 录 ▶▶▶

附录一　铂铑 10-铂热电偶分度表

分度号　S　　　　　　　　　　　　　　　　　　　　　　　　　μV

℃	0	1	2	3	4	5	6	7	8	9
0	0	5	11	16	22	27	33	38	44	50
10	55	61	67	72	78	84	90	95	101	107
20	113	119	125	131	137	142	148	154	161	167
30	173	179	185	191	197	203	210	216	222	228
40	235	241	247	254	260	266	273	279	286	292
50	299	305	312	318	325	331	338	345	351	358
60	365	371	378	385	391	398	405	412	419	425
70	432	439	446	453	460	467	474	481	488	495
80	502	509	516	523	530	537	544	551	558	566
90	573	580	587	594	602	609	616	623	631	638
100	645	653	660	667	675	682	690	697	704	712
110	719	727	734	742	749	757	764	772	780	787
120	795	802	810	818	825	833	841	848	856	864
130	872	879	887	895	903	910	918	926	934	942
140	950	957	965	973	981	989	997	1005	1013	1021
150	1029	1037	1045	1053	1061	1069	1077	1085	1093	1101
160	1109	1117	1125	1133	1141	1149	1158	1165	1174	1182
170	1190	1198	1207	1215	1223	1231	1240	1248	1256	1264
180	1273	1281	1289	1297	1306	1314	1322	1331	1339	1347
190	1356	1364	1373	1381	1389	1398	1406	1415	1423	1432
200	1440	1448	1457	1465	1474	1482	1491	1499	1508	1516
210	1525	1534	1542	1551	1559	1568	1576	1585	1594	1602
220	1611	1620	1628	1637	1645	1654	1663	1671	1680	1689
230	1698	1706	1715	1724	1732	1741	1750	1759	1767	1776
240	1785	1794	1802	1811	1820	1829	1838	1846	1855	1864
250	1873	1882	1891	1899	1908	1917	1926	1935	1944	1953
260	1962	1971	1979	1988	1997	2006	2015	2024	2033	2042
270	2051	2060	2069	2078	2087	2096	2105	2114	2123	2132
280	2141	2150	2159	2168	2177	2186	2195	2204	2213	2222
290	2232	2241	2250	2259	2268	2277	2286	2295	2304	2314
300	2323	2332	2341	2350	2359	2368	2378	2387	2396	2405
310	2414	2424	2433	2442	2451	2460	2470	2479	2488	2494

续表

℃	0	1	2	3	4	5	6	7	8	9
320	2506	2516	2525	2534	2543	2553	2562	2571	2581	2590
330	2599	2608	2618	2627	2636	2646	2655	2664	2674	2683
340	2692	2702	2711	2720	2730	2739	2748	2758	2767	2776
350	2786	2795	2805	2814	2823	2833	2842	2852	2861	2870
360	2880	2889	2899	2908	2917	2927	2936	2946	2955	2965
370	2974	2984	2993	3003	3012	3022	3031	3041	3050	3059
380	3064	3078	3088	3097	3107	3117	3126	3136	3145	3155
390	3164	3174	3183	3193	3202	3212	3221	3231	3241	3250
400	3260	3269	3279	3288	3298	3308	3317	3327	3336	3346
410	3356	3365	3375	3384	3394	3404	3413	3423	3433	3442
420	3452	3462	3471	3481	3491	3500	3510	3520	3529	3539
430	3549	3558	3568	3578	3587	3597	3607	3616	3626	3636
440	3645	3655	3665	3675	3684	3694	3704	3714	3723	3733
450	3743	3752	3762	3772	3782	3791	3801	3811	3821	3831
460	3840	3850	3860	3870	3879	3889	3899	3909	3919	3928
470	3938	3948	3958	3968	3977	3987	3997	4007	4017	4027
480	4036	4046	4056	4066	4076	4086	4095	4105	4115	4125
490	4135	4145	4155	4164	4174	4184	4194	4204	4214	4224
500	4234	4243	4253	4263	4273	4283	4293	4303	4313	4323
510	4333	4343	4352	4362	4372	4382	4392	4402	4412	4422
520	4432	4442	4452	4462	4472	4482	4492	4502	4512	4522
530	4532	4542	4552	4562	4572	4582	4592	4602	4612	4622
540	4632	4642	4652	4662	4672	4682	4692	4702	4712	4722
550	4732	4742	4752	4762	4772	4782	4792	4802	4812	4822
560	4832	4842	4852	4862	4873	4883	4893	4903	4913	4923
570	4933	4943	4953	4963	4973	4984	4994	5004	5014	5024
580	5034	5044	5054	5065	5075	5085	5095	5105	5115	5125
590	5136	5146	5156	5166	5176	5186	5197	5207	5217	5227
600	5237	5247	5258	5268	5278	5288	5298	5309	5319	5329
610	5339	5350	5360	5370	5380	5391	5401	5411	5421	5431
620	5442	5452	5462	5473	5483	5493	5503	5514	5524	5534
630	5544	5555	5565	5575	5586	5596	5606	5617	5627	5637
640	5648	5658	5668	5679	5689	5700	5710	5720	5731	5741
650	5751	5762	5772	5782	5793	5803	5814	5824	5834	5845
660	5855	5866	5876	5887	5897	5907	5918	5928	5939	5949
670	5960	5970	5980	5991	6001	6012	6022	6038	6043	6054
680	6064	6075	6085	6096	6106	6117	6127	6138	6148	6159
690	6169	6180	6190	6201	6211	6222	6232	6243	6253	6264
700	6274	6285	6295	6306	6316	6327	6338	6348	6359	6369
710	6380	6390	6401	6412	6422	6433	6443	6454	6465	6475
720	6486	6496	6507	6518	6528	6539	6549	6560	6571	6581
730	6592	6603	6613	6624	6635	6645	6656	6667	6677	6688
740	6699	6709	6720	6731	6741	6752	6763	6773	6784	6795
750	6805	6816	6827	6838	6848	6859	6870	6880	6891	6902

℃	0	1	2	3	4	5	6	7	8	9
760	6913	6923	6934	6945	6956	6966	6977	6988	6999	7009
770	7020	7031	7042	7053	7063	7074	7085	7096	7107	7117
780	7128	7139	7150	7161	7171	7182	7193	7204	7215	7225
790	7236	7247	7258	7269	7280	7291	7301	7312	7323	7334
800	7345	7356	7367	7377	7388	7399	7410	7421	7432	7443
810	7454	7465	7476	7486	7497	7508	7519	7530	7541	7552
820	7563	7574	7585	7596	7607	7618	7629	7640	7651	7661
830	7672	7683	7694	7705	7716	7727	7738	7749	7760	7771
840	7782	7793	7804	7815	7826	7837	7848	7859	7870	7881
850	7892	7903	7914	7925	7936	7948	7959	7970	7981	7992
860	8003	8014	8025	8036	8047	8058	8069	8081	8092	8103
870	8114	8125	8136	8147	8158	8169	8180	8192	8203	8214
880	8225	8236	8247	8258	8270	8281	8292	8303	8314	8325
890	8336	8348	8359	8370	8381	8392	8404	8415	8426	8437
900	8448	8460	8471	8482	8493	8504	8516	8527	8538	8549
910	8560	8572	8583	8594	8605	8617	8628	8639	8650	8662
920	8673	8684	8695	8707	8718	8729	8741	8752	8763	8774
930	8786	8797	8808	8820	8831	8842	8854	8865	8876	8888
940	8899	8910	8922	8933	8944	8956	8967	8978	8990	9001
950	9012	9024	9035	9047	9058	9069	9081	9092	9103	9115
960	9126	9138	9149	9160	9172	9183	9195	9206	9217	9229
970	9240	9252	9263	9275	9286	9298	9309	9320	9332	9343
980	9355	9366	9378	9389	9401	9412	9424	9435	9447	9458
990	9470	9481	9493	9504	9516	9527	9539	9550	9562	9573
1000	9585	9596	9608	9619	9631	9642	9654	9665	9677	9689
1010	9700	9712	9723	9735	9746	9758	9770	9781	9793	9804
1020	9816	9828	9839	9851	9862	9874	9886	9897	9909	9920
1030	9932	9944	9955	9967	9979	9990	10002	10013	10025	10037
1040	10048	10060	10072	10083	10095	10107	10118	10130	10142	10154
1050	10165	10177	10189	10200	10212	10224	10235	10247	10259	10271
1060	10282	10294	10306	10318	10329	10341	10353	10364	10376	10388
1070	10400	10411	10423	10435	10447	10459	10470	10482	10494	10506
1080	10517	10529	10541	10553	10565	10576	10588	10600	10612	10624
1090	10635	10647	10659	10671	10683	10694	10706	10718	10730	10742
1100	10754	10765	10777	10789	10801	10813	10825	10836	10848	10860
1110	10872	10884	10896	10908	10919	10931	10943	10955	10967	10979
1120	10991	11003	11014	11026	11038	11050	11062	11074	11086	11098
1130	11110	11121	11133	11145	11157	11169	11181	11193	11205	11217
1140	11229	11241	11252	11264	11276	11288	11300	11312	11324	11336
1150	11348	11360	11372	11384	11396	11408	11420	11432	11443	11455
1160	11467	11479	11491	11503	11515	11527	11539	11551	11563	11575
1170	11587	11599	11611	11623	11635	11647	11659	11671	11683	11695
1180	11707	11719	11731	11743	11755	11767	11779	11791	11803	11815
1190	11827	11839	11851	11863	11875	11887	11899	11911	11923	11935

续表

℃	0	1	2	3	4	5	6	7	8	9
1200	11947	11959	11971	11983	11995	12007	12019	12031	12043	12055
1210	12067	12079	12091	12103	12116	12128	12140	12152	12164	12176
1220	12188	12200	12212	12224	12236	12248	12260	12272	12284	12296
1230	12308	12320	12332	12345	12357	12369	12381	12393	12405	12417
1240	12429	12441	12453	12465	12477	12489	12501	12514	12526	12538
1250	12550	12562	12574	12586	12598	12610	12622	12634	12647	12659
1260	12671	12683	12695	12707	12719	12731	12743	12755	12767	12780
1270	12792	12804	12816	12828	12840	12852	12864	12876	12888	12901
1280	12913	12925	12937	12949	12961	12973	12985	12997	13010	13022
1290	13034	13046	13058	13070	13082	13094	13107	13119	13131	13143
1300	13155	13167	13179	13191	13203	13216	13228	13240	13252	13264
1310	13276	13288	13300	13313	13325	13337	13349	13361	13373	13385
1320	13397	13410	13422	13434	13446	13458	13470	13482	13495	13507
1330	13519	13531	13543	13555	13567	13579	13592	13604	13616	13628
1340	13640	13652	13664	13676	13689	13701	13713	13725	13737	13749
1350	13761	13774	13786	13798	13810	13822	13834	13846	13859	13871
1360	13883	13895	13907	13919	13931	13943	13956	13968	13980	13992
1370	14004	14016	14028	14040	14053	14065	14077	14089	14101	14113
1380	14125	14138	14150	14162	14174	14186	14198	14210	14222	14235
1390	14247	14259	14271	14283	14295	14307	14319	14332	14344	14356
1400	14368	14380	14392	14404	14416	14429	14441	14453	14465	14477
1410	14489	14501	14513	14526	14538	14550	14562	14574	14586	14598
1420	14610	14622	14635	14647	14659	14671	14683	14695	14707	14719
1430	14731	14744	14756	14768	14780	14792	14804	14816	14828	14840
1440	14852	14865	14877	14889	14901	14913	14925	14937	14949	14961
1450	14973	14985	14998	15010	15022	15034	15046	15058	15070	15082
1460	15094	15106	15116	15130	15143	15155	15167	15179	15191	15203
1470	15215	15227	15239	15251	15263	15275	15287	15299	15311	15324
1480	15336	15348	15360	15372	15384	15396	15408	15420	15432	15444
1490	15456	15468	15480	15492	15504	15516	15528	15540	15552	15564
1500	15576	15589	15601	15613	15625	15637	15649	15661	15673	15685
1510	15697	15709	15721	15733	15745	15759	15769	15781	15793	15805
1520	15817	15829	15841	15853	15865	15877	15899	15901	15913	15925
1530	15937	15949	15961	15973	15985	15997	16009	16021	16033	16045
1540	16057	16069	16080	16092	16104	16116	16128	16140	16152	16164
1550	16176	16188	16200	16212	16224	12236	16248	16260	16272	16284
1560	16296	16308	16319	16331	16343	16355	16367	16379	16391	16403
1570	16415	16427	16439	16451	16462	16474	16486	16498	16510	16522
1580	16534	16546	16558	16569	16581	16593	16605	16617	16629	16641
1590	16653	16664	16676	16688	16700	16712	16724	16736	16747	16759
1600	16771	16783	16795	16807	16819	16830	16842	16854	16866	16878
1610	16890	16901	16913	16925	16937	16949	16960	16972	16984	16996
1620	17008	17019	17031	17043	17055	17067	17078	17090	17102	17114
1630	17125	17137	17151	17161	17173	17184	17196	17208	17220	17231

续表

℃	0	1	2	3	4	5	6	7	8	9
1640	17245	17255	17265	17278	17290	17302	17313	17325	17337	17349
1650	17360	17372	17384	17396	17407	17419	17431	17442	17454	17466
1660	17477	17489	47501	17512	17524	17536	17548	17559	17571	17583
1670	17594	17606	17617	17629	17641	17652	17664	17676	17687	17699
1680	17711	17722	17734	17745	17757	17769	17780	17792	17803	17815
1690	17826	17838	17850	17861	17873	17884	17896	17907	17919	17930
1700	17942	17953	17965	17976	17988	17999	18010	18022	18033	18045
1710	18056	18068	18079	18090	18102	18113	18124	18136	18147	18158
1720	18170	18181	18192	18204	18215	18226	18237	18249	18260	18271
1730	18282	18293	18305	18316	18327	18338	18349	18360	18372	18383
1740	18394	18405	18416	18427	18438	18449	18460	18471	18482	18493
1750	18504	18515	18526	18536	18547	18558	18569	18580	18591	18602
1760	18612	18623	18634	18645	18655	18666	18677	18687	18698	18709

附录二　　镍铬-铜镍热电偶分度表

分度号　E　　　　　　　　　　　　　　　　　　　　　　　　　μV

℃	0	10	20	30	40	50	60	70	80	90
0	0	591	1192	1801	2419	3047	3683	4329	4983	5646
100	6317	6996	7683	8377	9078	9787	10501	11222	11949	12681
200	13419	14161	14909	15661	16417	17178	17942	18710	19481	20256
300	21033	21814	22597	23383	24171	24961	25754	26549	27345	28143
400	28943	29744	30546	31350	32155	32960	33767	34574	35382	36190
500	36999	37808	38617	39426	40236	41045	41853	42662	43470	44278
600	45085	45891	46697	47502	48306	49109	49911	50713	51513	52312
700	53110	53907	54703	55498	56291	57083	57873	58663	59451	60237
800	61022	61806	62588	63368	64147	64924	65700	66473	67245	68015
900	68783	69549	70313	71075	71835	72593	73350	74104	74857	75608
1000	76358									

附录三　　镍铬-镍硅热电偶分度表

分度号　K　　　　　　　　　　　　　　　　　　　　　　　　　μV

℃	0	1	2	3	4	5	6	7	8	9
0	0	39	79	119	158	198	238	277	317	357
10	397	437	477	517	557	597	637	677	718	758
20	798	838	879	919	960	1000	1041	1081	1122	1162
30	1203	1244	1285	1325	1366	1407	1448	1489	1529	1570
40	1611	1652	1693	1734	1776	1817	1858	1899	1940	1981
50	2022	2064	2105	2146	2188	2229	2270	2312	2353	2394
60	2436	2477	2519	2560	2601	2643	2684	2726	2767	2809
70	2850	2892	2933	2975	3016	3058	3100	3141	3183	3224

续表

℃	0	1	2	3	4	5	6	7	8	9
80	3266	3307	3349	3390	3432	3473	3515	3556	3598	3639
90	3681	3722	3764	3805	3847	3888	3930	3971	4012	4054
100	4095	4137	4178	4219	4261	4302	4343	4384	4426	4467
110	4508	4549	4590	4632	4673	4714	4755	4796	4837	4878
120	4919	4960	5001	5042	5083	5124	5164	5205	5246	5287
130	5327	5368	5409	5450	5490	5531	5571	5612	5652	5693
140	5733	5774	5814	5855	5895	5936	5976	6016	6057	6097
150	6137	6177	6218	6258	6298	6338	6378	6419	6459	6499
160	6539	6579	6619	6659	6699	6739	6779	6819	6859	6899
170	6939	6979	7019	7059	7099	7139	7179	7219	7259	7299
180	7338	7378	7418	7458	7498	7538	7578	7618	7658	7697
190	7737	7777	7817	7857	7897	7937	7977	8017	8057	8097
200	8137	8177	8216	8256	8296	8336	8376	8416	8456	8497
210	8537	8577	8617	8657	8697	8737	8777	8817	8857	8898
220	8938	8978	9018	9058	9099	9139	9179	9220	9260	9300
230	9341	9381	9421	9462	9502	9543	9583	9624	9664	9705
240	9745	9786	9826	9867	9907	9948	9989	10029	10070	10111
250	10151	10192	10233	10274	10315	10355	10396	10437	10478	10519
260	10560	10600	10641	10682	10723	10764	10805	10846	10887	10928
270	10969	11010	11051	11093	11134	11175	11216	11257	11298	11339
280	11381	11422	11463	11504	11546	11587	11628	11669	11711	11752
290	11793	11835	11876	11918	11959	12000	12042	12083	12125	12166
300	12207	12249	12290	12332	12373	12415	12456	12498	12539	12581
310	12623	12664	12706	12747	12789	12831	12872	12914	12955	12997
320	13039	13080	13122	13164	13205	13247	13289	13331	13372	13414
330	13456	13497	13539	13581	13623	13665	13706	13748	13790	13832
340	13874	13915	13957	13999	14041	14083	14125	14167	14208	14250
350	14292	14334	14376	14418	14460	14502	14544	14586	14628	14670
360	14712	14754	14796	14838	14880	14922	14964	15006	15048	15090
370	15132	15174	15216	15258	15300	15342	15384	15426	15468	15510
380	15552	15594	15636	15679	15721	15763	15805	15842	15889	15931
390	15974	16016	16058	16100	16142	16184	16227	16269	16311	16353
400	16395	16438	16480	16522	16564	16607	16649	16691	16733	16776
410	16818	16860	16902	16945	16987	17029	17072	17114	17156	17199
420	17241	17283	17326	17368	17410	17453	17495	17537	17580	17622
430	17664	17707	17749	17792	17834	17876	17917	17961	18004	18046
440	18088	18131	18173	18216	18258	18301	18343	18385	18428	18470
450	18513	18555	18598	18640	18683	18725	18768	18810	18853	18895
460	18938	18980	19023	19065	19108	19150	19193	19235	19278	19320
470	19363	19405	19448	19490	19533	19576	19618	19661	19703	19746
480	19788	19831	19873	19916	19959	20001	20044	20086	20129	20172
490	20214	20257	20299	20342	20385	20427	20470	20512	20555	20598
500	20640	20683	20725	20768	20811	20853	20896	20938	20981	21024
510	21066	21109	21152	21194	21237	21280	21322	21365	21407	21450

续表

℃	0	1	2	3	4	5	6	7	8	9
520	21493	21535	21578	21621	21663	21706	21749	21791	21834	21876
530	21919	21962	22004	22047	22090	22132	22175	22218	22260	22303
540	22346	22388	22431	22473	22516	22559	22601	22644	22687	22729
550	22772	22815	22857	22900	22942	22985	23028	23070	23113	23156
560	23198	23241	23284	23326	23369	23411	23454	23497	23539	23582
570	23624	23667	23710	23752	23795	23837	23880	23923	23965	24008
580	24050	24093	24136	24178	24221	24263	24306	24348	24391	24434
590	24476	24519	24561	24604	24646	24689	24731	24774	24817	24859
600	24902	24944	24987	25029	25072	25114	25157	25199	25242	25284
610	25327	25369	25412	25454	25497	25539	25582	25624	25666	25709
620	25751	25794	25836	25879	25921	25964	26006	26048	26091	26133
630	26176	26218	26260	26303	26345	26387	26430	26472	26515	26557
640	26599	26642	26684	26726	26769	26811	26853	26896	26938	26980
650	27022	27065	27107	27149	27192	27234	27276	27318	27361	27403
660	27445	27487	27529	27572	27614	27656	27698	27740	27783	27825
670	27867	27909	27951	27993	28035	28078	28120	28162	28204	28246
680	28288	28330	28372	28414	25456	28498	28540	28583	28625	28667
690	28709	28751	28793	28835	28877	28919	28961	29002	29044	29086
700	29128	19170	29212	29254	29296	29338	29380	29422	29464	29505
710	29547	29589	29631	29673	29715	29756	29798	29840	29882	29924
720	29965	30007	30049	30091	30132	30174	30216	30257	30299	30341
730	30383	30424	30466	30508	30549	30591	30632	30674	30716	30757
740	30799	30840	30882	30924	30965	31007	31048	31090	31131	31173
750	31214	31256	31297	31339	31380	31422	31463	31504	31546	31587
760	31629	31670	31712	31753	31794	31836	31877	31918	31960	32001
770	32042	32084	32125	32166	32207	32249	32290	32331	32372	32414
780	32455	32496	32537	32578	32619	32661	32702	32743	32784	32825
790	32866	32907	32948	32990	33031	33072	33113	33154	33195	33236
800	33277	33318	33359	33400	33441	33482	33523	33564	33604	33645
810	33686	33727	33768	33809	33850	33891	33931	33972	34013	34054
820	34095	34136	34176	34217	34258	34299	34339	34380	34421	34461
830	34502	34543	34583	34624	34665	34705	34746	34787	34827	34868
840	34909	34949	34990	35030	35071	35111	35152	35192	35233	35273
850	35314	35354	35395	35435	35476	35516	35557	35597	35637	35678
860	35718	35758	35799	35839	35880	35920	35960	36000	36041	36081
870	36121	36162	36202	36242	36282	36323	36363	36403	36443	36483
880	36524	36564	36604	36644	36684	36724	36764	36804	36844	36885
890	36925	36965	37005	37045	37085	37125	37165	37205	37245	37285
900	37325	37365	37405	37445	37484	37524	37564	37604	37644	37684
910	37724	37764	37803	37843	37883	37923	37963	38002	38042	38082
920	38122	38162	38201	38241	38281	38320	38360	38400	38439	38479
930	38519	38558	38598	38638	38677	38717	38756	38796	38836	38875
940	38915	38954	38994	39033	39073	39112	39152	39191	39231	39270
950	39310	39349	39388	39428	39467	39507	39546	39585	39625	39664

续表

℃	0	1	2	3	4	5	6	7	8	9
960	39703	39743	39782	39821	39861	39900	39939	39979	40018	40057
970	40096	40136	40175	40214	40253	40292	40332	40371	40410	40449
980	40488	40527	40566	40605	20645	40684	40723	40762	40801	40840
990	40879	40918	40957	40996	41035	41074	41113	41152	41191	41230
1000	41269	41308	41347	41385	41424	41463	41502	41541	41580	41619
1010	41657	41696	41735	41774	41813	41853	41890	41929	41968	42006
1020	42045	42084	42123	42161	42200	42239	42277	42316	42355	42393
1030	42432	42470	42509	42548	42586	42625	42663	42702	42740	42779
1040	42817	42856	42894	42933	42971	43010	43048	43087	43125	43164
1050	43202	43240	43279	43317	43356	43394	43428	43471	43509	43547
1060	43585	43624	43662	43700	43739	43777	43815	43853	43891	43930
1070	43968	44006	44044	44082	44121	44159	44197	44235	44273	44311
1080	44349	44387	44425	44463	44501	44539	44577	44615	44653	44691
1090	44729	44767	44805	44843	44881	44919	44957	44995	45033	45070
1100	45108	45146	45184	45222	45260	45297	45335	45373	45411	45448
1110	45486	45524	45561	45599	45637	45675	45712	45750	45787	45825
1120	45863	45900	45938	45975	46013	46051	46088	46126	46163	46201
1130	46238	46275	46313	46350	46388	46425	46463	46500	46537	46575
1140	46612	46649	46687	46724	46761	46799	46836	46873	46910	46948
1150	46985	47022	47059	47095	47134	47171	47208	47245	47282	47319
1160	47356	47393	47430	47468	47505	47542	47579	47616	47653	47689
1170	47726	47763	47800	47837	47874	47911	47948	47985	48021	48058
1180	48095	48132	48169	48205	48242	48279	48316	48352	48389	48426
1190	48462	48499	48536	48572	48609	48645	48682	48718	48755	48792
1200	48828	48865	48901	48937	48974	49010	49047	49083	49120	49156
1210	49192	49229	49265	49301	49338	49374	49410	49446	49483	49519
1220	49555	49591	49627	49663	49700	49736	49772	49808	49844	49880
1230	49916	49952	49988	50024	50060	50096	50132	50168	50224	50240
1240	50276	50311	50347	50383	50419	50455	50491	50526	50562	50598
1250	50633	50669	50705	50741	50776	50812	50847	50883	50919	50954
1260	50990	51025	51061	51096	51132	51167	51203	51238	51274	51309
1270	51344	51380	51415	51450	51486	51521	51556	51592	51627	51662
1280	51697	51737	51768	51803	51838	51873	51908	51943	51979	52014
1290	52049	52084	52119	52154	52189	52224	52259	52294	52329	52364
1300	52398	52433	52468	52503	52538	52573	52608	52642	52677	52712
1310	52747	52781	52816	52851	52886	52920	52955	52989	53024	53059
1320	53093	53128	53162	53197	53232	53266	53301	53335	53370	53404
1330	53439	53473	53507	53542	53576	53611	53645	53679	53714	53748
1340	53782	53817	53851	53885	53920	53954	53988	54022	54057	54091
1350	54125	54159	54193	54228	54262	54296	54330	54364	54398	54432
1360	54466	54501	54535	54569	54603	54637	54671	54705	54739	54773
1370	54807	54841	54875							

附录四　铂电阻分度表

分度号　Pt100　　　　　　　　　　　　　　　　　　　　$R_0 = 100.00\Omega$

℃	0	1	2	3	4	5	6	7	8	9
−200	18.49									
−190	22.80	22.37	21.94	21.51	21.08	20.65	20.22	19.79	19.36	18.93
−180	27.08	26.65	26.23	25.80	25.37	24.94	24.52	24.09	23.66	23.23
−170	31.32	30.90	30.47	30.05	29.63	29.20	28.78	28.35	27.93	27.50
−160	35.53	35.11	34.69	34.27	33.85	33.43	33.01	32.59	32.16	31.74
−150	39.71	39.30	38.88	38.64	38.04	37.63	37.21	36.79	36.37	35.75
−140	43.87	43.45	43.04	42.63	42.21	41.79	41.38	40.96	40.55	40.13
−130	48.00	47.59	47.18	46.67	46.35	45.94	45.52	45.11	44.70	44.28
−120	52.11	51.70	51.29	50.88	50.47	50.06	49.64	49.23	48.82	48.41
−110	56.19	55.78	55.38	54.97	54.56	54.15	53.74	53.33	52.92	52.52
−100	60.25	59.85	59.44	59.04	58.63	58.22	57.82	57.41	57.00	56.60
−90	64.30	63.90	63.49	63.09	62.68	62.28	61.87	61.47	61.06	60.66
−80	68.33	67.92	67.52	67.12	66.72	66.31	65.91	65.51	65.11	64.70
−70	72.33	71.93	71.53	71.13	70.73	70.33	69.93	69.53	69.13	68.73
−60	76.33	75.93	75.53	75.13	74.73	74.33	73.93	73.53	73.13	72.73
−50	80.31	79.91	79.51	79.11	78.72	78.32	77.92	77.52	77.13	76.73
−40	84.27	83.88	83.48	83.08	82.69	82.29	81.89	81.50	81.10	80.70
−30	88.22	87.83	87.43	87.04	86.64	86.25	85.85	85.46	85.06	84.67
−20	92.16	91.77	91.37	90.98	90.59	90.19	89.80	89.40	89.01	88.62
−10	96.09	95.69	95.30	94.91	94.52	94.12	93.73	93.34	92.95	92.55
−0	100.00	99.61	99.22	98.83	98.44	98.04	97.65	97.26	96.87	96.48
0	100.00	100.39	100.78	101.17	101.56	101.95	102.34	102.73	103.13	103.51
10	103.90	104.29	104.68	105.07	105.46	105.85	106.24	106.63	107.02	107.40
20	107.79	108.18	108.57	108.96	109.35	109.73	110.12	110.51	110.90	111.28
30	111.67	112.06	112.45	112.83	113.22	113.61	113.99	114.38	114.77	115.15
40	115.54	115.93	116.31	116.70	117.08	117.47	117.85	118.24	118.62	119.01
50	119.40	119.78	120.16	120.55	120.93	121.32	121.70	122.09	122.47	122.86
60	123.24	123.62	124.01	124.39	124.77	125.16	125.54	125.92	126.31	126.69
70	127.07	127.45	127.84	128.22	128.60	128.98	129.37	129.75	130.13	130.51
80	130.89	131.27	131.66	132.04	132.42	132.80	133.18	133.56	133.94	134.32
90	134.70	135.08	135.46	135.84	136.22	136.60	136.98	137.36	137.74	138.12
100	138.50	138.88	139.26	139.64	140.02	140.39	140.77	141.15	141.53	141.91
110	142.29	142.66	143.04	143.42	143.80	144.17	144.55	144.93	145.31	145.68
120	146.06	146.44	146.81	147.19	147.57	147.94	148.32	148.70	149.07	149.45
130	149.85	150.20	150.57	150.95	151.33	151.70	152.08	152.45	152.83	153.20
140	153.58	153.95	154.32	154.70	155.07	155.45	155.82	156.19	156.57	156.94
150	157.31	157.69	158.06	158.43	158.81	159.18	159.55	159.93	160.30	160.67
160	161.04	161.42	161.79	162.16	162.53	162.90	163.27	163.65	164.02	164.39
170	164.76	165.13	165.50	165.87	166.24	166.61	166.98	167.35	167.72	168.09
180	168.46	168.83	169.20	169.57	169.94	170.31	170.68	171.05	171.42	171.79
190	172.16	172.53	172.90	173.26	173.63	174.00	174.37	174.74	175.10	175.47
200	175.84	176.21	176.57	176.94	177.31	177.68	178.04	178.41	178.78	179.14
210	179.51	179.88	180.24	180.61	180.97	181.34	181.71	182.07	182.44	182.80
220	183.17	183.53	183.90	184.26	184.63	184.99	185.36	185.72	186.09	186.45
230	186.82	187.18	187.54	187.91	188.27	188.63	189.00	189.36	189.72	190.09
240	190.45	190.81	191.18	191.54	191.90	192.26	192.63	192.99	193.35	193.71
250	194.07	194.44	194.80	195.16	195.52	195.88	196.24	196.60	196.96	197.33
260	197.69	198.05	198.41	198.77	199.13	199.49	199.85	200.21	200.57	200.93
270	201.29	201.65	202.01	202.36	202.72	203.08	203.44	203.80	204.16	204.52
280	204.88	205.23	205.59	205.95	206.31	206.67	207.02	207.38	207.74	208.10
290	208.45	208.81	209.17	209.52	209.88	210.24	210.59	210.95	211.31	211.66

续表

℃	0	1	2	3	4	5	6	7	8	9
300	212.02	212.37	212.73	213.09	213.44	213.80	214.15	214.51	214.86	215.22
310	215.57	215.93	216.28	216.64	216.99	217.35	217.70	218.05	218.41	218.76
320	219.12	219.47	219.82	220.18	220.53	220.88	221.24	221.59	221.94	222.29
330	222.65	223.00	223.35	223.70	224.06	224.41	224.76	225.11	225.46	225.81
340	226.17	226.52	226.87	227.22	227.57	227.92	228.27	228.62	228.97	229.32
350	229.67	230.02	230.37	230.72	231.07	231.42	231.77	232.12	232.47	232.82
360	233.17	233.52	233.87	234.22	234.56	234.91	235.26	235.61	235.96	236.31
370	236.65	237.00	237.35	237.70	238.04	238.39	238.74	239.09	239.43	239.78
380	240.13	240.47	240.82	241.17	241.51	241.86	242.20	242.55	242.90	243.24
390	243.59	243.93	244.28	244.62	244.97	245.31	245.66	246.00	246.35	246.69
400	247.04	247.38	247.73	248.07	248.41	248.76	249.10	249.45	249.79	250.13
410	250.48	250.82	251.16	251.50	251.85	252.19	252.53	252.88	253.22	253.56
420	253.90	254.24	254.59	254.93	255.27	255.61	255.95	256.29	256.64	256.98
430	257.32	257.66	258.00	258.34	258.68	259.02	259.36	259.70	260.04	260.38
440	260.72	261.02	261.40	261.74	262.08	262.42	262.76	263.10	263.43	263.77
450	264.11	264.45	264.79	265.13	265.47	265.80	266.14	266.48	266.82	267.15
460	267.49	267.83	268.17	268.50	268.84	269.18	269.51	269.85	270.19	270.52
470	270.86	271.20	271.53	271.87	272.20	272.54	272.88	273.21	273.55	273.88
480	274.22	274.55	274.89	275.22	275.56	275.89	276.23	276.56	276.89	277.23
490	277.56	277.90	278.23	278.56	278.90	279.23	279.56	279.90	280.23	280.56
500	280.90	281.23	281.56	281.89	282.23	282.56	282.89	283.22	283.55	283.89
510	284.22	284.55	284.88	285.21	285.54	285.87	286.21	286.54	286.87	287.20
520	287.53	287.86	288.19	288.52	288.85	289.18	289.51	289.84	290.17	290.50
530	290.83	291.16	291.49	291.81	292.14	292.47	292.80	293.13	293.46	293.79
540	294.11	294.44	294.77	295.10	295.43	295.75	296.08	296.41	296.74	297.06
550	297.36	297.72	298.04	298.37	298.70	299.02	299.35	299.68	300.00	300.33
560	300.65	300.98	301.31	301.63	301.96	302.28	302.61	302.93	303.26	303.58
570	303.91	304.23	304.56	304.88	305.20	305.53	305.85	306.18	306.50	306.82
580	307.15	307.47	307.79	308.12	308.44	308.76	309.09	309.41	309.73	310.05
590	310.38	310.70	311.02	311.34	311.67	311.99	312.31	312.63	312.95	313.27
600	313.59	313.92	314.24	314.56	314.88	315.20	315.52	315.84	316.16	316.48
610	316.80	317.12	317.44	317.76	318.08	318.40	318.72	319.04	319.36	319.68
620	319.99	320.31	320.63	320.95	321.27	321.59	321.91	322.22	322.54	322.86
630	323.18	323.49	323.81	324.13	324.45	324.76	325.08	325.40	325.72	326.03
640	326.35	326.66	326.98	327.30	327.61	327.93	328.25	328.56	328.88	329.19
650	329.51	329.82	330.14	330.45	330.77	331.08	331.40	331.71	332.03	332.34
660	332.66	332.97	333.28	333.60	333.91	334.23	334.54	334.85	335.17	335.48
670	335.79	336.11	336.42	336.73	337.04	337.36	337.67	337.98	338.29	338.61
680	338.92	339.23	339.54	339.85	340.16	340.48	340.79	341.10	341.41	341.72
690	342.03	342.34	342.65	342.96	343.27	343.58	343.89	344.20	344.50	344.82
700	345.13	345.44	345.75	346.06	346.37	346.68	346.99	347.30	347.60	347.91
710	348.22	348.53	348.84	349.15	349.45	349.76	350.07	350.38	350.69	350.99
720	351.30	351.61	351.91	352.22	352.53	352.83	353.14	353.45	353.75	354.06
730	354.37	354.67	354.98	355.28	355.59	355.90	356.20	356.51	356.81	357.12
740	357.42	357.73	358.03	358.34	358.64	358.95	359.25	359.55	359.86	360.16
750	360.47	360.77	361.07	361.38	361.68	361.98	362.29	362.59	362.89	363.19
760	363.50	363.80	364.10	364.40	364.71	365.01	365.31	365.61	365.91	366.22
770	366.52	366.82	367.12	367.42	367.72	368.02	368.32	368.63	368.93	369.23
780	369.53	369.83	370.13	370.43	370.73	371.03	371.33	371.63	371.93	372.22
790	372.52	372.82	373.12	373.42	373.72	374.02	374.32	374.61	374.91	375.21
800	375.51	375.81	376.10	376.40	376.70	377.00	377.29	377.59	377.89	378.19
810	378.48	378.78	379.08	379.37	379.67	379.97	380.26	380.56	380.85	381.15
820	381.45	381.74	382.04	382.33	382.63	382.92	383.22	383.51	383.81	384.10
830	384.40	384.69	384.98	385.28	385.57	385.87	386.16	386.45	386.75	387.04
840	387.34	387.63	387.92	388.21	388.51	388.80	389.09	389.39	389.68	389.97
850	390.26									

附录五　铜电阻分度表

分度号　Cu50　　　　　　　　　　　　　　　　　　　　　　$R_0 = 50.00\,\Omega$

℃	0	1	2	3	4	5	6	7	8	9
−50	39.29									
−40	41.40	41.18	40.97	40.75	40.54	40.32	40.10	39.89	39.67	39.46
−30	43.55	43.34	43.12	42.91	42.69	42.48	42.27	42.05	41.83	41.61
−20	45.70	45.49	45.27	45.06	44.84	44.63	44.41	44.20	43.98	43.77
−10	47.85	47.64	47.42	47.21	46.99	46.78	46.56	46.35	46.13	45.92
−0	50.00	49.78	49.57	49.35	49.14	48.92	48.71	48.50	48.28	48.07
0	50.00	50.21	50.43	50.64	50.86	51.07	51.28	51.50	51.71	51.93
10	52.14	52.36	52.57	52.78	53.00	53.21	53.43	53.64	53.86	54.07
20	54.28	54.50	54.71	54.92	55.14	55.35	55.57	55.78	56.00	56.21
30	56.42	56.64	56.85	57.07	57.28	57.49	57.71	57.92	58.14	58.35
40	58.56	58.78	58.99	59.20	59.42	59.63	59.85	60.06	60.27	60.49
50	60.70	60.92	61.13	61.34	61.56	61.77	61.98	62.20	62.41	62.63
60	62.84	63.05	63.27	63.48	63.70	63.91	64.12	64.34	64.55	64.76
70	64.98	65.19	65.41	65.62	65.83	66.05	66.26	66.48	66.59	66.90
80	67.12	67.33	67.54	67.76	67.97	68.19	68.40	68.62	68.83	69.04
90	69.26	69.47	69.68	69.90	70.11	70.33	70.54	70.76	70.97	71.18
100	71.40	71.61	71.83	72.04	72.25	72.47	72.68	72.90	73.11	73.33
110	73.54	73.75	73.97	74.18	74.40	74.61	74.83	75.04	75.26	75.47
120	75.68	75.90	76.11	76.23	76.54	76.76	76.97	77.19	77.40	77.62
130	77.83	78.05	78.26	78.48	78.69	78.91	79.12	79.34	79.55	79.77
140	79.98	80.20	80.41	80.63	80.84	81.06	81.27	81.49	81.70	81.92
150	82.13									

参考文献

[1] 高国光，武平丽．离子膜烧碱控制技术．北京：化学工业出版社，2015.

[2] 武平丽，高国光．过程控制工程实施．北京：电子工业出版社，2011.

[3] 武平丽，高国光．流程工业工程控制．北京：化学工业出版社，2008.

[4] 俞金寿．过程自动化及仪表．北京：化学工业出版社，2003.

[5] 陆建国．工业电器与自动化．北京：化学工业出版社，2005.

[6] 杨丽明，张光新．化工自动化及仪表．北京：化学工业出版社，2004.

[7] 周春晖．过程控制工程手册．北京：化学工业出版社，1993.

[8] 林锦国．过程控制：系统·仪表·装置．南京：东南大学出版社，2001.

[9] 何衍庆，俞金寿．集散控制系统原理及应用．北京：化学工业出版社，1999.

[10] 厉玉鸣．化工仪表及自动化．北京：化学工业出版社，2001.

[11] 侯志林．过程控制与自动化仪表．北京：机械工业出版社，1999.

[12] 林德杰．过程控制仪表及控制系统．北京：机械工业出版社，2004.

[13] 王永红．过程检测仪表．北京：化学工业出版社，1999.

[14] 贾伯年，俞朴．传感器技术．南京：东南大学出版社，2000.

[15] 朱晓青．过程检测控制技术与应用．北京：冶金工业出版社，2002.

[16] ［日］细江繁幸．系统与控制．白玉林等译．北京：科学出版社，2001.

[17] 范玉久．化工测量及仪表．北京：化学工业出版社，1981.

[18] 王建华，黄河清．计算机控制技术．北京：高等教育出版社，2003.

[19] 梁森，王侃夫，黄抗美．自动检测与转换技术．北京：机械工业出版社，2005.

[20] 王常力，罗安．分布式控制系统（DCS）设计与应用实例．北京：电子工业出版社，2004.

[21] 罗家谦．化工仪表维修工．北京：化学工业出版社，2004.

[22] 武平丽．仪表选用及组态．北京：化学工业出版社，2019.